空间态势感知

耿 歌 金 科 李克鑫 孙 熠
任 静 王 军 豆丹丹 张筱荔 编著
周笑超 杨 丽 卜天翔 耿文东

国防工业出版社

·北京·

内 容 简 介

本书是在《空间态势感知导论》《空间态势感知理论与信息应用》的基础上，参考现有公开出版的文献资料，结合作者最新研究成果，以空间态势感知信息为主线，着眼于空间态势感知的原理，落脚于空间态势感知的系统，按照"原理"分析、"系统"应用相融合的理念，深入论述了空间态势感知的基本问题。

全书分为"空间态势感知原理""空间态势感知系统"上下两篇。原理篇论述了空间态势感知产生的背景、发展历程与概念内涵，阐述了空间目标的雷达可探测性原理、光学可探测性原理、空间监视原理与空间目标编目原理等。系统篇论述了空间态势感知的雷达、光学与空间环境监测等信息获取系统，轨道确定、目标特性反演与目标识别、空间碎片碰撞预警等信息处理系统，任务规划、信息分发等信息管理系统，典型空间目标监视网，以及空间目标监视网应用的新形态等。

本书可供从事空间态势感知领域有关人员参考使用，也可供在校学生作为参考书或教科书使用。

图书在版编目(CIP)数据

空间态势感知/耿歌等编著. —北京：国防工业出版社，2024.4
ISBN 978 – 7 – 118 – 13245 – 8

Ⅰ. ①空… Ⅱ. ①耿… Ⅲ. ①空间信息系统 – 感知 Ⅳ. ①P208.2

中国国家版本馆 CIP 数据核字(2024)第 065865 号

※

国防工业出版社出版发行

(北京市海淀区紫竹院南路 23 号　邮政编码 100048)
天津嘉恒印务有限公司印刷
新华书店经售

＊

开本 710×1000　1/16　印张 16½　字数 291 千字
2024 年 4 月第 1 版第 1 次印刷　印数 1—2000 册　定价 98.00 元

(本书如有印装错误，我社负责调换)

国防书店：(010)88540777　　书店传真：(010)88540776
发行业务：(010)88540717　　发行传真：(010)88540762

前　言

目前，作者已经公开出版的《空间态势感知导论》从建架立构的角度，建立了空间态势感知的理论体系、技术体系、装备体系、信息体系与学科体系，形成了空间态势感知较为完整的体系框架。在《空间态势感知理论与信息应用》中，借鉴数学分析的"沟通形、数，兼具极限运算"的分析学属性，首次提出了"目标分析""环境分析"与"态势分析"三大分析的概念，建立了相应的技术架构，细化了《空间态势感知导论》体系框架、深化了有关内容，如拓展了空间目标特性的范畴，将目标易损性等纳入空间目标特性范围，但仍然没有明确触及空间态势感知的原理。因此，本书上承《空间态势感知导论》的体系框架、《空间态势感知理论与信息应用》三大分析的技术架构，立足空间态势感知的内在机理，将空间目标这个"点"的可探测性原理与空间区域监视这个"面"与"体"的原理挖掘出来，并将其落地于空间态势感知系统，以透彻、全面地呈现给不同的读者。

全书分为原理与系统两篇，共10章，力求篇与篇之间原理与系统相交融、章与章之间独立而又相呼应、节与节之间形断而神不断。本书的新意与特点主要体现在：一是空间态势感知原理作为独立的一篇，对于读者深入理解空间态势感知是一种更加注重内在机理的全新阐述方式，有助于初学者深入理解空间态势感知的内涵；二是首次阐述了"空间"与"太空"两个区域术语的区别，以及二者在物理空间上的差别，有利于临近空间、地月空间、地外空间等的划分；三是尝试着增加了诸如"雷达技术与应用"奖章等趣味性内容，目的是打破专业图书古板的形象，让人读起来有趣一些；四是给出了太空交通管理、地月空间态势感知、智能空间态势感知与深度空间态势感知等新概念、新形态，目的是按照过去与现实相结合、现状与趋势相统一理念，发挥这些新概念、新形态的引领作用，点亮空间态势感知的未来。诚如高明的老师长于把握课堂上不讲什么那样，一本著作内容的取舍不仅凸显作者对本专业领域的把握程度，而且也体现作者对本专业知识表达的艺术。因此，作者为内容选择反复斟酌、多方研讨，即便如此，限于能力水平，仍然难免存在遗漏和不尽如人意之处，加之该领域发展日新月异，书中的缺点和不妥在所难免，许多观点也仅为一家之言，真诚希望同行和广大读者不吝指正。

成书过程中，作者查阅了大量资料，参考和引用了许多国内外作者的文献资料与研究成果，在此对文献的作者表示衷心的感谢！同时，尽管一直注重参考文献的整理,由于成书时间较长、结论与图表非同源引用、院所早期内部期刊等,有些引用的文献资料可能存在遗漏而没有列出等情况,对这些学者表达深深歉意的同时,再次表示衷心的感谢!全书由32048部队耿歌,航天长峰航天电子科技有限公司总经理金科研究员、周笑超与卜天翔高级工程师,中国四维测绘技术有限公司李克鑫高级工程师,茂天(北京)股权投资基金管理有限责任公司孙熠,中国电子信息产业集团有限公司长城圣非凡信息系统有限公司任静与豆丹丹工程师,63768部队王军正高级工程师,北京华泰安信科技有限公司张筱荔总经理,渤海船舶职业学院杨丽副教授与航天工程大学原教授耿文东共同完成,耿文东教授负责全书统稿与参考文献的整理,并执笔第10章。

书中有关空间控制等术语均属学术研究范畴,且专指国外观念,不代表作者观点,本书目的是和平利用空间。

耿文东

2023年10月于北京

目　　录

上篇　空间态势感知原理

第1章　绪论 ·· 3

1.1　引言 ·· 3
　　1.1.1　产生背景 ·· 3
　　1.1.2　发展历程 ·· 6
　　1.1.3　地位与作用 ·· 9
　　1.1.4　任务与能力 ··· 10
1.2　空间态势感知理论体系 ·· 12
　　1.2.1　空间态势感知理论体系架构 ··· 12
　　1.2.2　空间态势感知理论体系逻辑起点 ···································· 12
1.3　空间态势感知范围与对象 ··· 14
　　1.3.1　空间态势感知范围 ·· 14
　　1.3.2　空间态势感知对象 ·· 16

第2章　空间目标可探测性原理 ·· 20

2.1　空间目标的雷达可探测性原理 ··· 20
　　2.1.1　空间目标的雷达可见性原理 ··· 20
　　2.1.2　空间目标的雷达散射特性 ·· 22
　　2.1.3　空间目标的雷达极化特性 ·· 25
2.2　空间目标地基光学可探测性原理 ·· 29
　　2.2.1　空间目标的光学可见性原理 ··· 29
　　2.2.2　空间目标的光学散射特性 ·· 30
　　2.2.3　空间目标的光学辐射特性 ·· 32
　　2.2.4　空间目标的光学偏振特性 ·· 34
2.3　空间目标天基光学可探测性原理 ·· 38
　　2.3.1　空间目标天基光学可观测性 ··· 38
　　2.3.2　空间目标天基光学平台轨道与星座 ································ 39

V

  2.3.3 空间目标天基光学观测模式 ………………………………… 41

第3章　空间监视与空间目标编目原理 ……………………………………… 43

 3.1 空间目标的分布特性 ……………………………………………………… 43
  3.1.1 空间目标的轨道表示 …………………………………………… 44
  3.1.2 空间目标的轨道分布 …………………………………………… 44
  3.1.3 空间碎片的空间分布 …………………………………………… 46
 3.2 空间监视要求与机理 ……………………………………………………… 46
  3.2.1 时空覆盖要求与机理 …………………………………………… 46
  3.2.2 设备布站要求与机理 …………………………………………… 48
 3.3 空间目标监视网的技术路线 ……………………………………………… 50
  3.3.1 尺度信息与特征信息测量并举的技术路线 …………………… 50
  3.3.2 不同探测系统先分建再合一的技术路线 ……………………… 51
  3.3.3 天基系统与地基系统并重的技术路线 ………………………… 51
 3.4 空间目标编目方法 ………………………………………………………… 52
  3.4.1 空间目标编目基本要求与原则 ………………………………… 52
  3.4.2 空间目标编目库基本信息 ……………………………………… 53
  3.4.3 空间目标编号方法与属性表示 ………………………………… 55
 3.5 空间目标编目的数据处理方法 …………………………………………… 56
  3.5.1 数据关联 ………………………………………………………… 56
  3.5.2 未关联数据的处理 ……………………………………………… 58
  3.5.3 轨道预报 ………………………………………………………… 59
  3.5.4 基本流程 ………………………………………………………… 60

下篇　空间态势感知系统

第4章　空间态势感知系统的体系 …………………………………………… 65

 4.1 空间态势感知系统的技术体系 …………………………………………… 66
  4.1.1 概述 ……………………………………………………………… 66
  4.1.2 空间态势感知系统技术体系架构 ……………………………… 67
 4.2 空间态势感知系统的装备体系 …………………………………………… 68
  4.2.1 概述 ……………………………………………………………… 68
  4.2.2 空间态势感知装备类型 ………………………………………… 68
  4.2.3 空间态势感知系统装备体系架构 ……………………………… 71

4.3 空间态势感知系统的信息体系 ··· 72
   4.3.1 概述 ·· 72
   4.3.2 空间态势感知系统的信息体系架构 ······································· 72

第5章 雷达探测系统 ··· 76

5.1 概述 ·· 76
5.2 相控阵雷达系统 ·· 77
   5.2.1 相控阵雷达系统特点 ·· 78
   5.2.2 相控阵雷达的搜索与跟踪技术 ··· 83
   5.2.3 典型相控阵雷达系统 ·· 86
5.3 双(多)基地雷达系统 ·· 89
   5.3.1 双(多)基地雷达技术 ·· 89
   5.3.2 典型双(多)基地雷达系统 ·· 91
5.4 单脉冲精密跟踪雷达 ·· 96
   5.4.1 单脉冲雷达技术 ·· 96
   5.4.2 典型单脉冲雷达系统 ·· 97
5.5 宽带雷达系统 ·· 98
   5.5.1 宽带成像雷达技术 ·· 98
   5.5.2 典型宽带雷达系统 ·· 99

第6章 光学探测系统 ··· 102

6.1 概述 ·· 102
6.2 被动光学探测系统 ·· 102
   6.2.1 可见光探测技术 ·· 103
   6.2.2 红外探测技术 ·· 105
   6.2.3 典型被动光学系统 ·· 106
6.3 主动光学测量系统 ·· 108
   6.3.1 激光测距技术 ·· 108
   6.3.2 激光三维成像技术 ·· 113
   6.3.3 典型主动光学系统 ·· 114
6.4 天基光学探测系统 ·· 116
   6.4.1 天基光学探测技术 ·· 116
   6.4.2 典型天基光学探测系统 ·· 117

第7章 空间环境监测系统 ································· 120

7.1 概述 ··· 120
7.1.1 空间环境构成 ··························· 120
7.1.2 空间环境主要特点 ······················· 120
7.2 空间环境参数表征 ···························· 123
7.2.1 中性大气参数表征 ······················· 123
7.2.2 等离子体参数表征 ······················· 124
7.2.3 地磁场参数表征 ························· 125
7.2.4 高能带电粒子参数表征 ··················· 126
7.3 空间环境效应 ································ 127
7.3.1 太阳辐射和地气辐射效应 ················· 128
7.3.2 高层大气效应 ··························· 129
7.3.3 电离层环境效应 ························· 130
7.3.4 空间磁场效应 ··························· 131
7.3.5 宇宙射线效应 ··························· 132
7.4 空间环境对空间态势感知系统的影响 ··············· 135
7.4.1 空间环境对航天测控系统的影响 ··········· 135
7.4.2 空间环境对空间目标探测设备的影响 ······· 136
7.5 典型空间环境监测系统 ························ 137
7.5.1 中高层大气监测系统 ····················· 137
7.5.2 电离层探测系统 ························· 141
7.5.3 地磁场监测系统 ························· 144
7.5.4 高能带电粒子监测设备 ··················· 147

第8章 空间态势感知信息处理系统 ····················· 151

8.1 空间目标轨道确定模块 ························ 151
8.1.1 基于光学纯角度量观测的双 r 迭代法 ····· 151
8.1.2 基于雷达数据的高斯定轨方法 ············· 155
8.1.3 多普勒测速观测的定轨方法 ··············· 157
8.2 空间目标特性认知模块 ························ 158
8.2.1 概述 ··································· 158
8.2.2 基于雷达特征的反演与识别 ··············· 159
8.2.3 基于光学特征的反演与识别 ··············· 166
8.2.4 其他识别方法 ··························· 180

8.3 空间碎片碰撞预警模块 ……………………………………………… 181
　　8.3.1 空间碎片碰撞预警程序 …………………………………… 182
　　8.3.2 危险交会筛选方法 ………………………………………… 184
　　8.3.3 碰撞概率计算方法 ………………………………………… 188

第9章　空间态势感知信息管理系统 …………………………………… 199

9.1 任务规划模块 …………………………………………………… 200
　　9.1.1 概述 ………………………………………………………… 200
　　9.1.2 空间态势感知任务规划建模 ……………………………… 201
　　9.1.3 空间态势感知任务规划算法 ……………………………… 205
9.2 信息存储管理模块 ……………………………………………… 208
　　9.2.1 数据库设计 ………………………………………………… 208
　　9.2.2 数据库实现 ………………………………………………… 209
9.3 信息分发模块 …………………………………………………… 212
　　9.3.1 信息分发网络架构 ………………………………………… 212
　　9.3.2 信息分发模式 ……………………………………………… 215
　　9.3.3 Pub/Sub 通信范型 ………………………………………… 217

第10章　空间目标监视网 ………………………………………………… 219

10.1 空间目标监视网的任务与组成 ………………………………… 219
　　10.1.1 空间目标监视网任务 …………………………………… 219
　　10.1.2 空间目标监视网组成 …………………………………… 220
10.2 典型空间目标监视网 …………………………………………… 221
　　10.2.1 美国空间目标监视网 …………………………………… 221
　　10.2.2 其他国家空间目标监视网 ……………………………… 225
10.3 空间目标监视网应用的新形态 ………………………………… 228
　　10.3.1 太空交通管理 …………………………………………… 228
　　10.3.2 地月空间态势感知 ……………………………………… 236
　　10.3.3 智能空间态势感知 ……………………………………… 239
　　10.3.4 深度空间态势感知 ……………………………………… 244

参考文献 ……………………………………………………………………… 246

上 篇
空间态势感知原理

第1章 绪　　论

1.1 引　　言

空间优势就是我们的目标——它要求我们把同样的紧迫感放在冲突发生时获取和保持对敌方制空权和制天权上。这个目标需要对空间介质的全面理解,我们追求的是能带来空间优势的强大的空间态势感知能力。

——兰斯罗德
美国原空军航天司令部司令

1.1.1 产生背景

1. 概念内涵

众所周知,"态势"是指事件的"状态"和"趋势"。状态包含事件的客观存在,是人们对事件的真实感受和认识;趋势包含事件的发展趋向,既有事件本身的必然延续性,又有人们对事件发展规律的认识和人们依据客观存在与知识积累做出的推测、判断。空间态势是指影响空间系统及其任务的外部客观条件,即空间各种客观条件的状态和变化趋势。态势感知是指对一定空间和时间范围内外部客观条件的状态及其变化趋势的观察、认知和利用,良好的态势感知是认知空间的决定因素。空间态势感知(SSA)是对空间各种客观条件的状态和变化趋势的获取、认知和利用。因此,空间态势感知中的"态势"可以概括为:在一定的"空间"范围内,其空间环境和空间目标的当前状态与变化趋势的总和。

基于此,本书将空间态势感知定义为:空间态势感知是对空间环境中空间目标的信息获取、信息处理、态势的认知与认知信息产品的生成及其应用,以及空间环境监测的活动。提供空间活动不同用户所需的信息产品,支持各级各类决策者及其机构的决策、规划、筹划与计划等活动。其中,"空间"是指临近空间、太空、地月空间、日地空间与行星际空间的总和。

需要说明的是,空间态势感知(SSA)这一术语自提出以来,历经近30年的发展,其内涵几经调整,但本质上仍然是用来发现、识别、跟踪和描述地球轨道上物体活动特性的术语，其关注重点是空间环境、近地目标跟踪和空间监视三个领域。随着空间军事化加剧，空间态势感知成为重要的军事项目。2018年，美国空军将空间态势感知定义为太空作战管理任务领域的一部分，于是，出现了太空域感知（SDA）的概念。美国将太空域感知定义为"有效识别、表征和了解太空领域相关的任何可能影响太空行动的主动和被动因素"，并且在2019年宣布正式将从空间态势感知更改为太空域感知。因此，军事用户越来越普遍地将其系统称为太空域感知，而民用和商业用户更习惯地称为空间态势感知。随着空间目标数量的日益增多、碰撞风险增加的背景下，民用和商业用户更多地聚焦在轨目标安全问题，于是，出现了太空交通管理（STM）这一概念。国际宇航科学院（IAA）将太空交通管理定义为"促进安全进入外太空、外太空作业和从外太空返回地球而不受物理或射频干扰的一套技术和监管规定。"太空交通管理涵盖发射入轨、在轨运行和离轨再入三个基本阶段，有时也与空间态势感知和太空域感知结合使用。

2. 产生背景

人类社会发展的历史，就是伴随着科学技术的进步，不断拓展由陆地到海洋、到空中、再到外层空间的历史，空间态势感知的产生也是如此。概括起来说，空间态势感知产生背景主要包括以下几个方面。

1）空间目标显著增多

空间拥有太阳风、高能粒子束、磁场与等离子体等复杂多变的空间环境，以及充斥其中大大小小的自然天体。

自从1957年10月4日苏联成功发射第一颗人造卫星以来，揭开了人类历史由地球迈向空间的第一页。此后短短半个世纪里，人类的空间探索活动突飞猛进，取得了辉煌的成就。人类不仅成功登陆月球，而且还将研究的触手伸向火星等更为遥远的星球。截止到2012年底，环绕地球飞行的各类人造物体，包括人造卫星、航天飞机、国际空间站、空间实验室等近6000个。

与此同时，人类空间活动遗弃的废弃物，如完成任务的火箭箭体和卫星本体、火箭的喷射物、在执行航天任务过程中的抛弃物等，形成了人们常说的空间碎片。空间碎片主要分布低轨、中轨和地球同步轨道高轨三个密集区，大多数空间碎片分布在距离地球表面322～483km的低地球轨道上。统计显示，空间碎片的数量正以每年约2%的速度增加。随着航天事业的发展，空间碎片不仅数量与日俱增，而且滞空时间相当漫长。科学家们预测：到2300年，任何物体都将无法安全进入太空轨道。

2）空间价值日益凸现

空间，具有地球上无以比拟的轨道资源、太阳能资源、真空资源、微重力资源、矿藏资源，以及无与伦比的深冷、超静、无菌、无尘、强紫外线辐射和无国界性,已成为数字时代人类开发的重要领域。空间,已经给人类的日常生活带来了卫星电视、卫星通信等诸多益处与便利,也是国家经济发展新的增长点。空间,既是国家利益拓展的战略新边疆,又是信息时代战争取胜的制高点,其在军事领域空间的战略地位不断提高,世界各国对空间的重视程度不断加大。

随着空间军事系统和空间军事信息在现代战争中地位作用的日益提高,空间已成为维护国家安全和国家利益所必须占据的战略制高点。

3)空间环境不断恶化

随着航天技术的飞速发展,各国发射入轨的航天器及运载器数量不断增加,并且废弃的航天器绝大多数滞留在轨道上,令近地空间变得越来越拥挤,空间环境问题越来越突出。更令人担忧的是,空间目标与空间碎片数量逐渐增多,相互之间撞击的概率越来越大。

在人类航天史上,空间碰撞事件的发生几乎都是"极小概率、重大后果"的体现。1983年,美国航天飞机"挑战者"号与一块直径0.2mm的太空碎片(涂料剥离物)相撞,导致舷窗受损而停止飞行。1986年,"阿丽亚娜"号火箭进入轨道之后不久便爆炸,化为564块10cm大小的残骸和2300块小碎片,两颗日本通信卫星与这枚火箭残骸碎片相撞,最终完全损毁。2009年2月11日,美国的"铱-33"移动通信卫星与俄罗斯已废弃的"宇宙-2251"军用通信卫星在西伯利亚北部上空约790km处当空相撞,巨大的动能使得两颗卫星瞬时化作两团碎片云。这是人类发展航天事业以来,历史上首次发生的两颗整星相撞事故。这些撞击事件的发生,加深了人们对空间安全预警探测问题的关注,引起了各国的高度重视。因此,如果有一天出现"空间交通警察""空间红绿灯",绝不是耸人听闻的事情。

4)空间军事化和航天器武器化已成事实

目前,围绕地、海、空域,各国均有自己的领空、领土与领海,唯独还没有领天,可谓是"天无疆"。然而,世界大国对于空间资源的开发、利用与安全,始终在进行着不懈的努力。在各国国土上的空间,除自己的航天器之外,数以千计的他国卫星日夜不停地观察着自己的国土,获取着海量的国土资源和国防安全等信息。因此,就在人们享受着航天科技取得的这些成果的同时,空间武器试验却屡禁不止,空间军事化、航天器武器化的乌云如影相随般地笼罩过来,为爱好和平的人们的心头蒙上了一层阴影。曾经的古巴导弹危机事件、中东战争、海湾战争、伊拉克战争与阿富汗战争等,都说明了航天装备在军事领域的重要作用。

2018年以来,特朗普政府不仅建立专门的太空部队,而且在2022年11月22日又在夏威夷成立了太空军印太司令部,原加州范登堡太空军基地第30太空发射三角翼部队(Space Launch Delta 30)指挥官斯特里尔担任首任司令。

5）空间事件双向评估与空间法核查的基本手段

航天科技呈现出纵向深入发展、横向不断扩展的趋势,一方面,全球各层次的航天合作有声有色地在发展;另一方面,人类在外层空间的竞争也在加剧,使得空间环境日益恶化。空间环境问题是一个全球性的问题,它会损害所有国家的利益,谁也不能独善其身。目前,外层空间环境受到的威胁主要包括空间碎片污染、人为干预导致的污染、放射性空间活动带来的污染等。其中,危害最大的是空间碎片。随着越来越多的国家加入开发空间的活动,使得空间目标数量急剧膨胀,增加了空间轨道上的危险性。为此,有关国际组织在规范人类空间活动、协调各国外层空间利益方面进行了不懈努力,但由于缺乏有效的技术手段支持,难以实现空间事件的评估与空间法执行情况的核查。

例如,前面提到的美俄卫星相撞事件,事故发生后美国方面指责俄罗斯的卫星失控导致这次卫星撞击事故,计划向俄罗斯提出赔偿。而俄罗斯则认为俄方没有责任,对此事应该负责的是美国宇航局,因为其没有起到监测和预报的作用。由于没有真实有效的数据支撑这次空间事件的评估,因此,美国、俄罗斯双方此次卫星相撞事件的责任问题也只能不了了之。再如,国际空间法明确规定不允许进行空间武器试验,但航天大国真正进行空间武器试验时,到目前为止还没有哪个国家具有如此完善的空间监视能力,保证拿出有效的证据表明它们进行了这种试验。

为此,空间都有什么？在哪里？是谁的？是什么？能干什么？在干什么？态势怎样？趋势如何？就成为无法回避而又必须回答的问题,这些问题都需要有效的空间感知手段来实现。于是,就诞生了空间态势感知。

1.1.2 发展历程

早在1958年,美国空军怀特上将就提出了"航空航天"的概念,英文名称为Aerospace,表明了空军的活动范围不仅包含航空空间与航天空间,而且它们是连续不可分割的整体,这也是今天美国大部分空间力量隶属于空军的原因之一。1959年,美国空军就在空军条令(AFM1-1)中将"Airpower"(航空力量)这一沿用了多年的名称,修订为"Aerospacepower"(航空航天力量),并且由此建立了航空力量、战略导弹和航天力量三位一体的空军力量体系。1979年版的空军条令(AFM1-1)更是首次将空间作战确立为空军的9项任务之一。海湾战争后颁布了美国历史上、也是人类历史上第一部《空间作战》条令(1998版AFDD2-2)。到目前为止,已经发布了以空间作战为主题的条令共计3种、9个版本,其中与空间态势感知有关的为3种、8个版本。截止到目前,美军空间作战条令组成如图1-1所示。

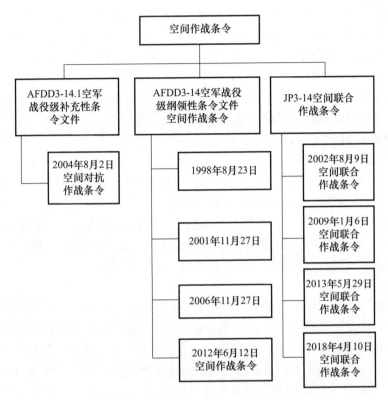

图 1-1 美军各版《空间作战》条令组成示意图

需要说明的是,自 2010 年后美军将相关空间作战条令的编号 AFDD2-2 与 AFDD2-2.1,均改为 AFDD3-14 与 AFDD3-14.1,联合出版物 JP3-14 的编号保持不变。因此,图 1-1 中所有条令均改为现用的编号。

空间态势感知概念首次出现在 2001 年 11 月 27 日美国空军发布的《空间作战》条令中,规定"空间态势感知作为联合战略的空间因素,是计划人员应该考虑的问题之一",目的是"对敌人的空间性能进行评估,确定敌人的空间系统对战区战役有可能造成的影响"。

2002 年 8 月 9 日,美国参联会发布《空间作战》联合条令,在该条令空间控制任务域中,其对空间态势感知的定位是"遂行空间控制任务能力的基础"。要求空间态势感知:对轨道目标持续感知的稳健空间监视;实时搜索和瞄准级质量的信息;威胁检测、识别和定位;外国空间能力和地缘背景下外国意图的情报预测分析;友军空间系统的全球报告能力,对空间目标和事件进行检测、识别、评估和跟踪,从而支持空间行动。该版条令主要阐述了空间目标与空间事件的问题,而空间环境监测及其预报放在了附件中。所以,该版条令中的空间态势感知准

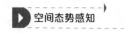

确的称呼应该是"空间目标监视"。

2004年8月2日,美国空军发布补充性《空间对抗作战》条令,在篇首将空间态势感知定义为:空间态势感知是为指挥官、计划者和执行人员提供的对目标、行动和环境充分感知的知识和情报,以制订行动计划。空间态势感知是所有空间活动的基础,并使空间作战成为可能。该版条令认为,空间态势感知涵盖了对从陆地到空间的所有人为与自然环境中空间作战能力全部特性的认知,其任务主要包括发现、确认、跟踪、瞄准交战和效果评估。

2006年11月27日,美国空军发布《空间作战》条令,将定义空间态势感知为:为了能在冲突范围中获取和保持空间优势,指挥官、决策者、计划者和作战执行人员需要知道当前和未来的空间事件、威胁和活动,需要知道当前和未来敌、友双方的空间系统(空间、地面和链路)的状态、能力、约束和应用。

2009年1月6日,美国参联会发布的《空间作战》条令,进一步对空间态势感知的地位、目标及构成要素进行了说明,强调空间态势感知的目的是尽可能地描述在陆地环境和空间领域运行的空间能力,把空间态势感知作为引导空间行动的基础。

2012年6月19日,美国空军发布了新版《空间作战》条令。在该版条令中,将空间态势感知定义为:是其他一切空间活动的基础,对于空间作战所依赖的空间环境和作战环境,以及在全面冲突中我方和敌方空间力量的一切要素、行动和活动的当前情况的认知和未来的预测。新版空间态势感知定义包含情报、监视与侦察、空间环境监测以及空间预警的相关要素,并且强调整合从所有渠道获得的情报来估计针对美军空间能力的外来威胁。

2013年5月29日,美国参联会发布了《空间作战》条令。在该版条令中,将空间态势感知定义为:空间态势感知是进行空间作战的基础,提供必需的实时和精确的空间环境信息和空间作战所依赖的作战环境信息。基本能力包括检测、跟踪与识别;卫星告警与评估;空间态势描述;数据综合与开发。这版条令对空间环境与作战环境进行了大篇幅描述,并且突出了空间态势描述。

2018年4月10日,美国参联会颁布了2018版空间作战联合作战条令,这是在空军没有颁布新条令的情况下,参联会首次单独颁布新的联合作战条令。其主要变化体现在:一是首次提出了太空域概念;二是将过去空间的5个领域划分改为8个空间作战能力、7个联合作战能力;三是2017年3月将刚刚由过去的职能组成分司令部更名为职能组成司令部,更名为联合部队太空组成司令部。该版条令反映了美军对陆海空三军对太空力量运用的自信。

围绕保持大国优势,美政府和国防部提出一系列改革发展举措。2018年3月,特朗普政府发布首份"美国优先"的《国家太空战略》概要说明,谋求通过调整军事航天理念和开展商业监管改革来保护美太空利益。2018年8月,美国国防部发布关于《国防部国家安全太空部门组织和管理架构最终报告》,概述了美国国防部确保美太空优势的具体举措。

2019年8月29日,美国正式成立了第11个作战司令部——美国太空司令部。该司令部在原战略司令部下属的联合部队太空组成司令部基础上组建,下设联盟部队太空组成司令部和太空防御特遣部队,分别依托联盟太空作战中心和国家太空防御中心实施指挥控制。前者主要负责信息支援、航天支持等任务,后者主要负责空间态势感知和太空防御等任务。

美军空间态势感知经历了概念提出、内涵确定、运行评估与调整定位4个阶段。这4个阶段不仅使人们感受到美军对空间态势感知的概念内涵、任务领域、地位作用与力量运用认识的变化过程,也从一个侧面使人们了解到美军对空间力量认识的变化过程。

1.1.3 地位与作用

为了说明空间态势感知的地位作用,首先了解一下空间力量概念。

美国对空间力量的定义可概括为:空间力量是空间和地面的系统、装备、设施、组织和人员的统称,是对空间、在空间、通过空间以及从空间实施行动和影响行动的能力体现,是一个国家安全保障的需要。事实上,自1998年空军颁布第一部AFDD3-14《空间作战》条令,到2009年参联会颁布JP3-14《空间作战》条令,其空间力量基本维持在空间支持、力量增强、空间控制与空间应用4个任务领域未变。也就是说,美军始终强调"对空间、在空间、过空间与用空间",而文献[6]则归纳为"进入空间、利用空间与控制空间"。

在2009年2月美俄卫星相撞后,2010年《美国国家空间政策》将空间态势感知能力和基础情报能力赋予了最高优先权,进一步强调空间态势感知在保持对自然干扰以及他国空间能力、活动和企图的持续感知方面的基础支撑能力。于是,空军2012版AFDD3-14《空间作战》条令的任务领域调整为:空间态势感知;全球空间任务实施;空间支持与空间控制。参联会2013版JP3-14《空间作战》条令的任务领域为:空间态势感知;空间支持;力量增强;空间控制与空间应用。这两版新条令虽然内容没有明显改变,但任务领域的顺序发生了重大变化。

为此,参考文献[1]将空间态势感知的任务领域定义为"监视空间",并将其概念界定为:监视空间是指以空间目标探测系统与空间环境监测系统为手段,感知空间有什么、在哪里、是什么、所处环境如何,以及发生了什么事件及其趋势如何的活动与过程。于是,空间力量任务领域就可以划分为监视空间、进入空间、利用空间与控制空间四维,从而,更加明确地表达出空间态势感知与其他任务领域关系。

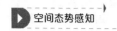

在2009年以前美军各个版本的空间作战条令中,空间态势感知的英文名称均为Space Situation Awareness(SSA),将其任务领域定位为空间控制的组成部分,是空间支持、空间攻防与力量增强的下一个层级,并且反复强调其为空间防御性作战和进攻性作战的基础。但在2012年6月19日版《空间作战》条令(AFDD3-14号),以及2013年5月29日版《空间作战》条令(JP3-14)中,空间态势感知的英文名称都改为"Space Situational Awareness"(SSA),同时将其作为独立的任务领域,与空间支持、空间控制与全球空间任务实施(也就是旧版条令中力量增强与空间应用的合并)并列且排名第一,并明确称其为一切空间活动的基础。

同时,与其地位提高相对应的作用变化体现在:2009年以前的版本中,空间态势感知的作用之一是"瞄准交战",与其作为空间攻、防的基础是相符合的;而在2012年的版本中,"瞄准交战"则改称为"指挥控制"。可以说,由"Situation"到"Situational"的变化,从词义上可以将其理解为后者更加强调过程,从语义上可以理解为后者更加突出其感知范围,指向性更加明确。

根据上述任务领域分析,可以说美军空间力量任务领域已经由进入空间、利用空间与控制空间的三维,发展到包括监视空间在内的四维,与第四维相对应的空间力量就是空间态势感知。因此,空间态势感知的地位概括为:是所有空间活动的基础,是新的战略威慑手段,是空间控制的关键(美国的术语),是维护国家安全和保障国家利益所需要的基本手段,是衡量一个国家空间能力的重要标准。空间态势感知作用概括为:通过空间态势感知手段,知道空间都有什么?它们都在哪里?它们都是谁的?它们的环境背景如何?是否发生了空间事件?事件趋势如何?应用于空间法核查执行、空间目标安全性分析、空间轨道"交通"状况分析评估等。

1.1.4 任务与能力

由空间态势感知地位作用,结合其发展历程的分析,可以将其任务与能力概括如下。

1. 空间态势感知任务

(1)空间目标探测。空间目标探测主要包括未知空间目标的搜索发现、跟踪识别和轨道确定,以及已知空间目标的跟踪、测轨、遥测、遥控。这里的空间目标既包括轨道目标,也包括弹道目标,前者的探测称为空间目标监视,后者的探测称为弹道导弹预警,是空间目标探测相辅相成的两种业务。

(2)空间系统威胁告警。空间系统威胁告警主要是指不明空间目标、空间碎片等对正常运行空间系统构成威胁活动的感知与告警,提供空间系统进行防护、规避等活动所需的信息支持。

(3) 空间态势信息集成与处理。空间态势信息集成与处理主要包括空间目标信息与空间环境信息的综合集成、空间目标状态多源信息融合处理与行为趋势分析判断、态势信息产品生成等。该任务需要航天器编目数据库和空间碎片数据库两个重要的数据库支撑,航天器编目数据库主要包括在轨航天器的轨道、姿态、结构、属性等特性信息,空间碎片数据库主要包括空间碎片轨道、大小、威胁性等特征信息。

(4) 空间目标特征分析与描述。空间目标特征分析与描述主要包括空间目标轨道运动与姿态运动特征分析、反射与辐射特征分析、发射信号特征分析,空间目标结构与材质、尺寸与形态、身份与能力、位置与状态等特征描述,空间环境对空间系统应用影响特征描述等。

2. 空间态势感知能力

(1) 空间目标搜索发现能力。能够利用相关时段,在不需要相关先验信息的情况下,对可能危害空间系统安全的空间碎片等目标自主搜索。

(2) 空间目标跟踪监视能力。能够对在轨或需要重点关注的空间目标具备全空域、全时域、全频域的编目管理等能力。

(3) 空间目标识别认知能力。能够对空间目标身份进行确认、对空间目标的能力进行评估、对空间目标目前是否工作及其状态进行辨识,对其未来状态、动向与意图进行预测评估。

(4) 空间环境监测能力。能够对空间环境进行全空域、全时域、全谱段、全要素的监测。

(5) 空间环境预报能力。能够对空间环境状态进行综合分析和预报判断、对灾害性空间环境事件进行早期预警。

(6) 空间环境效应分析能力。能够对辐射、充放电、电波传播、电磁辐射、流星碎片碰撞等空间环境因素给空间系统造成的影响进行分析,包括影响机理分析、影响途径分析、影响效应分析等。

(7) 空间态势感知系统运行管理能力。该能力主要是指能够对空间态势感知系统的运行进行统一监管的能力、对空间态势感知任务的实施进行统一调度的能力、对空间态势感知系统的资源进行优化应用的能力,以及对空间突发事件进行应急响应的能力。

(8) 空间态势信息综合处理能力。该能力是指能够对天基、地基、多平台、多手段、多时段获取的空间态势信息进行融合、关联及挖掘等综合处理及生成空间态势信息及情报产品的能力。

(9) 空间态势信息分发能力。该能力是指对空间态势信息及情报产品进行高效畅通发布的能力,即能够在正确的时间,将正确的信息及情报发布给需要的用户及终端。

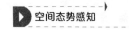

1.2 空间态势感知理论体系

1.2.1 空间态势感知理论体系架构

任何理论体系,都是从实践中总结概括出来的、具有严密内在联系的、由多种观点组成的理论整体。空间态势感知理论知识的有序化发展,也将会逐渐形成一个按照空间态势感知活动内部各要素相互关系和发展逻辑构成的知识性较强的理论整体,必将成为航天领域中关于空间态势感知活动规律、力量建设、使用训练和运用方式方法的独立的综合知识体系,即空间态势感知理论体系。

由于空间态势感知相关理论形成时间不长,虽然其在空间活动中的作用极其重要,并发挥着巨大的主导作用,但人们对它的认识还不充分,其理论体系尚未完全形成,深层的规律性的认识还有待提高,其理论体系还将在未来空间活动的实践中不断发展和完善。所以,在空间态势感知的概念界定、理论范围、学科定位、产品应用等多方面,都会有不同的认识和表述,这是任何理论发展过程中的必然现象。为此,参考学术界众多学者多年来的研究成果,结合作者自身研究成果构建了空间态势感知的理论体系架构。

1.2.2 空间态势感知理论体系逻辑起点

空间态势感知理论体系,是其基本概念、规律与内涵的总体知识形态,是从一个基本的逻辑起点生成和发展的理论整体,这个理论体系产生和发展的根基与矛盾的焦点是信息。"信息"是空间态势感知理论体系的生成内因和变化的依据,是该理论体系中的核心要素,并为其他要素的发生发展提供原动力,它规定和影响其他理论要素的生成和发展,信息的所有活动与作用都将不以人的意志为转移地规定着空间态势感知理论体系的过去、现在、未来的发展趋势和方向,从根本上反映着空间领域的特殊矛盾性。所以,"信息"是空间态势感知理论体系的逻辑起点,即该理论生成和发展的基石。

准确认识和确立一个理论体系的逻辑起点至关重要,因为它是进入这个理论体系殿堂大门的钥匙,所有空间态势感知理论的研究都必须从认识信息开始、以获取与处理信息为过程、以使用信息为归宿,是空间态势感知的"灵魂"。这是因为信息存在于空间态势感知的任何时空,是物质和事物相互作用中表现出来的一种基本属性。在空间态势感知领域,各种事件都是通过信息的交换和利用实现其相互依存、相互影响而不断发展的,就像人类的社会活动一样,都是一种获取信息、交流信息和应用信息的过程。

空间态势感知本质上是面对空间活动"信息"的流通和抑止,而在不同范围和层次进行的信息对抗过程。信息的"流通"和"抑止"是空间活动矛盾的两个方面,二者的对立、斗争和统一的规律与状态,构成了空间态势感知的一切概念、内涵和术语,并在不同层次上构成空间态势感知的专门学科,如空间态势感知的方法、技术、装备与应用等,都是能够从空间态势感知"信息"的流通或抑止规律生发出相应的学科理论。

一言以蔽之,空间态势感知理论体系起源于对信息的认识,回归于对信息的控制,信息是人们研究空间态势感知理论的思维逻辑起点。

从空间态势感知理论体系的逻辑起点"信息"出发,按学科分类方法和逻辑规则,以理论知识结构内在的本质联系为依据,本着科学性、层次性、发展性和实用性的学科理论要求,空间态势感知的理论体系主要包括概论与历史、基础理论、技术理论和应用理论4部分内容。其理论体系架构如图1-2所示。

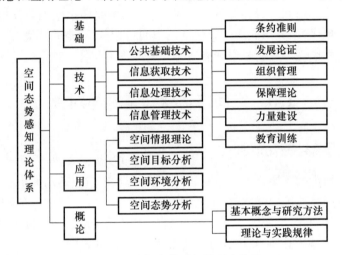

图1-2 空间态势感知的理论体系

1. 概论与历史

(1)学术概论。学术概论是研究空间态势感知学术理论体系和研究方法发展规律的学科。它的主要任务是探索空间态势感知的概念、特性、功能、价值、原理、原则、分类、研究对象和内容、理论体系以及研究方法的发展规律、发展趋势等。

(2)学术历史。学术历史是研究空间态势感知实践和学术发展历程及规律的学科。其任务是揭示学术与实践的依存关系及其发展规律。

2. 基础理论

基础理论是对空间态势感知活动各个特定领域定性研究的理性成果。它针对感知活动的基本状态和规律,研究空间态势感知的机制、组织、管理、建设与保障等基本问题。其主要内容包括:条约准则、法规与空间法;空间态势感知的系统论证与保障理论；空间态势感知的建设与发展理论；空间态势感知的训练理论等。

3. 技术理论

技术理论是与空间态势感知相关、对空间态势感知及信息的应用具有支撑和保障作用的理论，揭示空间态势感知技术整体机制和整体发展规律，研究空间态势感知技术的构成、运用、发展的原则和方法。

空间态势感知技术理论主要包括：空间目标的轨道、结构、材质等特性，空间环境特性及其效应等基础技术；信息获取、空间目标信息处理与空间态势认知的技术，以及信息获取部分的任务规划、信息处理过程中的信息情报管理与信息产品的信息分发应用技术等。

4. 应用理论

应用理论是空间态势感知理论的主题之一，主要揭示组织与实施各类感知活动的特殊规律，研究不同应用背景下的空间目标分析、空间环境分析与空间态势分析的个性原理、原则，是空间态势感知基础理论与技术理论的运用。

1.3 空间态势感知范围与对象

1.3.1 空间态势感知范围

地球表面为大气层笼罩的空间领域，是各国从事航空活动的空域，本国所对应的空气空间是该国的领空，该地面国拥有排他的主权，外国航空器未经许可不得进入。尽管如此，地面国空域范围的界定，尤其是高度仍然模糊不清。

人类第一颗人造地球卫星的入轨带来了空间概念的重新定义。1961年，联合国大会中提出了"外层空间"(Out Space)的概念，把外层空间下面的部分称为"空气空间"(Air Space)。自此，领土以上的空间部分就有了空气空间和外层空间的区分。随着科技的不断发展，外层空间的定义也在逐步完善。例如，物理学家将大气分为5层：对流层（海平面至10km）、平流层（10～40km）、中间层（40～80km）、热成层（电离层，80～370km）和外大气层（电离层，370km以上）。地球上空的大气约有75%在对流层内，97%在平流层以下，平流层的外缘是航空器依靠空气支持而飞行的最高限度。人造卫星的最低轨道在热成层内，其空气密度为地球表面的1%。在1.6万km高度空气继续存在，甚至在10万km高度仍有空气粒子。所以，曾经把外层空间定义为地球大气环境以外的所有空间部分是不准确的。从科学意义上讲，空气空间和外层空间没有明确的界限，它们是融合在一起的。联合国和平利用外层空间委员会科学和技术小组委员会指出，目前还不可能提出确切和持久的科学标准来划分外层空间和空气空间的界限。

目前,有关国际组织在国际条约中使用了"外层空间"术语。例如,1963年联合国大会通过的《各国探索和利用外层空间活动的法律原则宣言》,确定了外层空间供一切国家自由探测和使用,以及不得由任何国家据为己有这两条原则,所使用的就是"外层空间"这一概念。外层空间委员会先后草拟了5项有关外层空间的国际条约,其中,《关于各国探索和利用包括月球和其他天体在内外层空间活动的原则条约》(简称《外层空间条约》)、《营救宇宙航行员、送回宇宙航行员和归还射入外层空间的物体的协定》、《关于登记射入外层空间物体的公约》三项条约,均使用的是"外层空间"术语。从严格的科学观点来说,空气空间和外层空间没有明确的界限,而是逐渐融合的。但近年来,趋向于以人造卫星离地面的最低高度(100km,即目标能够绕地球飞行一周的最低高度)为外层空间的最低界限,实际上还是使用了外层空间的概念。

目前,常规战场态势感知设备的主要范围为地表以上20km以内的陆海空域,可见20~100km的临近空间(Near Space)不在其探测范围之内。但是,随着对临近空间开发利用的深入,临近空间飞行器不仅能够进行对地观测,而且还可以用于投送攻击载荷,对空间系统和地面目标造成直接威胁。因此,为了确保态势感知的连续性,本书将空间态势感知的范围界定在距地球表面20km以上的广大区域,包括临近空间、近地空间与地月空间,以及日地空间和行星际空间。

从中英文习惯来说,英文"Space"在中文里通常翻译为"太空"或"空间",而"Out Space"常常翻译为"外空""外太空"与"外层空间"。本书将"空间"定义为"外层空间"+"临近空间"+"地月空间"+"日地空间"+"行星际空间"的总和,将100km以上、地球同步轨道以下的"外层空间"称为"太空",这就解释了"空间"与"太空"的区别。因此,在本书中如无特殊说明,"外层空间""外空"或"外太空",均为"太空"的含义,同理,空间态势感知、太空态势感知、地月空间态势感知等对应各自的空间范围,这为后续研究空间态势感知的新领域奠定了理论基础。

如前所述,通常意义上来说,空间态势感知的对象主要包括空间环境与空间目标。但也有一种观点认为,空间态势感知的对象还应该包括与空间目标配套的地面站。理由是如果没有地面站,航天器上行指令无法发出、下行数据无法接收,即地面站是有效空间目标的组成部分。同时,地面站发出的上、下行信号也是实现空间目标探测的重要途径,因此,应该将其列入感知对象范围。但本书所关注的仅仅是空间环境与空间目标,而没有将地面站作为感知对象。首先,如果包括地面站,也就意味着空间态势感知关注的空间还包含航空空间;其次,地面站仅仅是上述范围内有关目标的组成部分,是一个节点而不是主体;再次,地面站相对于空间目标基本上可以认为是固定目标;最后,地面站的探测可以由其他装备实现。

概言之,监视空间活动是从下往上"看"的,利用空间活动是从上往下"看"的,以此相对应就是空间态势感知装备与空间遥感装备,这样的界定有利于不同性质的空间业务的区分。因此,本书关注的空间目标不包括地面站等地面节点。

1.3.2 空间态势感知对象

空间态势感知对象分为空间目标与空间环境两大类。

空间目标是指离地球表面 20km 以上的在空间与过空间的所有目标,包括自然天体和人造天体。自然天体属传统的天文学研究范畴,且除少量在特定时期光临地球的小行星或彗星外,离地球最近的自然天体是 38 万千米外的月球。环绕在地球周围数万千米空间内的目标基本上都是人造天体,在空间目标主要包括人造卫星、空间站、宇宙飞船、火箭箭体与它们解体时形成的碎片,过空间目标主要是弹道目标与反导导弹等。此外,还有一类特殊的目标——临近空间目标,这类目标具有飞行高度低、机动速度快、轨迹确定难等特点。

1. 轨道目标

轨道目标具有在空间的特点,通常包括自然天体与人造目标,人造天体主要包括人造地球卫星、特定的空间平台、空间站、空间运载工具以及空间碎片等。其中,空间碎片是作为空间目标还是空间环境作为来对待,是一个相对的、动态的概念,既与航天器任务有关,也与空间目标探测能力有关,还与空间碎片的大小有关。例如,在分析某航天器的安全性,此时空间碎片就是作为空间环境来考虑的;同样的这批空间碎片如对其进行轨道分析,则就作为空间目标来考虑。

2. 弹道目标

弹道目标主要是指弹道导弹,与飞机、巡航导弹等目标不同,弹道导弹目标具有过空间的特点。弹道导弹射程不同,则弹头再入速度不同,再入角度也不同。弹道导弹飞行路径特性如表 1-1 与表 1-2 所示,图 1-3 所示为弹道导弹标准弹道曲线图。

表 1-1 导弹飞行时间、再入速度等与弹道导弹射程的关系

射程/km	再入速度/(km/s)	助推段时间/s	飞行时间/min
500	2.0	36.0	6.1
1000	2.9	55.0	8.4
2000	3.9	85.0	11.8
3000	4.7	122.0	14.8
10000	7.5	230.0	30.0

表1-2 弹道导弹飞行路径特性

弹道弹道类型	最大距离/km	远地点/km
近程弹道导弹	<1000.0	160.0
中程弹道导弹	1000.0~3000.0	500.0
中远程弹道导弹	3000.0~5000.0	900.0
洲际弹道导弹	>5000.0	2500.0
潜射弹道导弹	100.0~12000.0	多种高度

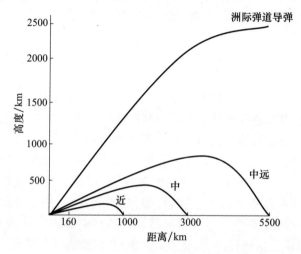

图1-3 弹道导弹标准弹道的曲线图

随着技术的发展,未来弹道导弹将大量采用多弹头及真假弹头突防、释放诱饵、大机动隐身设计等措施,这要求弹道导弹探测系统应具有反应时间快、作用距离远、覆盖空域大、多目标处理及真假弹头识别能力。因此,预警雷达的设计需要充分考虑弹道导弹的弹道特性。

3. 临近空间目标与机动目标

临近空间通常是指距海平面20~100km,传统航空器的静升限(18.3km,国际民用航空组织(ICA)所管辖的最高限)和航天器的最低运行轨道高度(100km,卡门线)之间的空域,属于"空"与"天"的过渡区,也可称为亚轨道,大致包括大气平流层区域(18~55km)、中间大气层区域(55~85km)和部分热层(85~800km),臭氧和太阳辐射强;20~40km区域平均风速最小。该区域空气非常稀薄,不仅不适宜固定翼飞机工作,而且重力及阻力作用使得卫星难以维持其飞行轨道。但该区域气流较平稳,且空气流动相对较小,是部署高空悬停气球或飞艇等飞行器的理想空域。

临近空间目标是指能在临近空间作持续飞行并完成特定任务的飞行器(但不包括只是穿越该区域飞行的飞行器)。根据飞行速度,临近空间飞行器主要分为低速临近空间飞行器和高速临近空间飞行器两类。按照军事用途,其可分为自由浮空气球、平流层飞艇、机动飞行器。按照工作原理及特点,其可分为高空悬停型、高空长航时型、高空高超声速型三类。其中,高空悬停型和高空长航时型为低动态飞行器,目前在研及未来发展的主要有浮空气球、平流层飞艇、高空长航时无人机、太阳能飞机等。

低速临近空间目标飞行速度一般小于马赫数3(马赫数1表示声速(340m/s)的1倍),主要包括利用空气的浮力和飞行器运动产生的升力保持其在临近空间飞行工作的浮空气球、平流层飞艇、超高空长航时无人机等。它们的主要特点是生存能力强、分辨率足够高、载荷能力强、效费比高、部署速度快、机动发射能力强,未来发展趋势是大装载、超高空、多用途、非常规、长航时,以及艇身与天线、太阳能技术融合。

高速临近空间飞行器又称跨大气层飞行器(Trans Atmospherieal Vehicle,TAV),一般飞行高度在30～70km,利用冲压喷气发动机产生动力使速度最高可达马赫数25(一般在马赫数3以上),进行巡航或机动飞行,根据有无动力以及动力的种类可分为无动力型(如再入滑翔飞行器)、吸气式动力型(如高超声速巡航飞行器)、火箭动力型(如火箭动力飞行器)以及组合巡航动力型等多种。其主要包括高超声速下滑弹头、巡航导弹、战略轰炸机、战略侦察机、远程运输机、地空导弹、钻地炸弹等。临近空间高速目标具有高超声速高升阻比气动外形、可实施远程快速精确打击、作战模式灵活、生存能力强等特点,未来朝着快速发射、可重复使用、低成本运行、大航程远程飞行、高机动性、高精确性、多用途、非常规、组合式方向发展。机动目标是指能够在空间与临近空间跨界运动的目标,典型的是X-37B之类的空天飞机。

4. 空间环境

空间环境的范围很广泛,对于空间态势感知而言,概括起来说主要包括以下几个方面。

(1)地球高层大气。虽然120km以上高度的大气层密度极为稀薄,但也不能忽略大气阻力对空间目标的影响。并且大气层的物理特性随高度显著变化,约50km以上的高层大气受空间辐射的显著影响,与太阳活动密切相关,高层大气在X射线和紫外辐射的作用下形成电离层,影响空间通信。

(2)空间辐射环境。空间辐射环境也称为空间气象,通常是指近地空间内的磁层和电离层,包括等离子体区域、地磁场、电磁辐射、高能粒子以及其他物质等,有时也会涉及行星际空间。空间辐射环境深受地球磁场、太阳活动的影响,主要有地磁暴、亚暴、范艾伦带、电离层的扰动和闪烁、极光和地磁感应电流等。

(3)流星及微流星。近地空间内存在的或进入近地空间的一些流星和微流星可能会对空间活动造成影响。

(4)引力场。引力场是指地球、太阳以及其他星体的引力场,通常考虑地球引力场和太阳引力场。空间环境监测即是要掌握空间环境的长期预报,并能实现测量空间环境的特性,拥有对突发的空间环境现象进行监测和影响分析的能力。

(5)微小空间碎片。微小空间碎片通常是指直径小于0.1cm的碎片。一般来说,直径0.01~0.1cm的碎片会对航天器表面产生凹陷和剥蚀,长期与卫星碰撞可能造成明显的积累影响,直径大于0.1cm的碎片会对卫星结构造成损害;直径大于1cm的碎片会对航天器造成灾难性的破坏。

(6)地面节点周围的气象环境。虽然在感知目标中并不包括地面站等地面设施,但在环境监测中包含地面站等地面节点周围的气象环境。这一点与感知目标中不包含地面站并不矛盾,因为所关注的仅仅是地面节点周围的局部气象环境,并不是空气空间的环境整体,而空间环境既包括整体,又包括局部。尤其重要的是环境是连续变化的,也就是说空间环境的变化也将影响空气环境变化。事实上,将地面节点周围的气象环境作为空间环境的感知对象,在人类空间活动中具有十分重要的意义。

空间态势感知的对象如图1-4所示。

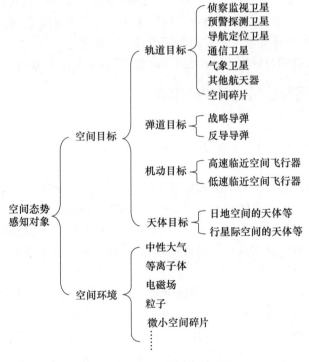

图1-4 空间态势感知的对象

第 2 章 空间目标可探测性原理

我们知道,目标特性是指目标固有的理化属性以及目标与所处环境相互作用而呈现的能够被传感器感知的特性。这里的环境是指除了目标以外的一切空间物质,包括目标依存的背景、目标至传感器之间的传输介质。因此,本章所说的"空间目标可探测性"就是在电磁波照射环境下,根据其空间分布能够被光学系统、雷达系统等传感器测量与描述的特性。

2.1 空间目标的雷达可探测性原理

雷达方面的著作一般对雷达的基本工作过程描述为:雷达发射电磁波照射目标,目标再将雷达发射的电磁波反射回来一部分,雷达接收到反射回来的回波,通过计算发射电磁波与从目标反射回来的电磁波的时间差,就可以测量目标的距离,并且通过雷达波束的方向性获得目标的角度等。

雷达接收到的目标回波真的是目标"反射"回来的电磁波吗?

2.1.1 空间目标的雷达可见性原理

1. 目标的二次辐射现象

按照传统习惯,雷达发射无线电波是一次辐射。那么二次辐射是什么含义呢?

根据麦克斯韦方程和电磁场边界条件,当电磁波入射到某一目标上时,在该目标上和目标内便有电流与磁流流动。这些感应电磁流又产生它们自己的电磁场,这个电磁场就是目标的散射场,并沿各个不同方向以不同的幅度和相位传播。散射场能量的分布依赖于目标的形状、大小、结构,以及入射波的频率大小及其特性。

对于闭合的理想导体,电磁波感应的电荷只出现在目标的表面形成面电流,在其内部不会有感应场和电荷。对于电介质,在其内部产生、维持感应电荷形成位移电流。这种由被电磁波照射的目标中产生的面电流或位移电流所产生的辐射称为二次辐射,目标二次辐射的能量一部分返回雷达,就好像是目标反射了无线电波,反射回来的无线电波称为反射波或回波。据此可以判断目标的存在与否。

本质上来说,雷达发射的电磁波照射在目标表面,在目标表面激发产生电荷,电荷的流动形成电流,电流形成磁场,磁场再形成电场,如此交替形成电磁场,即电磁波的散射。目标的二次辐射是发现目标的基础。

2. 无线电波等速直线传播

无线电波在空间以一定速度直线传播的规律,是测定目标距离的基础。在均匀介质中,无线电波在其传播的全部路径上是等速直线传播的。设电波传播的速度为 C,电波由天线传到目标再返回天线所经历的时间为 t_R,则目标的斜距 R 为

$$R = \frac{1}{2} C t_R \quad (2-1)$$

这就是雷达测距的基本公式。式(2-1)表明,测距的实质就是测定无线电波往返的时间 t_R。

对于像大气层这样的介质,实际上并不均匀,随着高度的增加,大气层的气压、温度和湿度等都逐渐降低。因此,在这样实际的大气介质中,电波传播的轨迹并不是严格的直线,传播的速度也不是常数。但是只要将式(2-1)中的 C 理解为传播速度的平均值,并且对于近程雷达来说,考虑大气层的折射效应可以略去,对于远程雷达则用修正的办法,因此式(2-1)对于实际的大气介质来说,仍然是成立的。

3. 无线电波定向辐射和接收

无线电波定向辐射和接收的规律,是雷达测定目标角度坐标的基础。我们知道,雷达天线辐射出去的无线电波不是全向的,而是像手电筒的灯光那样聚焦成束定向辐射,即天线具有方向性。当天线旋转时,波束也随之旋转。只有天线转到目标所在的方位,并且波束照射到目标时,才能产生反射回波,在雷达显示器上也才能出现回波,因此,根据显示器上回波出现时天线所指的方位,便可知道目标所在的方位角。虽然测角方法种类很多,但角度坐标测量都是在某种形式下利用雷达天线的方向性,因而确定角度坐标的方法总是和天线技术密切相关的。

4. 目标回波的多普勒效应

目标回波的多普勒效应是测定目标速度的基础。当雷达发射的一定频率的电磁波遇到运动目标后,经它反射形成的目标回波的频率会发生变化。当目标朝雷达方向运动时,回波频率比发射的频率高,相反,当目标背离雷达运动时,则回波频率降低,这种效应称为多普勒效应,而频率的增高和降低的数量则称为多普勒频率,可以证明,多普勒频率 f_d 和目标运动的径向速度 V_r 成正比,即

$$f_d = \frac{2V_r}{C} f_0 \quad (2-2)$$

式中，f_0 为发射脉冲信号的载波频率。

因此，雷达可通过测量回波的多普勒频率的办法来确定目标的速度。

2.1.2 空间目标的雷达散射特性

1. 描述方法

目标的雷达散射截面(Radar Cross Section,RCS,简称散射截面)是表征雷达目标对于照射电磁波散射能力的一个物理量。早在雷达出现之前，人们就已经求得了几种典型形状完纯导体目标的电磁散射精确解，例如球、无限长圆柱、椭圆柱、法向入射抛物柱面等。20 世纪 30 年代雷达出现后，雷达目标成为雷达收、发闭合回路中的一个重要环节。

随着现代战争的发展，人们更需要了解雷达目标的更多信息，雷达散射截面便是其中最基本、最重要的一个参数。20 世纪 60 年代初发展的识别与反识别洲际导弹真假弹头，以及 20 世纪 80 年代隐身飞行器的隐身与反隐身技术使 RCS 的研究出现了两次高潮，人们对各类目标进行了大量的静态与动态的测量研究和理论分析。同时，先进的雷达技术也为目标特征测量提供了良好手段，为了深入研究雷达目标特性，电磁场理论的学者也纷纷转向目标散射理论研究。目前，有关 RCS 方面的专著已有不少，雷达目标已成为雷达领域中的一个独立分支。

雷达散射截面是度量雷达目标对照射电磁波散射能力的一个物理量。对 RCS 的定义有两种观点：一种是从电磁散射理论的观点；另一种是从雷达测量的观点，而两者的基本概念则是统一的，均定义为：单位立体角内目标朝接收方向散射的功率与从给定方向入射于该目标的平面波功率密度之比的 4π 倍。

2. 计算方法

1) 电磁散射理论观点

从电磁散射理论观点解释为：雷达目标散射的电磁能量可以表示为目标的等效面积与入射功率密度的乘积。它是基于在平面电磁波照射下，目标散射具有各向同性的假设，对于这样一种平面波，其入射能量密度为

$$W_i = \frac{1}{2} E_i H_i = \frac{1}{2} Y_0 |E_i|^2 \qquad (2-3)$$

式中，E_i、H_i 分别为电场强度与磁场强度；Y_0 为自由空间导纳。

借鉴天线口径有效面积的概念，目标截取的总功率为入射功率密度与目标等效面积的乘积，即

$$P = \sigma W_i = \frac{1}{2} \sigma Y_0 |E_i|^2 \qquad (2-4)$$

假设功率是各向同性均匀地向四周立体角散射，则在距离目标 R 处的目标散射功率密度为

$$W_s = \frac{P}{4\pi R^2} = \frac{\sigma Y_0 |E_i|^2}{8\pi R^2} \qquad (2-5)$$

然而,散射功率密度又可用散射场强 E 表示为 $W_s = \frac{1}{2} Y_0 |E_s|^2$,所以

$$\sigma = 4\pi R^2 \frac{|E_s|^2}{|E_i|^2} \qquad (2-6)$$

式(2-6)符合 RCS 定义。当距离足够远时,照射目标的入射波近似为平面波,这时,σ 与 R 无关(因为散射场强 E_s 与 R 成反比,与 E_i 成正比),因而定义远场 RCS 时,R 应趋向无限大,即要满足远场条件。

按照坡印廷(Poynting)矢量电场与磁场的储能互相可转换的原理,远场 RCS 的表达式应为

$$\sigma = 4\pi \lim_{R \to \infty} R^2 \frac{E_s \cdot E_s^*}{E_i \cdot E_i^*} = 4\pi \lim_{R \to \infty} R^2 \frac{H_s \cdot H_s^*}{H_i \cdot H_i^*} \qquad (2-7)$$

2)雷达测量观点

从雷达测量观点定义的 RCS 是由雷达方程式中推导出来的。雷达系统由发射机、发射天线到目标的传播途径、目标、目标到接收天线的传播途径,以及接收机等部分组成。由雷达方程式推导出的接收功率的表达式为

$$P_r = \frac{P_t \cdot G_t}{L_t} \cdot \frac{1}{4\pi r_t^2 L_{mt}} \cdot \sigma \cdot \frac{1}{4\pi r_r^2 L_{mr}} \cdot \frac{G_r \cdot \lambda^2}{4\pi L_r} \qquad (2-8)$$

——发射—传播—目标—传播—接收

式中,P_t、P_r、G_t、G_r、r_t、r_r、L_t、L_{mt}、L_r、L_{mr} 分别是发射功率、接收机输入功率(W)、天线发射增益与接收增益、雷达到目标与目标到雷达的距离(m)、发射机内馈线与发射天线到目标传播途经的损耗、接收机内馈线与目标到接收天线传播途径的损耗;λ 为波长(m);σ 为散射面积(m^2)。省略掉损耗,则雷达方程变为

$$P_r = \frac{P_t \cdot G_t}{4\pi r_t^2} \cdot \frac{\sigma}{4\pi} \cdot \frac{A_r}{r_r^2} \qquad (2-9)$$

式中,$A_r = \frac{G_r \cdot \lambda^2}{4\pi}$ 为接收天线有效面积(m^2)。

式(2-9)的物理意义是:右边第一分式为目标处的照射功率密度(W/m^2);前两分式乘积为目标各向同性散射功率密度(W/球面弧度);右边第三分式为接收天线有效口径所张的立体角。式(2-9)可整理为

$$\sigma = 4\pi \cdot \frac{P_r}{A_r r_r^2} \Big/ \frac{P_t \cdot G_t}{4\pi r_t^2}$$

$$= 4\pi \cdot [\text{接收天线所张立体角内的散射功率(W)}] /$$
$$[\text{目标处照射功率密度(W/单位面积)}] \qquad (2-10)$$

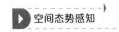

式(2-10)就是从雷达测量观点由雷达方程式导出来的,它与从电磁散射理论得出的 RCS 定义式(2-7)是一致的。式(2-7)适用于理论计算,而式(2-10)适用于用相对标定法来测量目标 RCS,将待测目标和已知精确 RCS 值的定标体轮换置于同一距离上,当测量雷达的威力系数(即 P_t、G_t 与 A_r)相同时,分别测得接收功率 P_r 与 P_{r0},可得

$$\sigma = \frac{P_r}{P_{r0}} \sigma_0 \qquad (2-11)$$

式中,下标 0 表示定标体的值,因此目标 RCS 值与 r_t 及 r_r 值无关。

RCS 的量纲是面积单位(即标量单位),但它与实际目标的物理面积几乎没有关系,因此不主张将 RCS 称为雷达截面积。RCS 常用单位是 m^2,通常用符号 σ 表示。为了归一化地表示各类目标 RCS 随波长的变化关系,归一化 RCS 曲线图的纵坐标为 σ/λ^2,横坐标为 $ka = 2\pi a/\lambda$,a 为目标特征尺寸,因此这时二维坐标都无因次。又由于目标 RCS 变化的动态范围很大,常用其相对于 $1m^2$ 的分贝数来表达,即分贝平方米,符号为 dBm^2,表示为

$$\sigma(dBm^2) = 10\lg\left(\frac{\sigma(m^2)}{1(m^2)}\right) \qquad (2-12)$$

从广义来说,在不满足远场条件下,即不满足平面波照射与接收状态下,测量得到的 RCS 值会与测量距离有关,这时可引出近场 RCS 的定义。

3. RCS 分类

RCS 的分类方法有多种。按场区来分,有远场 RCS 与近场 RCS,后者是距离的函数;按入射波频谱来分,有窄带 RCS 与宽带 RCS。

在常规雷达中,目标散射的雷达回波频率等于雷达发射频率。可是在宽带高分辨雷达中,目标照射波不再是单色波,而且频谱很宽,目标对照射频谱内各频率分量的响应不同,其散射回波的谱分布特性与发射谱分布有较大差别。因此,为了研究并表征在任意照射谱下目标的散射特性,需要引入时域的目标冲激响应概念,并通过它来定义宽带 RCS。

按雷达站收、发位置来分,有单站 RCS、准单站 RCS 与双站 RCS。

在目标坐标系中,入射波方向 = 散射接收方向,称为单站(也称单基地)散射,也称后向散射;如果收、发不用同一天线,但相互很靠近,入射波与反射波夹角在 5°以内,则称为准单站散射;当收、发分得很开时,称为双站(即双基地)散射,也称非后向散射,发射入射波与接收散射波之间在目标坐标系中的夹角称为双站角(双基地角)。

4. 波长对 RCS 影响

波长对目标 RCS 值的影响很大,因此,下面重点叙述按波长对 RCS 分类的方法。引入一个表征由波长归一化的目标特征尺寸大小的参数,称为 ka 值。其

中，$ka=2\pi\dfrac{a}{\lambda}$，即 $k=2\pi\dfrac{1}{\lambda}=2\pi\dfrac{f}{c}$ 称为波数。a 是目标的特征尺寸，通常取目标垂直于雷达视线横截面中的最大尺寸的一半。如对球目标，则取球半径为 a；锥体与柱目标，则取底部或柱截面半径为 a。按目标电磁后向散射特性的不同，将 ka 分为瑞利区、谐振区和光学区三个区域。

1）瑞利区

瑞利区的特点是工作波长大于目标特征尺寸，一般取 ka < 0.5。在这个区域内，RCS 一般与波长的四次方成反比。目标长度、宽度与传播方向目标最大尺寸有关。所以，在瑞利区目标 RCS 的决定因素是由波长归一化的物体体积。

如果不是沿对称轴，而是沿其他方向来观测，这些物体的 RCS 大都会下降。在偏离轴线的小角度方向上，这种变化缓慢，在多数姿态角内，RCS 误差不会超过几分贝。

2）谐振区

谐振区的 ka 值一般在 $0.5 \leqslant ka \leqslant 20$ 范围。在这个区内，由于各个散射分量之间的干涉，RCS 随频率变化产生振荡性的起伏，RCS 的近似计算非常困难。经验表明，给定目标归一化 RCS 值 σ/λ^2 预计在 10dB 范围内起伏。在典型谐振区，当垂直于传播方向的物体尺寸近似为半波长整数倍时，RCS 呈最小值，对锥球类尤为准确，对半锥角 10°~40°范围的锥，其最小 RCS 约 $0.01\lambda^2$，最大 RCS 约 $0.4\lambda^2$，平均 RCS 约为 $0.2\lambda^2$。

严格地求解谐振区的散射场，需要有矢量波动方程的严格解或良好的近似解，一般飞机与导弹目标的计算复杂，因此仍主要靠测量来求得。由于 RCS 随目标姿态角与频率变化迅速，会产生许多尖峰和深谷，使得仅在几度姿态角内进行统计平均会丢掉大起伏的信息。

谐振区的上界为光学区，二者之间的界限是不明确的。对球体，ka = 20；对飞机类目标，ka > 20，有时可达 30 以上。

3）光学区

光学区也称高频区，通常 ka > 20。目标 RCS 主要决定于其形状和表面粗糙度。目标外形的不连续导致 RCS 的增大，对于光滑凸形导电目标，其 RCS 常近似为沿雷达视线方向的轮廓截面积。然而，当目标含有棱边、拐角、凹腔或介质等情况时，再用轮廓截面积的概念是不正确的，主要是由于平底锥的锥与底部间连续区的不连续性使 RCS 显著增大。

目前，雷达观测的大多数目标均处于光学区。

2.1.3 空间目标的雷达极化特性

雷达散射截面是一个用于描述目标电磁波散射效率的量，它只表征雷达目标散射的幅度特性,缺乏对于诸如极化和相位特性之类目标特征的表征。为了完整地描述雷达目标电磁散射性能,引入极化散射矩阵(以下简称散射矩阵)的概念。一般来说,散射矩阵具有复数形式,它随工作频率与目标姿态而变化,对于给定的频率和目标姿态特定取向,散射矩阵表征目标散射特性的全部信息。

1. 极化散射矩阵及其变换

1)极化波

电磁波的极化通常是用空间某一固定点上电场矢量 E 的空间取向随时间变化的方式来定义的。从空间某一固定观察点看,当 E 的矢端轨迹是直线时,则称这种波为线极化;当 E 的矢端轨迹是圆时,则称这种波为圆极化;当 E 的矢端轨迹是椭圆时,则称这种波为椭圆极化,线极化和圆极化是椭圆极化的特殊情况。对于圆极化和椭圆极化,E 的矢端可以按顺时针方向或逆时针方向运动,如果观察者沿传播方向看上去 E 的矢端顺时针方向运动,则称为右旋极化,反之则称为左旋极化。上述定义遵从 IEEE 的规定,也有采用与此相反的定义。

对于平面电磁波,电磁场矢量总是与传播方向垂直。任意极化的平面电磁波可以分解为两个相互正交的线极化波,如对于斜入射平面波,任意极化的入射波可以分解为电场垂直于入射面(入射线与边界面法线构成的平面)的垂直线极化波和电场平行于入射面的水平线极化波,这是两个正交分量。有些资料根据电场矢量是否与地面平行来定义水平极化或平行极化,这种定义有时容易引起混乱,通常不予采用。

上面介绍了采用线极化和圆极化两种正交矢量来表示任意极化波的方法,实际上可以采用其他任意正交矢量来表示,但上述两种方法是最常用的。事实上,绝大部分目标在任意姿态角下,对不同的极化波的散射也不相同,且对于大部分目标而言,散射场的极化又不同于入射场的极化,这种现象称为退极化或交叉极化。

2)极化散射矩阵

雷达散射截面作为一种标量,是入射到目标上的电磁波极化状态的函数。对入射波和目标之间的相互作用可由极化散射矩阵 S 描述,将散射场 E^s 各分量和入射场 E^i 各分量联系起来,可表示为

$$E^s = SE^i \tag{2-13}$$

如果雷达发射源和接收源离目标足够远,则到达目标处的入射波和到达接收源处的散射波都可看成平面波,因此,S 是一个二阶矩阵,式(2-13)变成

$$\begin{bmatrix} E_1^s \\ E_2^s \end{bmatrix} = \frac{1}{\sqrt{4\pi}r} \begin{bmatrix} S_{11} & S_{12} \\ S_{21} & S_{22} \end{bmatrix} \cdot \begin{bmatrix} E_1^i \\ E_2^i \end{bmatrix} \tag{2-14}$$

需要指出的是,由于所选择的坐标系不同,散射矩阵可以有不同的形式,如

直角坐标或球坐标形式等。在某些情况下,下标1、2也由∥和⊥(代表平行和垂直极化)或 H 和 V(代表水平和垂直极化)代替。

2. 散射矩阵的极化不变量

散射矩阵虽然表征了目标在给定取向上的目标散射特性,但是它随目标姿态角变化而变化,即使在给定取向上它还与所选的收发天线极化基有关,使用很不方便。而对雷达观察者来说,雷达极化基改变,或者目标绕视线旋转,都不增加任何新的信息。因此,人们试图消除目标三维姿态变化中的一维变化,寻找与目标绕视线旋转和雷达极化基无关的一组极化不变量作为目标特征信号。这组不变量是存在的:行列式值 Δ、功率矩阵迹 P_1、去极化系数 D、本征方向角 τ_d 和最大极化方向角 φ_d。

坐标系 xyz 的原点 O 选取在目标的几何中心上,选择 z 轴沿雷达视线方向,目标的姿态变化可以分解为绕三个轴的转动。目标绕视线的旋转称为"俯仰"φ 运动,绕另两个垂直于视线轴的旋转分别称为"横滚"ρ 和"偏航"η,三者统称为欧拉角,任一个欧拉角的改变都会使目标极化散射矩阵随之改变。

1)行列式值 Δ

设俯仰旋转角为 φ,则对应的旋转矩阵为

$$R(\varphi) = \begin{bmatrix} \cos\varphi & -\sin\varphi \\ \sin\varphi & \cos\varphi \end{bmatrix} \qquad (2-15)$$

采用 $S = \begin{bmatrix} S_{11} & S_{12} \\ S_{21} & S_{22} \end{bmatrix}$ 表示单站线极化散射矩阵,并且采用 $S_1 = S_{11} + S_{22}$ 与 $S_2 = S_{11} - S_{22}$ 分别表示散射矩阵 S 的迹(对角线元素之和)和反迹(对角线之差),可得"俯仰"旋转后的散射矩阵 S' 为

$$S' = R(\varphi)^T S R(\varphi) \qquad (2-16)$$

于是第一个极化不变量为行列式值 Δ 为

$$\Delta = \det S = S_{11} \cdot S_{22} - S_{12}^2 \qquad (2-17)$$

行列式值 Δ 的物理意义在于:目标绕视线旋转不能瞒过雷达,但不带给雷达任何新的信息。目标绕视线旋转或目标不动雷达绕视线旋转时,散射矩阵形式发生变化,但行列式的值保持不变,散射矩阵的迹也不变。形象地说,不变量 Δ 粗略地反映了目标的粗细或"胖瘦"。

2)功率矩阵迹 P_1

第二个不变量根据格雷夫斯(Graves)定义的功率散射矩阵求得

$$P = S^{*T} \cdot S \qquad (2-18)$$

式中,"∗"代表共轭;"T"代表转置。当俯仰旋转 φ 角时,S 变为 S',P 变为 P'。由式(2-18)可以证明,P 的迹 P_1 也是一个绕视线旋转不变的量,它代表了一对正交极化天线所接收到的总功率。将 P_1 用散射矩阵表示为

$$P_1 = |S_{11}|^2 + |S_{22}|^2 + 2|S_{12}|^2 \qquad (2-19)$$

式中,P_1 表征了全极化下的目标 RCS 值,它大致反映了目标的大小。

3)"去极化系数"D

"去极化系数"D 定义为

$$D = 1 - \frac{|S_1|^2}{2P_1} = \frac{\frac{1}{2}|S_2|^2 + 2|S_{12}|^2}{|S_{11}|^2 + |S_{22}|^2 + 2|S_{12}|^2} \qquad (2-20)$$

S_1 和 P_1 都是极化不变量,显然 D 也是个不变量。但是,D 依赖于 S_1 和 P_1。D 大致反映了目标散射中心的数量,当 $D \leq 0.5$ 时对应的一般是一个孤立散射中心,而 $0.5 < D \leq 1$ 时往往对应多散射中心的组合体。表 2-1 给出了典型"去极化系数"D 值对应的几种目标实例。

表 2-1 几种 D 值的满足条件和目标实例

D	条件	目标实例
0	$S_{12}=0, S_2=0$	金属球
1/2	$\mathrm{Re}[S_{11}S_{22}] = |S_{12}|^2$	金属细丝
1	$S_0 = 0$	两根正交的细丝,且为沿视线相隔 1/4 波长的奇数倍的组合体

4)本征方向角和本征极化方向角

本征极化是能使输出与输入相一致的输入极化,这时的 S 称为目标本征极化散射矩阵 S_d,即

$$S_d = \begin{bmatrix} \lambda_1 & 0 \\ 0 & \lambda_2 \end{bmatrix} \qquad (2-21)$$

式中,λ_1、λ_2 为本征值,它相当于散射矩阵对角线化。本征值的物理意义是:任何一个目标,具有本征极化方向角和本征极化椭圆率。当发射极化与目标本征极化相匹配时,其回波极化的方向与发射极化方向一致(也可能差 180°)。本征极化具有极值性质,即目标的 RCS 最大、最小值对应于 λ_1、λ_2。

5 个极化不变量完整地确定了在给定取向下目标的后向散射特性,表明雷达从视线方向观察目标所能获得的最大目标信息,不随目标绕视线旋转或雷达极化基改变而改变,即无须考虑测量天线的极化就可以反映目标的大小和粗细、目标散射中心的数量;本征极化椭圆率表征了目标的对称性,本征极化方向角指示出测量天线与本征极化椭圆轴之间的相对取向,表征了目标特定的俯仰姿态。空间目标的极化特性具有广阔的应用前景,但其标校问题和目标特征库构建需要进一步完善。

此外,空间目标的角闪烁、距离噪声等也是目标固有的特性,只不过还没有找到合适的应用方法与途径而已,这里主要是对它们的机理研究不够,而且技术

上也缺少其现有表现形式下特征的抽取方法、抽取出来的这些特征量如何表征，以及这些特征量表征出来如何应用等。我们认为，只要是目标产生的信息、只要找到其特征量的表征形式，就可以应用于描述目标的特性。例如，通常认为多路径产生的回波是有害的，雷达总体工程师总是想办法去除它们，但在群目标跟踪中，其被认为是有效的回波。注意，这里将其称为有效回波，而没有称为有用的回波。

2.2 空间目标地基光学可探测性原理

光是一种电磁波，其传播特性同样可以采用麦克斯韦方程组描述。

目标光学特性是目标可探测光学参量的描述，反映了目标与光波（从紫外、可见光到红外）相互作用而产生的物理现象，揭示了不同波段空间目标所具有的光学属性。

2.2.1 空间目标的光学可见性原理

1. 光线的直线传播

光线在均匀同种介质中沿直线传播。当光线从一种介质斜射入另一种介质时，传播方向发生偏折，这种现象称为光的折射。如果射入的介质密度大于原本光线所在介质密度，则折射角小于入射角。反之，若小于，则折射角大于入射角。若入射角为零，则折射角为零，属于反射的一部分。但光折射还在同种不均匀介质中产生，理论上可以从一个方向射入不产生折射，但因为分不清界线且一般分好几个层次又不是平面，故无论如何看都会产生折射。例如，从在岸上看平静的湖水的底部属于第一种折射，但看见海市蜃楼属于第二种折射。凸透镜和凹透镜这两种常见镜片所产生的效果就是因为第一种折射。

2. 光的反射

光遇到水面、玻璃以及其他许多物体的表面都会发生反射。其中，垂直于表面的直线称为法线，入射光线与法线的夹角称为入射角，反射光线与法线的夹角称为反射角。在反射现象中，反射光线、入射光线和法线都在同一个平面内，反射光线、入射光线分居法线两侧，反射角等于入射角。这就是光的反射定律。如果让光逆着反射光线的方向射到镜面，那么，它被反射后就会逆原来的入射光的方向射出。这表明，在反射现象中，光路是可逆的。凹凸不平的表面（如白纸）会把光线向四面八方反射，这种反射称为漫反射。

3. 光的颜色

在光照到物体上时，一部分光被物体反射，另一部分光被物体吸收。透过的光决定透明物体的颜色，反射的光决定不透明物体的颜色。不同物体由于对不

同颜色的反射、吸收和透过情况不同,因此呈现不同的色彩。例如,一个黄色的光照在一个蓝色的物体上,那个物体显示的是黑色,因为蓝色的物体只能反射蓝色的光,而不能反射黄色的光,所以把黄色光吸收了,就只能看到黑色了。但如果是白色,就会反射所有的色。

4. 光学探测的条件

光学探测是传统的观测手段,它通过恒星本身的发光和行星反射的太阳光进行观测。空间目标本身不发光,需要依靠反射太阳光才能观测,并且必须同时满足以下三个条件。

(1)空间目标:如空间目标被太阳光照射到,则空间目标是亮的。

(2)探测背景:望远镜视场内的天空背景是暗的。

(3)目视条件:空间目标处于光学传感器的观测范围内且不被遮挡。

这三个条件决定了只有当观测站处于晨昏时段,且天气晴朗、没有云层阻挡时,才能看到空间目标划过天空。这是因为在地面上因太阳已经落山,或者还没有升起,此时天空是暗的,在高空运行的空间目标在太阳光的照射下仍是亮的。空间目标在运行过程中一旦这三个条件不能同时满足,那么此时空间目标就无法被光学传感器观测到,则这段时间称为"不可见期"或"间歇期",其长度与观测站位置和空间目标轨道有关,为数十天至100多天。上述三个条件决定了光学传感器需要放置在光污染较小、气象观测和大气观测较好的高海拔区域。

2.2.2 空间目标的光学散射特性

空间目标运行在一个冷黑的环境中,因此,太阳直接辐射、地球表面返照太阳辐射、月亮及其他星体对太阳的反射光是空间目标光散射信号的主要来源。光的散射(Scattering of Light)是指光通过不均匀介质时,一部分光偏离原方向传播的现象,因此,空间目标自身的表面几何结构、表面材料及其表面状态、目标自身姿态、日-地-目标相对位置、探测视向等都会直接影响空间目标在探测传感器上所呈现的光散射特性。可见,空间目标光散射特性时刻处于动态的变化中,分析空间目标光散射特性时需要综合考虑目标的结构、材质、背景、轨道运动特性等因素。

1. 双向反射分布函数

双向反射分布函数(Bidrection Reflectance Distribution Function, BRDF)是表示光的一个基本特性,能够全面描述目标的反射光谱在 2π 空间内(即反射能量在上半球空间)的分布情况,主要是为了量化描述不同的入射方向和探测方向的面散射特性和体散射特性的差异。其主要由表面粗糙度、介电常数、辐射波长、偏振等因素决定,BRDF 几何关系如图 2-1 所示。

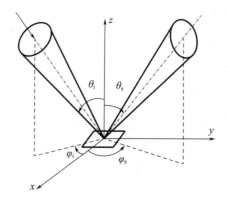

图 2-1 BRDF 几何关系

图 2-1 中，表面小面元为 dA，入射光源方向为 (θ_i, φ_i)，探测器的观测方向为 (θ_r, φ_r)。下标 i 和 r 表示入射和反射，θ 和 φ 分别代表天顶角和方位角，z 代表粗糙表面平均法向方向。

BRDF 定义为：沿着出射方向的辐射亮度 d$L_r(\theta_i, \varphi_i, \theta_r, \varphi_r)$ 与沿着入射方向入射到目标被测表面的辐照度 d$E_i(\theta_i, \varphi_i)$ 之比，即

$$f_r(\theta_i, \theta_r, \varphi, \lambda) = \frac{\mathrm{d}L_r(\theta_i, \theta_r, \varphi)}{\mathrm{d}E_i(\theta_i, \varphi_i)} \qquad (2-22)$$

式中，λ 为波长；$\varphi = \varphi_r - \varphi_i (\mathrm{sr}^{-1})$。

辐亮度定义：沿着辐射方向单位面积、单位立体角的辐射通量 $(\mathrm{W}/(\mathrm{m}^2 \cdot \mathrm{sr}))$。

辐照度定义：单位面积的辐射通量 $(\mathrm{W}/\mathrm{m}^2)$。

BRDF 的取值范围为零到无限大，单位为 sr^{-1}，它是一个微分量，因此不能直接测量，但是可以在一定的非零参数范围内测量其平均值。

一般研究涂层金属的 BRDF 需要考虑体散射效应；而无涂层金属介电常数很大，可忽略其透射及体散射；对于土壤、植被等，体散射和面散射均需考虑，且体散射占重要地位。

2. 反射率

反射率 $\rho(\omega_i, \omega_s, L_i)$ 定义为反射辐射通量与入射辐射通量之比。在立体角 ω_i 内入射到面元 dA 上的辐射通量 dΦ_i 为

$$\mathrm{d}\Phi_i = \mathrm{d}A \int_{\omega_i} L_i(\theta_i, \varphi_i) \cos\theta_i \mathrm{d}\omega_i \qquad (2-23)$$

在立体角 ω_s 内的反射通量 dΦ_s 为

$$\mathrm{d}\Phi_s = \mathrm{d}A \iint_{\omega_i, \omega_s} f_r(\theta_i, \phi_i; \theta_s, \phi_s) L_i(\theta_i, \phi_i) \cos\theta_i \cos\theta_s \mathrm{d}\omega_i \mathrm{d}\omega_s \qquad (2-24)$$

由此得反射率为

$$\rho(\omega_i, \omega_s, L_i) = \frac{\mathrm{d}\Phi_i}{\mathrm{d}\Phi_s}$$

$$= \frac{\iint_{\omega_i,\omega_s} f_r(\theta_i,\phi_i;\theta_s,\phi_s) L_i(\theta_i,\phi_i)\cos\theta_i\cos\theta_s \mathrm{d}\omega_i \mathrm{d}\omega_s}{\int_{\omega_i} L_i(\theta_i,\phi_i)\cos\theta_i \mathrm{d}\omega_i} \quad (2-25)$$

如果在入射光束内入射辐射是各向同性和均匀的,则式(2-25)中的 L_i 为常数,则有

$$\rho(\omega_i,\omega_s) = \frac{\iint_{\omega_i,\omega_s} f_r(\theta_i,\phi_i;\theta_r,\phi_r)\cos\theta_i\cos\theta_s \mathrm{d}\omega_i \mathrm{d}\omega_s}{\int_{\omega_i} \cos\theta_i \mathrm{d}\omega_i} \quad (2-26)$$

由于 ω_i 和 ω_s 各自存在三种可能的情况,即定向($\omega=0$)、圆锥($0<\omega<2\pi$)和半球($\omega=2\pi$)。所以由不同的入射和反射光束几何条件,存在9种不同的反射情况,在引用反射率时,必须注明入射和反射光束的几何条件。

2.2.3 空间目标的光学辐射特性

光辐射(Optical Radiation Characteristic)是指物体以电磁波形式或粒子的形式向外传播的能量,这种能量及其传播过程称为光辐射。空间目标辐射特性主要包括两种机制:一是目标在空间热环境中自身辐射;二是目标散射环境辐射。如同空间目标光散射特性一样,观测时间、目标位置、姿态、自身热结构、表面材料等对目标光辐射特性影响明显,使得目标光辐射亮度分布不均匀,且差异巨大并动态变化。确定空间目标的红外辐射特性需要知道空间目标的形状尺寸、表面温度和表面材料的红外光谱发射率,以及日地目标相对位置、目标姿态、探测视向。如果目标在 130~150km 高度区间飞行,则要考虑气体原子与飞行器表面相互作用产生的热量。其热量约与速度的三次方成正比,因此,速度超过 3km/s 时在大气中飞行已不可能(需要对壁面采取热防护措施)。但飞行速度增大,抵消重力的离心力也增大,因此,增加飞行高度,使其在稀薄大气中飞行。当速度接近 7.9km/s 时,离心力与重力达到平衡,这就是飞行器特别是卫星能够以 8km/s 以上的速度在 150~2000km 空间飞行的原因。

对于空间目标散射的环境辐射部分,描述方法和计算方法同光散射特性。此处仅介绍目标自身辐射特性的描述方法。

表面发射率和表面温度是影响目标红外辐射强度的主要因素,对于探测系统而言,能够探测到的辐射强度还与目标有效辐射面积有关。因此,空间目标红外辐射特性可以通过表面发射率、内外热流作用下的空间目标表面温度及其有效辐射面积进行描述。

1. 表面发射率

发射率是材料表面的热辐射性质,与光谱和方向有关,其最基本的概念是光谱方向发射率。根据不同技术领域关注的重点不同,通过光谱平均、方向平均,分别有方向(全谱段)发射率和光谱(半球)发射率两个概念。在同时需要关心辐射表面半球、全谱发射特性的领域中,一般将其称为表面发射率。表面发射率与表面结构和材料密切相关,当表面材料及结构确定时,其表面辐射特性只由温度决定。此外,材料内部辐射、材料厚度等对表面发射率也存在一定的影响。

2. 空间目标表面温度

由于空间目标所处的深空背景是等效 3.5K 的冷黑、近真空背景,外部加热只能以辐射方式进行,所以在分析空间目标表面温度时,重点需要对空间目标的辐射加热进行分析。构成目标辐射加热的因素主要包括太阳直接辐射对目标的加热、地球/大气长波辐射对目标的加热、地球对太阳辐射反照、目标内部电子元器件放热。空间目标温度计算目前较为精确的方法是热网络法(也称节点网络法),其基本原理是将航天器分为若干一定尺寸的单元(称为节点),每个单元具有均匀的温度、热流和有效辐射,并将单元之间的辐射、传导、对流及换热过程归为看成节点之间由多种热阻联结起来的热流传递过程。但实际上,空间飞行器的表面各部分温度均不相同,并且随时间而变化,为进行初步估算,假定空间目标表面温度各处相同,并且省略内部热源。由于空间目标在日照区和阴影区的辐射加热热源不同,下面分别介绍日照区和阴影区的空间目标表面温度。

日照区空间目标表面温度可由热平衡方程表示,即

$$\alpha_1 E_{sun} A_{ps} + \alpha_2 E_2 \left(\frac{R}{R+h}\right)^2 A_{pe} + \varepsilon E_3 \left(\frac{R}{R+h}\right)^2 A_{pe} = A\varepsilon\sigma T^4 \quad (2-27)$$

式中,A_{ps} 为目标对太阳的投影面积;A_{pe} 为目标对地球的投影面积;A 为目标表面积;E_{sun} 是太阳常数;E_2 为地球对太阳的反照常数,且 $E_2 = 0.3 E_{2sun}$;E_3 为地球的热发射常数,且 $E_3 = 237 \text{W/m}^2$;ε 为目标表面材料在温度 T 下的发射率;σ 为斯蒂芬–玻耳兹曼常数,且 $\sigma = 5.67 \times 10^{-8} \text{W}/(\text{m}^2 \cdot \text{K}^4)$;$R$ 为地球半径,且 $R = 6371 \text{km}$;h 为目标地面高度(km);T 为目标表面温度(K)。

令 $b = \frac{R}{R+h}$,则日照区空间目标表面温度为

$$T_{sunlinght} = \left[\frac{1}{A\sigma}\left(\frac{\alpha}{\varepsilon}E_1 A_{ps} + \frac{\alpha}{\varepsilon}E_2 A_{pe} + E_3 b^2 A_{pe}\right)\right]^{1/4} \quad (2-28)$$

由于在阴影区,空间目标外界辐射热流仅仅来自地球/大气长波辐射,则阴影区空间目标表面温度由热平衡方程表示:

$$\varepsilon E_3 \left(\frac{R}{R+h}\right)^2 A_{pe} = A\varepsilon\sigma T_{shadow}^4 \qquad (2-29)$$

即不受太阳照射的地球阴影区空间目标表面温度为

$$T_{shadow} = \left(\frac{A_{pe}}{A\sigma}b^2 E_3\right)^{1/4} \qquad (2-30)$$

需要说明的是,实际航天器具有一定的热惯性(也称热容量),则在轨道飞行中可以认为表面温度在 $T_{shadow} \sim T_{sunlight}$ 变化,而且大部分航天器在轨运行时内部热能是不能忽略的,因此,空间目标特别是地球阴影区的目标表面温度应该比式(2-30)计算的值稍大。

3. 有效辐射面积

空间目标有效辐射面积是指空间目标表面材料或涂层的红外发射率 ε 与目标对探测方向的投影面积 A_p 的乘积。

对空间目标的红外辐射特征进行测量时,若空间目标表面平均温度为 T,表面材料或涂层的红外发射率为 ε,目标对探测方向的投影面积为 A_p,则在红外波段 $\lambda_1 \sim (\lambda_1 + \Delta\lambda_1)$ 区,空间目标在红外探测系统处产生的辐照度为

$$E_{\Delta\lambda_1(T)} = \frac{\tau_{\Delta\lambda_1}\varepsilon_{\Delta\lambda_1}A_p}{R^2}\int_{\lambda_1}^{\lambda_1+\Delta\lambda_1} L_{b\lambda}(T)\mathrm{d}\lambda \qquad (2-31)$$

式中,R 为目标至红外探测系统距离;$\tau_{\Delta\lambda_1}$ 为目标至红外探测系统的大气光谱透过率;$L_{b\lambda}(T)$ 为温度为 T 的黑体光谱辐射亮度($W/(sr \cdot m^2 \cdot \mu m)$);$\lambda$ 为波长(μm);T 为目标表面温度(K)。

需要说明的是实际目标表面温度并不是均匀的,并且随时间而变化。为了得到目标各部分精确的温度分布,需要采用热网络法(也称节点网络法)将其分成许多块进行分析,其原理可参考相关文献。

表面发射率、表面温度及其变化率、有效辐射面积作为表征目标辐射特性的参数,不仅能够作为探测目标的直接信息,而且能够用来识别目标。例如,由于工艺的不同,诱饵和弹头的表面温度会有较大差异,凝视探测器通过多个波段检测温度差异进行区分,识别出真实目标;由于质量不同,所以弹头和诱饵热容量不同,导致其温度变化率不同,探测器可以通过多波段探测器连续观测目标温度变化,计算变化率区分真伪目标;弹头和诱饵表面材料的不同,导致发射率不同,通过分析辐射谱分布特性可以区分材料的不同。此外,当目标表面温度、红外发射率确定后,能够进一步确定目标的表面积(有效辐射面积),可由此推算目标大小,并区分弹头和碎片。

2.2.4 空间目标的光学偏振特性

光波是横波,光矢量与光波的传播方向垂直。因此,要完全描述光波,必须

指明光场中任一点、任意时刻光矢量的方向。光的偏振现象就是光的矢量性质的表现,反映的是空间电磁波的时变电场矢量的幅度大小和方向随传播方向变化的情况。

大气中的任何物体,在反射和发射电磁波的过程中都会产生由其自身材质、光学基本定律决定的偏振特性。因此,与目标的辐射、散射特征一样,偏振特性可以作为物体表征信息。而且,目标反射或发射电磁波的波长、振幅、相位、频率、偏振均属于物体的基本属性。

反射辐射的偏振特性不仅取决于观测时的几何条件、目标本征特性等因素,还受到光照条件的影响。户外环境更为复杂,因为辐射源是太阳光、太空散射光、反射辐射光的综合。

根据电磁波的振幅和相位关系,光的偏振状态可分为线偏振、圆偏振、椭圆偏振和部分偏振4种。自然界存在的偏振光大多为部分偏振,部分偏振光通常在散射与折射过程中产生。

目标表面偏振特性主要与目标表面入射光线的天顶角、方位角、观测角、探测波段、目标表面结构等因素有关,目标表面粗糙度对其影响程度很大。举例如下:

(1)人工物体表面:大多数是一种非自然的光滑面,与自然面相比,将产生较大的偏振度。

(2)粗糙表面:到达观测者的辐射主要是多次反射光,表现出较小的偏振度。

(3)较暗的表面:单次散射占比较大,表现出较大的偏振度。

(4)较亮的表面:多次反射占较大优势,表现出较小的偏振度。

虽然偏振图像的可视性没有强度图像好,但偏振图像提高了对比度,挖掘了强度图像中许多隐藏的信息,而且偏振特性能够表征一些强度测量难以表征的信息(如目标自然表面的粗糙度等),有助于辨别伪装或隐蔽的目标,对置于背景中物体的边缘增强效果明显。

相同辐射强度的目标可能有不同的偏振状态;偏振成像还可以减小杂乱背景的影响,显示传统遥感所不能分辨的目标。偏振特性在许多领域具有广泛的应用。

偏振信息的定量化表征通常有两种方法:一种是 Stokes 参量法,另一种是 Jones 矢量法。在遥感探测过程中一般使用 Stokes 参量法。

1. Stokes 参量法表示法与 Stokes 矢量法表示法

使用4个相互独立的参量 S_0, S_1, S_2, S_3 描述一束光的偏振状态,令 $S = [S_0, S_1, S_2, S_3]$,其本质上是利用 x、y 两个正交方向上的偏振幅度、相位表示。其中:

$$\begin{cases} S_0 = \langle E_x^2 \rangle + \langle E_y^2 \rangle \\ S_1 = \langle E_x^2 \rangle - \langle E_y^2 \rangle \\ S_2 = 2\langle E_x E_y \cos[\varphi_y(t) - \varphi_{x(t)}] \rangle \\ S_3 = 2\langle E_x E_y \sin[\varphi_{y(t)} - \varphi_{x(t)}] \rangle \end{cases} \qquad (2-32)$$

式中，$\langle E \rangle$ 表示时间平均的效果；φ 表示在 x 方向或 y 方向上振动的瞬时相位。起作用的是这两个相位的差值，即 S_0 表示光波的总强度，总为正值；S_1 表示 x 方向与 y 方向线偏振光的强度差，根据 x 方向占优势、y 方向占优势或一样，S_1 取值可为正、负或为零；S_2 表示 45°与 135°线偏振光的强度差，根据 45°方向占优势、135°方向占优势或一样，Q 取值可为正、负或为零；S_3 表示光波与圆偏振相关的量，表示右旋还是左旋圆偏振分量占优势，根据右旋方向占优势、左旋方向占优势或是一样，V 取值可为正、负或为零。

Stokes 矢量法也可以用 I、Q、U、V 4 个独立参量表示，即 $S = [I, Q, U, V]$。

可见，Stokes 矢量表示法中，各项均具有光强的量纲，把每个分量除以 I，就可以得到归一化 Stokes 矢量，常见的几种偏振光的归一化 Stokes 矢量可以根据其定义推导出来：如非偏振光的 Stokes 矢量为 $[2E_x^2, 0, 0, 0]$，经过归一化处理则为 $[1, 0, 0, 0]$。对于完全偏振光，其 Stokes 矢量各元素满足式 $I = Q + U + V$ 的关系。

可见，完全偏振光的 Stokes 参数并不是独立的，已知其中三个参数就可以计算另一个参数。Stokes 矢量能够完全描述一束光的偏振特性。部分偏振光可以看作非偏振光和完全偏振光叠加而成。

在自然界中的偏振效应中，包括大气背景及目标物对太阳入射的偏振效应中，圆偏振的分量极少，圆偏振分量在仪器可以检测的范围内很小，相对于仪器的误差来说可以忽略，故通常假定 $V = 0$。因而，要完全确定一束光线的偏振状态，还需要三个独立数据来确定这三个参量。

XOY 平面内偏振片的透过轴与 X 轴夹角成 α 的方向上观察到的光强可表示为

$$I(\alpha) = \frac{1}{2}(S_0 + S_1 \cos 2\alpha + S_2 \sin 2\alpha) \qquad (2-33)$$

可见，只需要测出三个不同方向的线偏振分量的光强，即可解得 Stokes 的三个线偏振参量。

通过分析式(2-33)可知，三个线偏振参量与 0°、60°、120°三个特殊方向的线偏振分量的光强之间关系如下：

$$\begin{cases} I = S_0 = \dfrac{2}{3}(I(0°) + I(60°) + I(120°)) \\ Q = S_1 = \dfrac{2}{3}(2I(0°) - I(60°) - I(120°)) \\ U = S_2 = \dfrac{2}{\sqrt{3}}(I(60°) - I(120°)) \end{cases} \qquad (2-34)$$

但三个方向的线偏振光强需要同时测出。若实际中无法实现,则需要分时方法,但要消除误差。

2. 偏振度与偏振角(通过 Stokes 参量定义)

两个常用参数偏振度 P 和偏振角(即偏振相位角)θ 对于表征偏振状态非常有用。通过 Stokes 参数,可以定义散射光的线偏振度、圆偏振度、线偏振角和椭率角。

偏振度是偏振分量的强度与总强度的比值。其中,

线偏振度为

$$P_{\mathrm{L}} = \frac{\sqrt{S_1^2 + S_2^2}}{S_0} = \frac{\sqrt{Q^2 + U^2}}{I}, 0 \leqslant P \leqslant 1 \qquad (2-35)$$

线偏振角为

$$\theta = \frac{1}{2}\arctan\left(\frac{S_2}{S_1}\right) = \frac{1}{2}\arctan\left(\frac{U}{Q}\right), -90° \leqslant \theta \leqslant 90° \qquad (2-36)$$

圆偏振度为

$$P_{\mathrm{C}} = \frac{V}{I} \qquad (2-37)$$

式中,$P=0$ 表示光是非偏振光;$P=1$ 表示光是全偏振光;$0<P<1$ 表示光是部分偏振光。偏振角 θ 表示入射光的偏振方向相对于 X 轴的夹角。对于部分偏振光来说,就是能量最大的偏振方向相对于 X 轴的夹角。

不同物体的偏振度对比度为

$$C_{\mathrm{DOLP}} = \frac{P_{\mathrm{T_L}} - P_{\mathrm{B_L}}}{P_{\mathrm{T_L}} + P_{\mathrm{B_L}}} \qquad (2-38)$$

式中,C_{DOLP} 为目标与背景的线偏振度对比度;$P_{\mathrm{T_L}}$ 为目标线偏振度;$P_{\mathrm{B_L}}$ 为背景线偏振度。

空间目标的三种光学特性具有广泛的应用,具体表现在:

(1)光度特性应用。空间目标在高空飞行时,若飞行速度为 7~8km/s,则姿态运动周期为几秒。对于姿态可控目标而言,在一个周期中,距离、相对于目标坐标系的太阳光入射方向与观测方向都基本上不变化,因而空间目标表观星等也基本不变。但对于姿态不可控目标(失效卫星和碎片等)而言,因在飞行中翻滚,使相对于目标坐标系而言的太阳光的入射高低角、方位角和观测方向的高低角、方位角都随之变化,在一个姿态变化周期中,表观星等变化,且变化周期就是目标姿态运动的周期。同时,目标表观星等变化的规律与目标形状有关。可见,基于空间目标光度特性,能够对空间目标进行有关分类识别研究。

(2)光学成像特性应用。在几何形状不同、姿态不同的条件下,空间目标所呈现的二维光学图像特征不同,不仅包含轮廓结构信息,而且包含大量的材质信

息。可以依据特殊载荷的形状特点、材质光谱特性,识别目标天线、光学镜头等典型任务载荷,为目标能力分析提供依据。此外,还可以通过基于目标散射特性的成像效果仿真模拟不同任务时刻特性,并依据实时测量图像信息确定关键部位。

(3)散射偏振特性应用。偏振度和偏振角随波段的变化规律与材料理化特性紧密相关,可以在光谱强度信息相近情况下,进行不同材质的部件的识别。例如,可见光在传播时,受到介质粒子的散射和反射,图像模糊,对比度下降,丢失大量信息。但后向散射和反射光都是非完全偏振光,目标反射的偏振度小于粒子散射光的偏振度,目标反射光的偏振度取决于表面材料光学特性,粒子后向散射的偏振度与粒子大小、发生碰撞的概率(粒子浓度)有关。因此,基于偏振技术可改变目标反射光和散射光强度之间的相对大小,从而降低背景噪声,提高图像清晰度。导弹发射过程中产生大量烟雾和长长的尾焰,对入射辐射产生强烈的偏振,能够基于偏振特性进行探测和识别。需要注意的是,光学的偏振特性与雷达的极化特性相当。

2.3 空间目标天基光学可探测性原理

天基空间目标监视作为空间目标监视的重要组成部分,理论上同样包括天基雷达探测、天基光学探测与天基信号监测等。然而,由于体积、重量、功耗、精度与成本等方面的因素,目前得到广泛应用的是光学系统。因此,本节以空间目标天基可见光有效载荷为例,讨论空间目标的天基光学可探测性原理,该原理同样适用于红外载荷。

天基光学载荷既可以监视中高轨目标,也包括监视相近轨道的目标,考虑到低轨目标地基光学可以实现这一过程任务,目前天基光学观测对象主要是以中高轨目标为主,特别是对地球静止轨道(GEO)带目标的观测,因此本节的讨论以高轨目标为主。

2.3.1 空间目标天基光学可观测性

天基光学空间目标监视是利用天基平台搭载光学载荷,被动式地探测空间目标所反射的太阳光,实现对空间目标的探测。其中,恒星跟踪模式是空间目标图像获取的主要方式,也就是在任务期间光学载荷指向固定的天区、按照一定的数据率进行连续成像,得到目标的观测图像序列。由于所获得的天基光学空间目标图像为深空背景下的图像,所以视场内所有的恒星和目标均会成像在成像单元上,并且以恒星作为基准计算各个恒星在传感器本体坐标系下的坐标,通过与恒星数据库匹配完成对视场内恒星的识别,进而再以恒星为基准确定出目标的赤经、赤纬,最终获得目标的角信息和光度信息等。

以上是天基光学探测的基本原理,但实现空间目标观测还需要同时满足空间目标几何可见、载荷可见和光照可见三个条件,这也是天基光学监视可观测性的基本要求,即空间目标的可观测性是以上三种可见范围的交集,如图2-2所示。

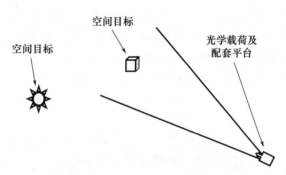

图2-2 空间目标的可观测性示意图

几何可见取决于天基光学监视平台与空间目标二者之间的相对运动,即地球是否处在两者之间的连线上;载荷可见是指在满足几何可见的基础上,目标是否在相机的视场内;光照可见与其所处的环境有很大关系,即天基光学监视载荷是否迎着太阳光,或者处于太阳光照射不到的地方。因此,上述三者可见性本质上就是空间目标、光学载荷与太阳和地球的相互位置关系,于是,可以得出空间目标光学可观测性的条件为:

(1)空间目标不在地影中。

(2)光学载荷不受太阳强光影响。

(3)避开地球及其邻边背景的影响。

(4)对整个GEO带的所有目标通视。

(5)观测同一轨道带的重访周期尽可能短。

2.3.2 空间目标天基光学平台轨道与星座

人们知道,地基光学设备对GEO目标观测时,至少需要三个近赤道的地基光学观测站才能实现对整个GEO带的覆盖,并且还要受到国土位置、国土面积、观测时间和气象条件的限制,而单颗天基光学卫星载荷就可以实现对整个GEO带的遍历,太空无疆不受地理等条件约束,因此,天基光学在高轨空间目标观测方面具有地基光学设备无与伦比的优势。这种优势的根本原因就是光学载荷平台的轨道所带来的,目前在对GEO带观测时,天基光学载荷平台轨道有以下三种基本部署模式:

(1) 低轨赤道轨道。天基光学载荷平台轨道面与赤道面共面,光学载荷采取固定安装方式,在当地轨道坐标系下指向天顶方向,天基光学载荷平台沿轨道运行过程实现 GEO 带目标的搜索。这种轨道优点是设计简单,缺点是受光照影响严重,在每个轨道周期内只有约 50% 时间可以观测到目标,且对目标的访问弧段较短,不利于目标的定轨。

(2) 近 GEO 赤道轨道。天基光学载荷平台轨道面与赤道面共面,但一般比 GEO 高度低 1000~2000km。光学载荷在当地轨道坐标系下固定指向天顶方向,也可以指向沿轨道切线的方向。这种轨道的优点是相对 GEO 目标距离较近,缺点是受光照影响严重,且对目标的重访时间较长,观测几何也不很理想。

(3) 太阳同步轨道。卫星轨道面与赤道面异面,光学载荷在空间惯性定向,由于太阳同步轨道面的进动与平太阳的周年视运动同步,这种轨道的优点是可以与目标一直保持较好的光照条件,可以采用多种模式对 GEO 目标进行观测。目前,已在轨的多颗天基监视卫星均采用太阳同步轨道。

由于观测时间和重访周期是天基光学观测的重要指标,因此在单颗卫星不能满足要求的情况下,还可以采用星座的方式,以增加观测时间、缩短重访周期,从而提高对高轨目标的观测能力。为充分利用太阳的光照条件,最简单的设计就是将多颗低轨天基光学载荷平台等相位分布式部署在同一轨道面内,通过接力方式实现对 GEO 带的高效观测。

此外,天基空间目标监视等空间任务对载荷搭载平台的轨道运动提出了特殊要求,而传统的轨道理论和设计方法又无法满足这些特殊的应用需求,因此,特殊轨道便应运而生。特殊轨道在设计理念、设计方法与轨道形式等均有别于经典轨道,主要包括悬停轨道、巡游轨道、交会轨道、主动接近轨道和极地驻留轨道等。下面以悬停轨道、巡游轨道为例说明特殊轨道的应用。

1. 悬停轨道

悬停轨道作为一种以目标航天器为参考的相对轨道,是指服务航天器(又称服务星,也就是悬停航天器)在控制力作用下,在一定时间内与被服务航天器(又称目标星)的相对位置保持不变或保持在一个较小的范围内变化的轨道,主要包括定点悬停与区域悬停两种模式。如图 2-3 所示。

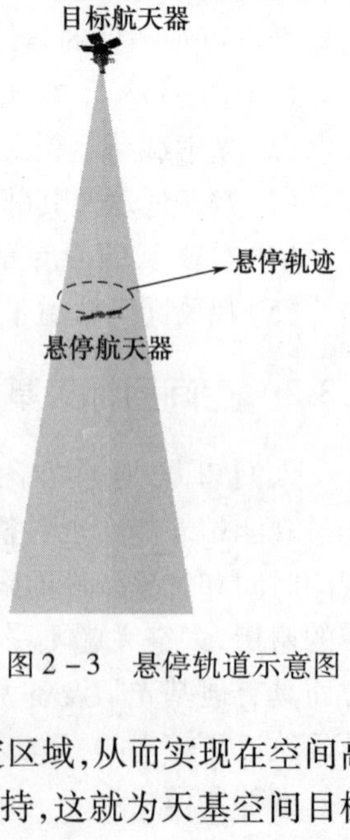

图 2-3 悬停轨道示意图

悬停轨道的优点是服务航天器能在一定的时间内,悬停在目标轨道坐标系中的某个特定点或者是特定区域,从而实现在空间高速运动的状态下与目标航天器的相对位置和方位的保持,这就为天基空间目标监视等特殊需求的空间任务奠定了基础,但这种轨道的缺点是航天器的能耗高、在轨工作时间短。

2. 巡游轨道

巡游轨道是一种以目标轨道为参考的相对轨道,巡游航天器以特定方式巡游在目标轨道附近,完成对目标轨道上多个航天器的近距离观测等空间任务,以及目标轨道附近空间环境的监测等。其主要包括遍历巡游轨道、可控巡游轨道与往返巡游轨道等形式。螺旋绕飞式巡游轨道如图2-4所示。

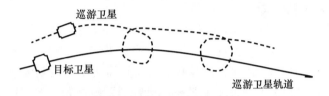

图2-4 螺旋绕飞式巡游轨道

相较于一般的跟飞、绕飞等轨道,巡游轨道在应用上具有明显的优势:一是探测目标不限于单个目标,具有对整个目标轨道上所有航天器观测的能力;二是通过巡游轨道构型设计,可实现对目标多视角探测,获得对特定目标的细节描述;三是探测器不会长时间停留在同一目标附近,避免了误会等事情发生;四是巡游航天器可以按照自由轨道进行巡游探测飞行,从理论上讲几乎不需要消耗能量,即耗能少。其中,巡游器泛指所有采用这种轨道的所有航天器。

2.3.3 空间目标天基光学观测模式

天基光学观测一般包括恒星跟踪和目标跟踪两种观测模式,恒星跟踪模式如前所述,是指通过对卫星姿态控制,保持相机视场方向不变,对特定天区凝视,在这种模式下,恒星在传感器成像平面上基本不动,呈点源状,目标由于相对运动,在焦平面上形成条痕。

目标跟踪模式是指相机视线方向随目标运动而调整,被跟踪的空间目标在焦平面上呈点源状,而恒星以及视场内未被跟踪的空间目标在焦平面上呈条纹状。虽然在目标跟踪模式下,不用考虑相对运动对积分时间的限制,但必须知道目标的相对运动速度,才能较好地跟踪目标,这就对卫星的姿控系统提出较高的控制精度要求。因此,天基光学监视主要采用恒星跟踪模式来获取观测数据。根据搜索方式不同,目标的观测模式分为自然交会观测模式、同步带凝视模式与汇聚点观测模式三种。

1. 自然交会观测模式

在自然交会观测模式下,通过姿态调整保持天基光学载荷平台在空间中惯性定向,光学载荷视场与GEO带交会,在天基光学载荷平台运动过程中,通过交会保持对 GEO 带观测成像。由于光学载荷固定安装在天基光学载荷平台本体上,光学载荷指向垂直于天基光学载荷平台轨道面,并且因为太阳同步轨道面与赤道面并不是垂直的,光学载荷指向与赤道面形成一个夹角,该夹角将直接影响监视卫星在 GEO 带纬度方向上的探测范围。需要说明的是:观测卫星对 GEO 带纬度方向上的观测范围跟天基光学载荷平台轨道高度和光学载荷视场角密切相关,当天基光学载荷平台运行至南极附近时,最大只能观测到 GEO 带 $-3.57°$ 内的目标。

2. 同步带凝视模式

同步带凝视模式是在天基光学载荷平台飞行过程中,通过调整天基光学载荷平台滚动角,使光学载荷视场一直指向 GEO 同步带上的模式。在同步带凝视模式下,延长对 GEO 带的观测时间的代价,就是需要不断调整姿态使光学载荷指向同步带,此时载荷的指向不断调整,导致其视场中恒星发生移动,通过图像叠加后,恒星形成条痕,从而增加了目标图像处理的难度。

3. 汇聚点观测模式

针对 GEO 目标在 GEO 带上形成的"汇聚点",结合光学载荷平台的轨道生成对这些"汇聚点"的观测计划。在"汇聚点"附近,每完成一次搜索、获取一组数据,天基光学载荷平台姿态调整一次,使光学载荷视场指向下一个"汇聚点"。通过这种周而复始的调整,实现 GEO 带的观测。

综上所述,天基光学空间目标监视的原理,不仅涉及空间目标的可见性、载荷平台的轨道设计、关系载荷的观测模式,还需要考虑空间环境、观测时间、光学载荷的指向等因素,与地基光学观测既有相同之点,又有不同之处,但在空间目标监视的全面性上实现了功能互补。

第 3 章　空间监视与空间目标编目原理

随着各国空间技术的快速发展,尤其是低轨卫星星座、微小卫星技术的日趋成熟,发射进入太空的在轨工作的空间目标,以及失效的航天器、废弃的助推器、混杂的投弃物与空间碎片等越来越多,如何通过编目管理好这些目标、确保在轨空间目标的安全与太空环境可持续应用,已成为世界各航天大国面临的紧迫任务。可以说,没有空间目标编目,就没有空间态势感知。

由于空间目标编目管理依赖空间监视系统提供的信息,而空间监视系统是由观测设备组成的,因此,本书第 2 章研究了空间目标的雷达可探测性原理、光电设备可探测性原理,阐述的是观测设备与空间目标之间点对点的关系。对于空间监视原理而言,需要阐述的是空间监视所有观测设备的整体与关注区域内所有空间目标之间区域对区域的关系,空间目标可探测性原理与空间监视原理之间既有区别又有联系。因此,本章以空间目标所处的轨道区域为探测对象,从观测设备布站的经度、纬度、距离与传感器指向等方面入手,阐述空间监视的时空覆盖机理、观测设备布站机理与空间监视网的技术路线选择等。在此基础上,较为详细地阐述空间目标编目原理。

空间监视作为空间区域探测的途径,对空间目标编目管理是其目的所在,相反,空间目标编目管理的需求又对空间监视能力提出了新的要求,二者相辅相成,故此,本章将这两个问题合并为一章论述。

3.1　空间目标的分布特性

本章的空间目标分布特性是指空间目标的轨道分布与空间目标的电磁特性分布情况。

空间目标主要包括在空间在轨工作的航天器、过空间的弹道目标、进入与离开空间的入离轨空间目标等。其中,空间碎片包括完成任务的火箭箭体和卫星本体、火箭的喷射物、在执行航天任务过程中的抛弃物,以及空间目标碰撞产生的碎片等。空间碎片是人类空间活动对空间环境的污染,其数量不断增长,对在轨航天器的安全构成了威胁。

为使空间监视的设计具有更强的针对性、空间目标的管理具有更高的效率,必须对航天器集中的区域进行分析,以优选观测设备的布站,同时,通过分析空间目标的电磁特性,并结合不同类型观测设备的探测能力,能够为不同电磁特性的空间目标匹配适当的观测设备。

3.1.1 空间目标的轨道表示

众所周知,航天器遵循开普勒运动规律,其运动轨迹是与地球没有交点的近椭圆轨道,描述航天器沿椭圆轨道绕地球运动一般需要6个轨道根数,它们是二体问题运动方程的6个积分常数,利用它们可以唯一地确定航天器的运动规律,从而计算空间目标在任一时刻的空间位置。

开普勒轨道根数的6个参数为轨道半长轴 a、轨道偏心率 e、轨道倾角 i、右旋升交点赤经 Ω、近地点幅角 ω 和空间目标过近地点时刻 t_0。开普勒轨道根数与用途如表 3-1 所示。

表 3-1 开普勒轨道根数与用途

序号	根数名称	符号	用途	备注
1	轨道半长轴	a	描述轨道椭圆的大小	椭圆轨道 $a>0$
2	轨道偏心率	e	描述轨道椭圆的形状	$0 \leq e \leq 1$ 的轨道为椭圆轨道,$e=0$ 的轨道为圆轨道
3	轨道倾角	i	与 Ω 一起确定轨道平面在空间的定向	$0°<i<90°$ 为顺行轨道,$90°<i<180°$ 为逆行轨道,$i=0°$ 或 $180°$ 为赤道轨道,$i=90°$ 为极地轨道
4	右旋升交点赤经	Ω	与 i 一起确定轨道平面在空间的定向	$0° \leq \Omega \leq 360°$
5	近地点幅角	ω	确定轨道在其平面内的定向	$0° \leq \omega \leq 360°$
6	过近地点时刻	t_0	确定航天器过近地点的时刻,确定航天器在轨道上的瞬时位置	常用 M_0 代替

3.1.2 空间目标的轨道分布

轨道类型有多种分类形式,如按照轨道形状可分为圆轨道、椭圆轨道等;按照轨道倾角可分为赤道轨道、极地轨道、顺行轨道和逆行轨道;按照轨道高度又可分为低地球轨道(LEO)、中圆地球轨道(MEO)以及地球静止轨道(GEO)等。空间目标轨道形状的选择与其任务有关。

从惯性空间角度来看,人造航天器的运行轨道处于一个平面内,轨道平面与赤道平面的夹角称为轨道倾角 i,按照轨道倾角的大小可以将人造卫星轨道进行如下分类:

$$\begin{cases} \text{顺行轨道}, 0° < i < 90° \\ \text{极地轨道}, i = 90° \\ \text{逆行轨道}, 90° < i < 180° \\ \text{赤道轨道}, i = 0° \text{或} i = 180° \end{cases}$$

顺行轨道卫星的运行方向与地球自西向东的自转方向一致,在发射此类卫星时由于充分利用了地球自转产生的加速度,因而可以节省发射燃料,现有的人造卫星绝大部分都是采用顺行轨道;极地轨道卫星经过地球南北两极的上空,因而可以对全球任何纬度地区进行观测,地球资源卫星、气象卫星和侦察卫星常采用极地轨道;太阳同步轨道卫星必须采用逆行轨道,以保证太阳同步轨道卫星在相同光照条件下飞过地球的特定区域;轨道周期为24h并且轨道倾角$i=0°$的赤道圆轨道称为静止轨道,当卫星在此轨道上运行时,由于轨道周期等于地球自转周期,故从地面上看卫星就固定地悬于赤道某一点的上空。通信卫星、监视某一地区的气象卫星和预警卫星多采用静止轨道,静止轨道是一种非常宝贵、非常有限的轨道资源。轨道高度与轨道周期关系如图3-1所示。

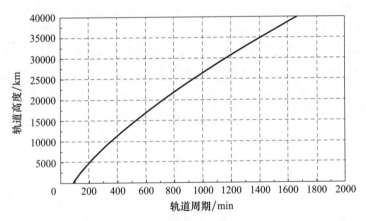

图3-1 轨道高度与轨道周期关系

从航天器星下点轨迹来看,如果卫星的星下点轨迹在卫星运行一圈或数圈后能够闭合并重复原来的地面星下点轨迹,则称卫星能够回归,如果地面星下点轨迹的回归是在一天内完成的,则称其轨道为回归轨道;如果地面星下点轨迹的回归是在数天内完成的,则称其轨道为准回归轨道;如果地面星下点轨迹不能回归,则其轨道称为非回归轨道。

目前,航天器主要运行在三个基本的轨道带:低地球轨道(LEO)、中圆地球轨道(MEO)和地球静止轨道(GEO)。根据航天器的用途,其轨道倾角一般大于60°,除地球同步轨道卫星外,几乎没有轨道倾角小于10°的空间目标。目前,发射了万余颗航天器,随着"星链"等大型低轨星座的投入使用,地球低轨道上卫星的数量比例已经超过了60%。

3.1.3 空间碎片的空间分布

地球轨道2000km以下是碎片密集区,地球同步轨道是另一密集区,大多数空间碎片分布在距离地球表面322～483km的低地球轨道上。如果用"密度"来描述空间碎片随高度的分布,可以定量地看到在2000km以下区域、地球同步轨道高度和半同步轨道高度上有三个明显的峰值。大多数空间碎片的偏心率较小,偏心率小于0.01的碎片数量占绝大多数,但也有相当比例碎片的偏心率大于0.5。空间碎片按一定的轨道环绕地球高速飞行,速度为6～16km/s,形成一条危险的垃圾带,对航天器安全构成一定的威胁。随着航天事业的发展,空间碎片数量与日俱增,滞空时间相当漫长,统计显示,空间碎片的数量正以每年约2%的速度增加。

由于受到各种衰减因素的影响,空间碎片生成后将处于不断演化变动之中。在高密度区域碎片间的二次碰撞会导致大碎片数目的减少、小碎片数目的激增;同时,各种自然的摄动力会导致碎片云的轨道倾角发生变动、近地点高度逐渐降低,最终返回地球大气层中被烧毁、湮灭。在低于900km的轨道上,大气阻力的影响非常显著,但在高轨道上对小碎片演化起决定性作用的主要是太阳的光压。因此,轨道高度越高,空间碎片越不容易坠毁,对空间环境的影响也越大。

3.2 空间监视要求与机理

空间监视是指使用电磁能量对某一区域连续不断的扫描,可以定义为:依托部署不同位置的、通过资源优化能够满足对某一区域连续搜索需求的空间目标探测装备,实现可靠地对在该区域、过该区域的目标的发现、区分、识别、定位与跟踪。监视空间是一个"面"与"体"的概念,而不是"点"的概念,因此,具有与空间目标监视不同的内在机理。

3.2.1 时空覆盖要求与机理

根据空间目标的运动特性,将空间目标监视的内在机理转换为空间目标监视网设计要素,就是对一定区域内、满足一定尺寸的所有目标实施监视所需的时空范围,即时间范围与空间范围。

我们知道,空间目标监视网中的设备对空间目标采集测量数据的最基本条件就是设备与空间目标之间几何可见,即设备与空间目标的直线连接无遮挡,也称为设备与空间目标之间通视。空间目标监视网内的设备有地基(包含陆基、海基和空基)和天基两类,两类设备在惯性空间里都是运动的:陆基设备随地球自转，天基设备随天基载体的轨道运动而运动，与此同时，被观测的空间目标也按照各自的动力学规律在运动。因此，观测设备与空间目标之间在某一时段能否几何可见取决于两者的相对运动结果。相对运动是观测设备与空间目标间是否可见的内在原因，当没有相对运动时，要么一直可见，要么永不可见，此外，当两个运动目标轨迹平行的情况下，彼此之间的可见性则具体问题具体分析。

既然空间目标监视的内在原因是设备与可见空间目标间的相对运动，那么反映这种相对运动的最简单的方法就是可见空间目标的星下点轨迹。以轨道高度在 300~1700km 的近地空间目标为例，其运动周期基本在 90~120min，每天绕地球运行 12~15 圈，这种轨道高度的空间目标星下点轨迹具有如下特点：一是目标相邻两圈的星下点间距约为目标一个轨道周期内地球自转的角度；二是目标每天有升降两（批）次过境，升降间隔的最小值不足 12h。

星下点轨迹是对空间目标在地球表面上的时空描述，空间目标轨道高度是其与地球表面距离的描述，而地基空间监视设备在地球上的位置描述是经度与纬度。因此，将空间目标观测的时空覆盖范围的要求归纳为：

(1) 经度上时间覆盖的要求。根据上述星下点轨迹的特点可知，只要对足够大的经度范围（不小于一个轨道周期内地球自转的角度）进行一定时长（不小于 12h）的连续监视，便可以在空间目标监视设备的能力范围内可靠地发现目标，即时间覆盖满足要求。

(2) 纬度上空间覆盖的要求。经度上满足时间覆盖要求具备了发现目标的条件，但是当可见空间目标时间很短时，所获取的数据量并不一定满足空间目标编目要求。因为空间目标编目需要的是轨道根数，而空间目标定轨，尤其是初轨确定则需要一定数量与空间分布的数据，才能计算空间目标的轨道根数，并且也只有在确定初轨的情况下，才能给出空间目标与观测数据的对应关系、观测的数据才能应用于轨道改进。因此，空间目标监视网必须确保初轨确定所需的轨道弧长。由于近地目标的运动表现出显著的南北方向，选取空间目标监视网恰当的纬度范围，就能满足观测弧长的要求，当然，观测弧长的长短还要看具体的轨道类型、精度要求与定轨水平等因素。此外，对于地球同步轨道等特殊类型轨道空间覆盖范围的要求，需要具体问题具体分析。

(3) 距离上覆盖区域的要求。空间监视的观测区域实际上是一个"体"的概念，因此，如果把经度、纬度理解为这个"体"的宽与长，那么距离就可以视为深度。换言之，深度上空间监视需要实现覆盖空间目标的活动区域。距离这一覆盖区域通常以空间目标相对于观测设备斜距的最大值与最小值来表示，最小有效仰角对应观测设备斜距的最大值，最大有效仰角对应观测设备斜距的最小值。对于轨道高度在 300~1700km 的空间目标，如果轨道测量设备最大有效仰角近似取为 90°、最小有效仰角取为 5°，那么根据几何公式可知距离上覆盖区域为 300~4400km。

3.2.2 设备布站要求与机理

空间目标监视网的布站首先需要考虑观测设备性能的选择问题。

对于地基设备而言,设备的运动是由地球自转而引起的自西向东运动,对于空间目标而言,其大部分是近似的南北向运动,于是在设备与空间目标两者之间形成了相对运动。这种相对运动和定轨精度对空间目标观测设备的探测能力提出了要求。为了说明空间目标观测设备的探测能力,这里首先定义空间目标监视网能力的概念:空间目标监视网能够监视空间区域的大小、监视空间时间的长短和测量空间目标精度的高低的性能统称为空间目标监视网的能力。根据这个概念,再考虑单台观测设备的探测能力,那么在观测设备选择时就需要统筹考虑网内设备的时间覆盖、空间覆盖与测量精度等因素,也就是说在空间目标监视网内,既要求有空间覆盖能力强的观测设备,也要有工作时间足够长的观测设备,还要有测量精度高的观测设备,抑或几种能力兼备的观测设备。

地基大型相控阵雷达一般采用固定面天线,雷达天线波束具有扫描范围大、扫描速度快等特点,其监视范围是测站坐标系天线面指向加减雷达波束扫描范围,一般都能达到±45°以上乃至更宽的跟踪范围,是典型空间覆盖能力强的观测设备;工作时间足够长的观测设备,通常采用光学设备与使用固态有源器件的雷达设备;测量精度高的观测设备一般选择大口径的光电设备和单脉冲精密跟踪雷达设备;几种能力兼备的观测设备一般选择固态有源相控阵雷达,该体制雷达既具有传统相控阵雷达空间覆盖范围广的特点,也具有工作时间长的优势,单目标情况下还具有高精度的特点。

根据相控阵雷达、精密跟踪雷达和光电设备对空间目标观测的优缺点,在空间目标监视网内观测设备选择时一般采用取长补短的原则,即以大型相控阵雷达为主进行低轨空间目标的日常监视;以精密跟踪雷达、光电设备为主进行中高轨空间目标的监视;以宽带雷达、光电成像设备为主进行目标识别。此外,对于加入天基监视卫星的空间目标监视网,则采取地基探低轨、天基探高轨、天地一体、光雷并用的技术路线。

完成了观测设备的选择、明确了观测设备的性能要求,接下来就要综合考虑观测设备的布站问题,包括单台观测设备布站要求和监视网内多台设备间的布站等要求。

1. 单台观测设备布站的指向

先将该观测设备的方位角变换到经度方向上,任意两个方位角就形成一个经度上的区域,则空间目标穿越该区域在方位角上就具有了可见性。因此,综合考虑空间目标的角速度,需要将观测设备方位角监视范围较大的一面指向南北方向。以位于北半球的固定面相控阵雷达为例,为了观测更大范围,需要将低纬度地区设备面向南布设,以便监视更多低轨道倾角目标;将高纬度地区设备面北布设,以便获得更好的观测数据分布。

2. 观测设备布站的纬度

由于纬度决定空间覆盖范围,单台观测设备布设的纬度要求一般需要考虑单台观测设备布设纬度与空间目标轨道倾角间的关系、空间目标监视网中各单台观测设备之间的纬度关系、观测设备布站纬度与空间目标监视网的能力之间的关系三个因素。

考虑单台观测设备布设纬度与空间目标轨道倾角间的关系,是为了确保对低轨道倾角目标的观测。因为观测设备布站纬度大于目标轨道倾角,观测设备对该目标不可见,所以这是必须考虑的常识问题。

考虑空间目标监视网中各单台观测设备之间的纬度关系,主要有两个目的:一是与其他观测设备配合构成完全性所要求的经度范围(尽可能在同一纬度线上),二是延长观测弧段(纬度上尽量拉开)以有利于观测的空间目标定轨。对于观测设备布设最小纬度间隔选择问题,一般轨道倾角小于25°的空间目标数量约为1%,所以观测设备布设的最小纬度间隔选择25°左右即可;对于观测设备布设最大纬度间隔问题,根据空间目标轨道倾角分布情况,以及现实在轨卫星轨道分布情况,通常选择80°左右。当然,有些国家本土这样布站不可能,所以才会有航天领域广泛的国际合作。

考虑观测设备布站纬度与空间目标监视网的能力之间的关系,是因为将观测设备监视的方位角、俯仰角范围转换为经度纬度范围时,转换效果与观测设备站点的纬度有关,即高纬度布站比低纬度布站监视能力要强。因此,这也是需要考虑的问题之一。

3. 观测设备布站的经度

观测设备布设的经度要求,是为了满足其监视范围不能小于观测目标中最大轨道周期内地球自转角度的要求,表3-2给出了近地空间目标中不同高度的轨道所对应的轨道周期及一个轨道周期内地球自转的角度。例如,500km的空间目标其轨道周期为94.6min,一个轨道周期内地球的自转角度为23.7°,所以空间目标监视网连续监视的经度范围应不小于24°。

表3-2 不同高度空间目标对应的轨道周期及地球自转角度

卫星高度/km	300	500	700	900	1100	1300	1500	1700
轨道周期/min	90.5	94.6	98.8	103.0	107.3	111.6	116.0	120.4
地球自转角度/(°)	22.6	23.7	24.7	25.75	26.83	27.9	29.0	30.1

以上确定的是空间目标监视网单台观测设备监视的经度要求,至于多台观

测设备构成经度上连续监视的情况下,经度间隔还需结合不同观测设备战技指标与初轨确定所需弧长等因素进行综合考虑。

4. 观测设备布站数量

空间目标监视网内布设观测设备的数量,主要是考虑单台观测设备的监视能力、空间目标监视网的完全性要求与该监视网的可靠性要求等因素。其中,考虑单台观测设备的监视能力时,一般不以发现目标的5°仰角为依据,因为这个仰角只能保证观测设备有效发现目标的能力,并不能保证空间目标测量的精度。因此,应该以观测设备能够提供空间目标初轨确定所需的弧长时对应的仰角为依据,因为此时观测设备采集到的数据才是满足空间目标编目所需的测轨数据。对于雷达设备,综合考虑天线波束副瓣影响等因素,通常取20°~25°仰角为初轨确定所需的最小有效仰角,以此作为确定观测设备数量的依据之一。

3.3 空间目标监视网的技术路线

由于空间目标信息获取是空间态势感知所有任务的基础,世界主要航天大国都已经建立或正在建设不同用途、不同规模的空间目标的发现、区分、识别、定位、跟踪的探测系统。然而,不同的国家定位不同、需求不同、国情不同,以及国家实力相差悬殊,因此,在空间目标监视网技术路线选择上,就需要根据各自的约束条件量力而行。参考黄培康院士的有关文献,结合近年来航天领域的高速发展情况,归纳出以下不同层面的技术路线。

3.3.1 尺度信息与特征信息测量并举的技术路线

尺度信息与特征信息测量并举,即空间目标尺度信息测量与特征信息测量并举的技术路线。首先是单台设备尺度信息测量与特征信息测量并举的技术路线。在观测设备发展的早期,卫星或导弹均以测量尺度信息为主,即轨道测量和轨道预报,这些具有远距离观测能力的传感器可告之目标的位置、速度、加速度以及未来去哪里。随着传感器技术发展的推动和空间目标特性需求的牵引,人们对传感器除上述尺度信息需求外,更需要知道目标的形状、结构、材质、体积、质量与表面物理参数等,这就要求观测设备不仅是一部看得远的望远镜,还要是一部看得清的显微镜。不仅传统的雷达设备通过信号带宽的增加而实现尺度信息与特性信息同时测量,而且不同频段的传感器可以集成在同一台观测设备上。例如,利用光电信号透过同一电磁透镜反射面的共孔径技术,就可以实现光电集成传感器,完成空间目标不同特性的测量。

尺度信息测量与特征信息测量并举的第二层含义,就是将空间目标监视网作为一个整体来看,尽管某一个传感器无法将尺度测量与特征测量兼顾,但是从大系统角度,通过合理的布站,同样可以实现尺度信息与目标特征信息测量的网内同时并举。

3.3.2 不同探测系统先分建再合一的技术路线

空间目标监视网先分建再合一的技术路线,是典型的美国技术路线。美国根据目标轨迹与地球有无交点划分为轨道目标与弹道目标,再兼顾靶场试验的需要,将空间目标信息获取设备分为专用传感器(Dedicated Sensor)、可用传感器(Cantributing Sensor)与兼用传感器(Collateral Sensor)三类。虽然轨道目标特性与弹道目标特性不完全相同,但弹道目标预警系统建成后也许几年、几十年甚至终生看不到一次目标,这种探测资源白白浪费的状态就要求必须将轨道目标与弹道目标探测结合起来,即弹道目标探测系统要兼顾轨道目标探测。美国的空间目标信息获取系统已经建设了半个世纪,形成了以轨道目标为主的空间目标监视系统、以弹道目标为主的弹道导弹预警系统、以试验靶场己方目标为主的目标特征测量系统。此外,空间技术经过半个多世纪的发展,在地球周围形成了数以万计的空间目标,因此,弹道导弹预警系统必须依赖空间目标编目,才能发现并记录新的来袭目标,再加上己方弹道导弹试验的需要,客观上促成了三大系统通过数据汇聚等手段实现了网络化耦合,即先分建再合一。

当然,先分建再合一是美国摸索的过程,是不得已而为之。如果借鉴上述三大系统分建合一的思想,探索一体的顶层构想、再进行功能拆分,则是一种先合后分的技术路线,但在实际运行过程中,一定避免不了对顶层构想的修修补补。

3.3.3 天基系统与地基系统并重的技术路线

天基观测具有地基观测无可比拟的优势,如通过平台轨道设计与控制,具有抵近观测、伴飞观测、绕飞观测等多种能力,获取地基观测设备难以甚至无法获取的目标信息,即使传感器载荷采用普通的平台,也能够具有低轨看高轨的能力。因此,诸如轨道倾角约束、布站经纬度约束等传统约束条件已经大大减少,所以对于高轨目标、低轨道倾角目标与特殊轨道目标,均可以由天基观测完成。然而,天基观测对于低轨目标并不具有明显优势,因此,如果再综合考虑建设与维护成本等因素,低轨目标观测采用地基观测仍然具有无可比拟的优势。既然天基观测与地基观测各具特色、各具优长,显然应该采用地基与天基并重的技术路线,也就是说对于低轨目标、弹道目标以地基观测为主,对于高轨目标、特殊轨道目标等以天基观测为主,并且地基观测不到的低轨目标弧段可由天基观测完成,相反,特殊轨道目标天基观测不到的弧段可由地基观测完成,天地基实现了优势互补。概言之,天基与地基并重的基本要求就是地看低(地基设备观测低轨目标)、低看高(低轨卫星观测高轨目标)与高看高(高轨卫星观测高轨目标)。

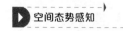

天地基并重的技术路线是从空间态势全球感知这一视角下的选择,这种技术路线是在综合考虑国家定位、国家需要、国家实力等情况下,既包含以低轨空间目标观测为主的地基监视网+以特殊目标为主的天基观测系统的技术路线,也包含地基监视网+天基监视网的二网合一的技术路线。

3.4 空间目标编目方法

空间目标编目管理是指通过观测设备获取空间目标的观测数据,利用相应的数据处理方法,确定空间目标的轨道信息和特征信息,并不断对其进行更新维护的活动。

对空间目标的编目管理早期是为了满足国防上的需要,用来防范对空间目标的威胁行动。例如,苏联于1957年发射第一颗人造地球卫星后,美国军方就急需掌握其海军舰艇何时、何地处于苏联卫星的监视范围内,成为其搜集情报的目标。随着民用卫星的快速发展,空间目标数量的越来越多,空间目标编目管理应用的范围已经从最初的军事领域扩展到民用领域,并且贯穿从卫星发射、在轨运行到陨落返回的整个卫星生命周期。特别是近年来随着空间碎片对航天活动威胁的逐渐增大,为了有效地减少空间碎片与在轨卫星的碰撞风险,对空间目标编目管理的需求愈加迫切。

空间目标编目管理根据空间目标的发射时间、发射地点、身份类别、轨道特性与目标特性等,采用数据库技术实现空间目标编目,通过关联、匹配等信息处理方法实现目标库不断更新。空间目标编目能够反映谁进入空间、谁离开空间、谁在空间、谁过空间,以及空间发生了什么事件等基本情况,对于全面掌握空间目标的轨道、用途、身份属性等,以及在轨目标的运行状态、新目标的入轨与在轨目标的机动或陨落事件的发生等空间态势,都具有十分重要的意义。

3.4.1 空间目标编目基本要求与原则

1. 空间目标编目基本要求

(1)编目分类的合理性。要尽可能符合空间目标分类的需要,反映分类目标的特点。

(2)编目对象的可区分性。每一类、每一级或每一个特定要素能够与目标信息建立起一一对应的关系,没有歧义或多义现象。

(3)编目方法的有效性。满足空间目标编目库的可维护、可扩展、易操作等要求。

(4)编目标识的高效性。尽量与目标分类结构保持一致,力求标识简洁、标识方法容易理解。

概言之,空间目标编目应以支持空间活动需求为牵引,合理分析、选择目标属性,合理设计编目项等,以便于空间目标的查询、录入与识别等信息处理活动。

2. 空间目标编目基本原则

1) 系统性原则

系统性就是将选定空间目标信息的属性和特征按一定规则与顺序排列,予以系统化。

2) 一致性原则

空间目标编目一致性作为编号一致性的基础,只有保证其分类的一致性,才能使某一编目要素在不同目标属性中始终只有唯一的编号,才能确保空间目标编目库的适用性。

3) 统一性原则

统一性是指编目应与相关的国家标准、行业标准一致,采用科学合理的分类与名称,尽可能考虑人们的传统习惯,这样才能更加具有生命力。

4) 实用性原则

空间目标编目的实用性,是指体系应简明扼要,便于记忆、便于推广、便于应用。

3.4.2 空间目标编目库基本信息

空间目标编目数据至少应包括空间目标的基础信息、轨道信息与特征信息等。

1. 基础信息

基础信息是指空间目标一旦被发射到空间后就不会改变或者改变很缓慢的信息,包括但不限于:

(1) 目标编号。

(2) 目标名称。

(3) 目标类型。

(4) 国别。

(5) 发射日期。

(6) 发射场。

(7) 陨落日期。

(8) 基本轨道信息(主要包括轨道周期、倾角、近地点、远地点等)。

2. 轨道信息

(1) 轨道根数(或位置速度矢量),并且需要及时更新:①平均根数;②瞬时根数。

(2) 轨道协方差数据包括:①直角坐标;②轨道根数。

(3)轨道及协方差预报模型包括:①解析模型;②数值模型。

3. 特征信息

特征信息是指空间目标的载荷、工作情况、外形等信息,具体包括但不限于:

(1)有效载荷。

(2)工作情况(是否能够工作)。

(3)外形结构。

(4)雷达散射截面积。

(5)光学特征。

(6)面质比。

(7)轨道是否受控。

(8)姿态是否受控。

(9)目标的观测图像。

典型的美国忧思数据库发布的编目库的格式类型如表3-3所示。

表3-3 美国忧思数据库发布的编目库的格式类型

序号	数据表项	说明
1	Nameof Satellite, Alternate Names	卫星名称
2	Country of Operator/Owner	操控者/拥有者国家
3	Operator/Owner	操控者/拥有者
4	Users	用户
5	Purpose	用途
6	Class of Orbit	轨道类型,如低轨、高轨
7	Type of Orbit	轨道类别,如GEO、太阳同步轨道等
8	Longitude of GEO(°)	GEO卫星定点精度
9	Perigee(km)	近地点
10	Apogee(km)	远地点
11	Eccentricity	偏心率
12	Inclination(°)	轨道倾角
13	Period(minute)	轨道周期
14	LaunchMass(kg)	发射质量
15	DrgMass(kg)	净重
16	Power(watt)	电源
17	Date of Launch	发射日期
18	Expected Life	预计寿命
19	Contractor	合同商

续表

序号	数据表项	说明
20	Country of Contractor	合同商国家
21	Launch Site	发射地点
22	Launch Vehicle	运载器
23	COSPAR Number	COSPAR 编号
24	NORAD Number	NORAD 编号
25	Comments	注释
26	Source Used for Orbital Data	轨道数据来源
27	Source	信息来源

3.4.3 空间目标编号方法与属性表示

1. 空间目标编号方法

空间目标编号是指在空间目标测轨编目技术体系内,按一定方法赋予每个空间目标的唯一识别号。空间目标编号采用6位十进制整数表示,方法如下:

(1)卫星类:格式如1×××××。1表示类别,代表卫星类;×××××从00001~99999依次编号。

(2)运载类:格式如3×××××。3表示类别,代表运载类;×××××从00001~99999依次编号。

(3)碎片类:格式如5×××××。5表示类别,代表碎片类;×××××从00001~99999依次编号。

(4)未分类目标:格式如7×××××。7表示确认但未完成分类的目标。×××××从00001~99999依次编号。

(5)中心级临时编号:格式如8N×××。$N=1\sim9$,为第6章规定的中心编号的首位数。供各编目处理中心使用。××××从0001~9999依次编号,循环使用。

(6)设备级临时编号:格式如9NNN××,NNN为约定的设备编号,××按01~99依次编号,循环使用。

(7)必要时可以0×××××(0不可省略),引用美国空间目标编号。

发现新目标后,各测量设备独立在其测轨数据中确定一设备级临时编号。各中心独立处理,各自确定一中心级临时编号。相互印证后,形成未分类目标编号,进一步确认后给出分类编号。

2. 空间目标属性表示

空间目标属性是指空间目标所固有的轨道、雷达散射截面积、光学亮度等特

征量,以及人为赋予的编号、名称等信息。空间目标属性以帧格式表示,每帧内含有一个空间目标的属性信息。在轨空间目标属性帧内容与格式如表3-4所示。

表3-4 在轨空间目标属性帧内容与格式

序号	内容	所占列	约定/示例
1	备用	1~2	未用时填空格□□
2	格式标识	3~5	3个字母或数字代表帧格式发布者,如GJB表示国家军用标准
3	版本标识	7~10	YYMM形式的启用年月,如0807表示2008年7月
4	内容标识	12	取值0:第1~12项+结束符;取值1:全部
5	目标编号	14~19	空间目标编号
6	在轨状态	21	取值0:不工作;1:工作;9:不详
7	轨道周期	23~29	单位:min
8	近地点高度	31~36	单位:km
9	远地点高度	38~43	单位:km
10	轨道倾角	45~49	单位:(°)
11	雷达散射截面积参考值	51~58	单位:m^2
12	亮度参考值	60~63	归算至1000km处,且太阳-目标-观测设备间夹角为90°时的目标视星等,单位:m
13	美国编号	65~69	示例:12345
14	国际编号	71~81	示例:1999-065A
15	隶属	83~86	国家或组织的缩写
16	入轨时间	88~95	YYYYMMDD形式的年月日
17	名称	97~120	目标名称
18	结束符	121~122	或者加换行,等效于C语言的"\n"

3.5 空间目标编目的数据处理方法

3.5.1 数据关联

在空间目标的编目管理中,首先需要面对的问题就是一段观测数据对应于哪一个空间目标。之所以存在这个问题,是因为空间目标中的非合作目标不提供该目标编目所需的信息,对于合作目标,其健康状态正常的情况下则不存在这个问题,除非其出现故障无法提供自己的有关信息。目前,空间监视网观测的目标中,有相当一大部分目标是碰撞解体产生的碎片、废弃卫星、火箭残骸,以及从卫星和火箭分离抛弃的空间物体,当然还有一些军事卫星没有公布,这些空间目标均为非合作目标。在对非合作目标的编目管理工作中,必须解决的重要问题之一就是数据关联,也就是单传感器多目标跟踪或多传感器多目标跟踪问题,这就需要将观测数据与编目库中的空间目标对应起来。目前,常用的数据关联方法,就是根据目标运动状态的初始信息计算目标在未来一段时间的轨迹,将其与观测数据比较,根据关联规则确定能否关联成功。

空间目标数据关联除需要获取足够数量和精度的数据支撑外,还与空间目标编目管理的特点有关,正是空间目标编目具有以下这样的特点,才使得空间目标编目管理的数据关联得以实现。

(1)空间目标编目管理是一个连续的过程,每一个稳定编目的空间目标总会定期更新轨道,根据该轨道进行预报的结果在一定时期内可以保持较高的精度。

(2)大部分空间目标遵循一般的运动模型,这是因为并不是所有空间目标都具有机动能力,具有机动能力的空间目标也是根据需要才进行机动变轨。

(3)相较于地面目标或海面目标而言,观测设备探测空间目标的背景干扰较少,能够有效地降低虚警概率。

(4)目前编目管理主要针对直径大于10cm以上的空间目标,此类目标的空间密度较低,因此在数据关联时不会经常受到邻近目标的干扰而导致数据关联错误。

空间目标编目有两种数据关联模式:一是当前目标观测数据与编目库中目标轨道根数的关联模式,通过找出对应于观测数据的已经编目的目标进行关联;二是当前目标观测数据与另一观测数据的关联模式,该模式是通过找出那些属于同一目标的观测,将同一目标的所有观测数据融合处理进行轨道改进,得到该目标更优的轨道根数。

1. 当前观测数据与编目库中目标轨道根数的关联模式

当前观测数据与轨道根数的关联,一般转化为轨道根数与轨道根数之间的关联,即先用观测数据计算初轨,将初轨的根数与编目库中的根数进行比较,判别初轨属于数据库中哪个目标。此外,对于具有一定弧长的雷达和光学观测数据,可以采用观测数据和轨道根数直接关联的方法,这可以避免观测数据计算(短弧)初轨时的精度损失。当前观测数据与编目库中目标轨道根数关联的主要流程如下:

(1)计算预报期内任意时刻可探测的空间目标集合。

(2)当获取某一目标的观测数据后,首先根据飞行方向剔除目标集合中飞行方向和观测方向数据显著不同的目标,形成与本目标飞行方向相同的目标集合。

(3) 将当前目标观测数据与编目库中飞行方向相同的目标集合中的每一个目标逐一比较,最终确定该目标关联于哪一个目标。如果没有该目标,就认为发现了一个新目标。

2. 当前目标观测数据与另一观测数据的关联模式

由于观测数据可以计算轨道根数,这种关联可以转化为观测数据与目标轨道根数的关联模式,或者轨道根数与轨道根数的比较两种关联模式。但是,在观测到多个轨道相近目标时,会有多个目标的预报轨迹与当前观测数据相近,考虑轨道预报误差和观测误差的因素,很难判断当前目标这段观测数据属于其中的哪一个目标,就可能出现误关联或错误关联。因此,需要进行二次关联解决这个问题,也就是将这段观测数据分别与各个目标历史的观测数据结合、并进行定轨。该方法已经应用于欧空局空间碎片望远镜(ESA Space Debris Telescope,ES-ASDT)的数据处理中,实际应用证明了该方法可以有效地解决相近轨道卫星的数据关联问题。

空间监视网观测数据的关联成功率一般会稳定在较高的水平上,但是在某些特殊情况下会出现变化。例如,当空间目标碰撞时会产生大量的空间碎片,这些新产生的空间碎片会产生大量的观测数据。此外,某些异常的空间环境变化也可能导致数据关联成功率下降,以1989年3月的太阳风暴为例,由于太阳风暴导致高层大气密度出现异常,而描述空间目标运动的预报模型没有考虑此因素对轨道运动的影响,这严重降低了预报精度,导致美国空间监视网的数据关联成功率出现明显下降。

3.5.2 未关联数据的处理

在通常情况下,空间监视网的观测数据中绝大部分目标,都能够与编目库中的空间目标成功关联,因此,从数量上来讲,未关联(Uncorrelated Target,UCT)数据占测量数据的比重较小。但是对于空间目标编目管理工作来说,对 UCT 数据的处理却是非常关键的。其关键之处在于,在没有外来引导数据的情况下,编目目标数量的增加主要取决于对 UCT 数据的处理。这是因为,对关联数据的处理只能实现对已编目目标轨道的更新和预报,而对新目标的编目只能通过 UCT 数据处理来实现。

UCT 数据处理的主要流程和方法如下:

(1) 需要确认这段数据是否完全没有可能与编目库中的任何一个目标关联。这里之所以还需要再次确认,是因为关联失败可能是由编目轨道的误差过大而引起的。当轨道误差过大时,将相应的预报结果与观测数据进行比对时就会超出正常的门限值,而这个门限值的选择通常是经验性的。此时,需要将这个关联门限值依据轨道和观测数据的误差进行适当放宽,然后根据这个新的门限值再次进行数据关联,若成功关联则通过微分修正的方法进行轨道确定,实现编目库的更新。

(2)当通过放宽门限值仍然无法实现关联,或者在关联之后无法实现精密定轨后,下一步需要做的就是对新目标的识别和编目。这一部分的关键在于从大量的未关联观测数据中找出属于同一个目标的观测弧段,然后利用这些数据进行精密定轨。一般情况下,当发现三段或者三段以上数据属于同一个目标并实现精密定轨之后,则可以认定已经完成对这个新目标的识别和编目。通常情况下,属于同一个目标的未关联数据在时间上是不会重叠的,因此,必须借助于空间目标的运动模型建立相应的动力学联系,才能够实现这些数据之间的关联。

(3)当获取未关联目标每段数据具有一定时长(通常不少于几分钟)的情况下,借助动力学联系可以得到每一段 UCT 数据所对应的初始轨道。利用空间目标轨道运动的规律,找出可能属于同一目标的初始轨道,这一步也可以称为轨道关联。在轨道关联成功后,则可以进一步利用这些初始轨道所对应的多段观测数据进行精密定轨,以实现对新目标的编目。初轨确定的轨道精度不是很高,因此这里会产生两个问题:在轨道关联中如何采用适当的方法和选取合理的门限值,在精密定轨中如何保证微分修正过程的收敛性。

(4)当每段观测数据的长度非常短时,要建立 UCT 数据之间的动力学联系,需要将任意两段数据进行组合计算初轨,以得到"备选轨道",通过这些备选轨道来建立数据间的动力学联系,从而实现轨道关联。当找出三段或者三段以上数据属于同一目标时,则进一步尝试精密定轨,进而完成对新目标的编目识别。其中,"备选轨道"的生成通常采用多圈 Lambert 定轨方法,并且考虑由摄动力产生的长期效应的影响。当然,由于需要生成任意两条数据对应的"备选轨道",这种方法的计算量会随着 UCT 数量的增加而迅速增加。需要说明的是,之所以采用组合计算初轨,是因为仅采用过短的观测弧段进行初轨计算,很可能会得到完全偏离真实轨道的结果,甚至定轨失败,从而无法进行轨道关联。

3.5.3 轨道预报

编目定轨和轨道预报是空间目标编目管理中非常重要的事情,这是因为定轨精度对目标观测、数据关联以及编目管理都具有很大的影响。

首先,目前的空间目标监视网中有很大一部分观测设备需要提前注入引导信息,才能实现对空间目标的有效跟踪探测。引导信息的主要来源是对空间目标的轨道预报。当预报误差较大时,空间目标的实际位置与预测位置之差很可能超出望远镜视场或者雷达的波束宽度,从而导致观测失败。

其次,对空间目标的观测数据进行关联时,关联门限值的选择是一个与轨道预报精度密切相关的量。关联门限值与数据关联成功率是一对矛盾体:当选取的门限值小于正常预报精度时会导致数据关联的成功率偏低;当选取的门限值过大时,又会导致更多的错误关联结果。因此,当轨道预报误差过大时,为了保证关联的成功率,必须选取一个与预报误差相当的关联门限值,但是这不可避免地会导致错误关联结果增多,所以无论如何选取关联门限值,都会使得数据关联成为空间目标编目管理中的一个关键点。当然,在轨道预报精度足够高的情况下,对关联门限值的选取将会容易得多。

轨道预报的精度主要取决于轨道预报模型的精度与初始轨道根数的精度,后者取决于精密定轨的精度,而精密定轨的精度主要决定于以下几个因素:

(1)卫星星历以及观测量计算的数学模型误差。
(2)空间目标观测弧长。
(3)观测数据随机误差的统计特性。
(4)计算过程中引入的舍入误差和截断误差。

在观测设备精度一定的情况下,精密定轨的精度主要由第(1)条决定,而第(1)条主要取决于空间目标星历计算模型的精度。一般情况下,精密定轨中的星历计算模型与轨道预报模型是相同的,因此,在观测设备精度一定的情况下,编目定轨和预报的精度主要取决于预报模型的精度。

轨道预报主要有解析和数值两类方法。解析方法是将轨道根数随时间的变化用解析函数来表示,根据初始时刻的轨道根数,用常数变易法求解微分方程,得到解析结果。解析方法的优点是解的形式可以明显表示根数随时间变化的规律,有助于了解各种摄动对根数的影响,而且计算效率高。其缺点是推导过程比较复杂,且高阶解难以推导出来,解的精确度比数值解要低。典型的解析方法有国内的拟平均根数法和美国空间监视网(SSN)所用的 SGP4/SDP4 模型等。

数值方法是轨道计算的经典方法,即采用数值积分算法对轨道力学模型进行积分解算。其优点是随着航天器测量、定轨精度的提升,轨道的摄动力模型在不断完善,数值解的精度在不断提高。其缺点是难以得到轨道根数随时间的变化规律,长时间预报需要逐步递进计算。常用的数值方法包括戈达德空间中心的 GEODYN 模型、STK 软件所用的高精度轨道预报器(High Precision Orbit Propagator,HPOP)模型等。

3.5.4 基本流程

空间目标编目的基本流程是指实现空间目标编目管理工作的程序与步骤,下面以美国空间目标编目流程为例,说明空间目标编目的基本流程。

(1)利用观测设备进行观测,获取空间目标的观测数据。其中的观测设备既包括精密跟踪类设备,又包括空间篱笆搜索类设备。

(2) 获取到的当前数据进行预关联处理。观测设备在获取观测数据后,在将观测数据分发给处理中心前,先进行新观测数据与编目数据库中的空间目标进行关联,目的是减少处理中心处理的空间目标数量,加快处理中心的确认过程。通常可以实现 90% 空间目标的正确关联,剩余部分空间目标的数据关联在处理中心完成。一般要求观测设备所处的观测站具有一定的数据处理能力,否则所有观测站的数据经过数据预处理后,都需要送到处理中心完成关联任务。

(3) 处理中心对观测设备的观测数据进行校核。当观测数据送到处理中心后,所有观测设备的关联结果都需进行验证。一般是将观测设备关联给出的轨道根数从数据库中取出,将空间目标预报到观测设备站址的观测时间,与观测数据进行比对即可。

(4) 更新空间目标编目库中的轨道根数。在实现对空间目标的正确关联后,利用得到的观测数据对空间目标的轨道根数进行更新。轨道更新是利用最近的轨道根数作为初值,采用最小二乘法等方法对空间目标的轨道根数进行修正。一般 98% 以上的轨道根数能够实现自动更新,大约 1.5% 的轨道根数需要进行人工处理。

(5) UCT 处理。UCT 表示没有与已知空间目标相关联的一组观测数据。对于 UCT 观测数据,首先需要与已编目的轨道根数或已存在的初轨相关联,关联成功后再利用 UCT 生成一组新的初轨。一般情况下,将没有关联成功的高轨目标的 UCT 数据保留 60 天,近地目标的数据保留 30 天,超过这个时间范围轨道预报精度将大大降低,基本失去了再次关联的可能。

综上所述,空间目标编目的基本原理就是数据关联,鉴于数据关联将在空间目标数据处理中进一步阐述,这里只进行了概念性说明。

下 篇
空间态势感知系统

第 4 章 空间态势感知系统的体系

"体系"概念的出现可以追溯到 1964 年,有关纽约市的《城市系统中的城市系统》中提到"Systems within Systems",以及后来的 System of Systems(SoS)、Super Systems、Federated Systems、Family of Systems(FoS)、System Mixture、Ultra-Scale Systems、Enterprise-Wide System 等词,都表达了在不同领域和背景下与"体系"相近的含义。其中,SoS 的含义最为接近,译为"系统的系统",即"体系"。由于人们对系统科学认识程度的不同,对"体系"的认识有若干不同的理解,典型的认识可分为两种。

第一种认为"体系"与"系统"的含义大致相当,主要应用于日常用语中。《辞海》对"体系"的释义为"若干有关事物互相联系互相制约而构成的一个整体",《现代汉语词典》(第7版)认为,"体系"是"若干有关事物或某些意识互相联系而构成的一个整体"或"完整而有组织的系统",而《现代汉语词典》(第7版)对"系统"的释义为"同类事物按一定的关系组成的整体",钱学森提出:系统是由相互作用和相互依赖的若干组成部分结合成的具有特定功能的有机整体。从几个定义可以看出,只要"有关事物""互相联系"或"互有联系"并且构成一个"整体",那么既可以称为"系统",也可以称为"体系"。

第二种认为"体系"是"系统的系统"或"众系之系",主要运用于系统科学的研究。现代一些学者、专家大多认为,"体系是由两个或两个以上已存在的、能够独立行动实现自己意图的系统组成或集成的具有整体功能的系统集合。一个体系可能由现存的多个系统组成,也可能由多个子体系组成"。体系具备运行的独立性、管理的自主性、地域的分布性、涌现(Emergence)性和演化(Evolution)性等典型特征。其中,涌现性是体系中各要素"1+1>2"的效果,演化性是系统的结构、状态、特性、行为、功能随着时间的推移而发生变化。因此,可以认为,"体系"作为由众多"系统"组成的"系统",或者称为大系统,与"系统"并无本质区别,同属系统科学的研究范畴,具备"系统"的基本特征。

在第 1 章所述的空间态势感知理论体系下,空间态势感知系统体系主要包括技术体系、装备体系与信息体系。

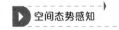

4.1 空间态势感知系统的技术体系

4.1.1 概述

"技术"一词应用广泛,"技术"的概念似乎已经明确,但要,对什么是技术给出一个确切的、公认的答案,又不那么容易。

什么是技术?技术概念的含义是什么?这不仅是技术理论研究应当探讨,而且直接影响技术工作实践的一个十分重要的概念。在人们的技术活动中必然体现着他们对于技术的理解,不同的技术观必然会影响技术研究、技术开发、技术引进等工作的进行,影响技术发展战略和技术政策的制定与执行。

技术究竟是什么呢?许多哲学家、经济学家、科学家、工程技术专家已经从不同角度给技术下过各种定义,这些定义有上百种。甚至有人说,在对技术作整体考察的人们中间,似乎根本没有完全相同的定义。这种状况恰好反映了技术是一个非常重要又极为复杂的概念,这反映了技术的概念是受到学术界各方面人士关注的。客体(技术)的复杂性和主体(研究技术的人)的多样性,决定了对技术概念难以统一认识,也推动人们的认识不断前进。

有一种观点认为技术存在于全部人类活动中,在社会生活的各个领域里都有技术在起作用,整个社会的政治、经济、文化均以技术为中介,而使其成为一个整体,主张凡是一切讲究方法的有效活动都可称为技术活动。技术总是通过一定的方式引起自然界的变化,并最终创造人工的物质产品。相对于上述关于技术的广义理解,把技术限定在人和自然界关系的范围内的技术定义,称为对技术的狭义理解。在对技术的狭义理解中,又由于其出发点不同,或者由于对于构成技术要素的不同理解,则又有不同的技术定义。以上观点概括起来可以分为4种情况:把技术理解为是人的一种能力;把技术理解为一种知识;把技术理解为一种实现目的的物质手段的体系或手段的总和;把技术理解为知识、能力、手段的总和。基于上述分析,有关文献认为:技术是按照人所需要的目的,运用人所掌握的知识和能力,借助人可能利用的手段使自然人工化的动态系统过程,并且是实现自然界人工化的手段。

参考上述关于技术的定义,定义空间态势感知技术为:空间态势感知技术是根据空间活动的需要,综合相关的知识和能力,借助可能利用的手段使空间目标、空间环境及其态势人工化的动态系统过程,是实现空间目标、空间环境及其态势人工化的手段。

4.1.2 空间态势感知系统技术体系架构

空间态势感知系统技术体系是指导空间态势感知技术研究、系统建设的技术实施指南,它确定了空间态势感知技术的体系结构及其基本组成。技术体系的构建有助于空间态势感知技术总体推进,易于把握技术研究的近期与长远、局部与整体等方面的关系;有助于空间态势感知系统的建设,有利于空间态势感知系统的总体论证与设计,便于确立系统先进与实用、效益与安全的关系。

空间态势感知系统的技术体系架构如图4-1所示。公共技术主要包括电子学、光子学、材料学、轨道动力学、姿态力学、空间环境、大地测量与航天器结构等目标特性,其中的航天器材料、工艺与结构及反演等技术,是研究空间目标无线电特性、光学特性的基础;信息获取技术主要包括空间目标的尺度信息、目标特性信息与信号特征信息等获取技术;信息处理技术主要包括空间目标信息处理技术与态势认知技术;认知技术主要包括目标认知技术、空间环境认知技术与空间态势认知技术,其中,目标认知技术主要包括空间目标的结构、尺寸与材质等静态特性认知技术,空间目标的行为、趋势与意图等的动态特性认知技术,某可见区域内的威胁、态势与趋势的态势认知技术,以及大数据+AI的空间态势感知认知技术等;信息管理技术主要包括任务规划技术、信息存储与描述技术及信息分发技术等,其中的描述技术主要是指目标、环境与态势的显示技术与人机交互技术等。

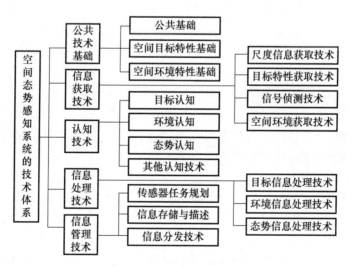

图4-1 空间态势感知系统的技术体系架构

4.2 空间态势感知系统的装备体系

4.2.1 概述

基于空间态势感知装备尚无明确、统一的概念,因此,借鉴常规装备相关的概念,给出空间态势感知装备定义为:空间态势感知装备是指用于实施和保障感知空间态势的信息获取装备、信息处理装备、态势认知装备、信息管理装备、空间态势描述装备及其模型软件,以及与其配套的技术保障装备与器材的统称。空间态势感知装备,也称为空间态势感知设备。

空间态势感知系统宏观上说主要包括空间目标、空间环境、空间目标监视装备、空间环境监测装备、空间监视中心、信息传输与分发网及存储显示设备等,微观上由空间目标与空间环境信息获取设备、空间目标信息与空间环境信息处理设备、空间态势生成及显示装备、空间态势感知信息管理设备,以及信息传输与分发设施等组成。

4.2.2 空间态势感知装备类型

空间态势感知装备有多种多样的分类方法,但主要包括以下几种。

1. 按照目标参数特性划分

1) 轨道测量设备

空间目标的轨道是其最基本的特征,轨道测量是特性测量和其他应用的基础。轨道测量设备的主要功能是对空间目标进行捕获跟踪,对其位置、速度等参数进行测量,为信息处理中心进行目标轨道确定提供测轨信息。轨道测量设备主要分为空域监视型设备和精密跟踪型设备两类,前者主要有分布式雷达、大型相控阵雷达、光电望远镜阵等,主要用于对空间目标的编目测量,一般具备多目标能力,可连续长时间工作;后者主要有机械跟踪式雷达、光电望远镜等,一般对单目标或有限数量目标进行精密跟踪,此类设备对测量精度要求较高。轨道测量设备也称为尺度信息测量设备。

2) 特性测量设备

空间目标的特性包括目标的类型、功能、载荷、状态等,用以支持对航天器的任务、威胁等做出评估分析。特性测量设备的主要功能是获取空间目标的电磁特性、光学特性、无线电信号特性等,为分析确定目标的尺寸、外形、姿态、功能等特征提供测量信息。可用于特性测量的设备主要有高分辨率成像光电望远镜、光度计、红外辐射特性测量设备、窄带雷达、宽带成像雷达、无线电侦测设备等。从获取的数据类型而言,目前主要可获取雷达窄带 RCS、光度、光学图像、宽带雷达图像、无线电信号等特性数据。

2. 按照空间态势感知装备功能划分

1）信息获取装备

（1）按照任务划分。按照空间态势感知的任务，空间目标信息获取装备通常分为三类：以人造卫星为目标对象的空间目标监视系统；以弹道导弹与航天飞行器为目标对象的弹道导弹预警系统；以弹道导弹防御为主要研制试验对象的弹道导弹靶场测量系统。

（2）按照传感器类型划分。按照传感器类型，通常划分为光学和无线电两大类，包括干涉雷达（电子篱笆）、机械跟踪式雷达、相控阵雷达、光电及其他设备等。光学传感器又包括主动光学传感器与被动光学传感器；无线电传感器划分为雷达与无线电信号侦测装备两类。其中，雷达又可以划分为有源与无源、单站与多站、单目标与多目标、机扫与电扫等多种。其中，雷达和光学探测设备具有很强的互补性：雷达具有全天候、全天时的优点，但由于功耗原因，只局限于探测近地目标；光学探测器由于具有高灵敏度和大视场特性，可用来搜索跟踪中的高轨目标。

（3）按照空间目标信号来源划分。按照空间目标信号来源，可以划分为反射信号、辐射信号与发射信号三种：①反射信号。空间目标的反射信号包括反射太阳辐射能量形成的电磁信号——频段范围从红外波段到紫外波段，以及反射地面主动雷达和激光探测设备所发射的电磁波信号，频段主要在无线电和可见光频段。前者以光学系统为主，后者以雷达装备为主。②辐射信号。空间目标辐射电磁波主要在红外谱段，卫星的红外辐射主要是星体的电子系统工作时所产生的热能形成的，地面系统探测这一部分辐射频谱除探测意义上的作用外，还有两个特殊的用途，即延长目标光学可见期和判断卫星的工作状态。③发射信号。空间目标（不包括失效载荷等空间垃圾）的发射信号主要是上下行遥测遥控信号、所获取信息下传信号与通信信号等。这些信号主要集中在特定的频率"窗口"（P，L，S，C 和 X 等）。

2）环境监测装备

环境监测装备主要应用于空间环境信息获取，包括高能带电粒子探测器、高能带电粒子效应探测器、低能带电粒子探测器、低能带电粒子效应探测器、大气中性粒子探测器、电磁辐射探测器、磁场探测仪、碎片探测器和微小碎片探测器、原子氧探测器等。

3）信息处理装备

信息处理装备主要包括目标信息处理、环境信息处理与态势认知装备（分系统或子系统）等。

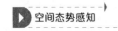

众所周知,信息处理是将素材形成更准确、更完备、更有价值的综合情报,信息处理装备就是以各自的方式获取的信息,经接收、变换、分析、处理,提炼形成有价值的数据和信息,成为生成情报的基础素材。空间环境监测信息处理主要完成空间环境状态监测与预报,以及空间环境效应的分析等。

4) 信息管理装备

信息管理装备主要包括任务规划系统、中间过程信息管理装备(数据库)与信息分发装备等。

按照信息获取——信息处理——态势认知——产品生成的空间态势感知流程,贯穿其全过程的信息管理活动就是信息管理。信息管理涉及三个环节:一是空间目标信息获取的管理,即空间态势感知信息获取装备的任务规划;二是空间目标信息处理与态势认知过程中的信息管理,即该过程产生的数据、图表、文件等管理;三是信息产品生成与应用过程中的信息管理,确保用户按需按权在正确的时间、正确的地点,接收到正确的信息。

5) 信息描述与态势显示装备

信息描述与态势显示装备主要包括数据图表、情报库与空间通用态势图。事实上,空间态势表达本质上也属于空间态势感知的信息处理范畴,但考虑其在指挥控制中的特殊作用,将其单独罗列出来纳入态势生成与描述中。

3. 按照装备隶属关系划分

按性质和隶属关系的不同,可以分为三大类。第一类专门用于空间监视的探测器,称为"专用空间探测器"(Dedicated),主要用于空间目标监视,如"地基光电深空空间监视系统"(GEODSS)等光电探测器、"电子篱笆"系统(AN/FPS-133)、空间篱笆系统(AN/FSY-3)和AN/FPS-85相控阵雷达;第二类称为兼用装备(Collateral),主要目的不是空间目标监视,空间目标监视作为第二个目的,但可以用来担负空间监视任务的探测器,如弹道导弹预警雷达和情报搜集雷达等,称为"兼用空间探测器";第三类可用装备(Contributing),不属于空间监视网拥有的设备,但可以根据协议等监视空间目标,属于民用和科研机构,主要任务不是空间监视,但有可以用于空间监视的探测器,在其不执行主要任务时,能用来提供空间监视数据,如靶场雷达和用于科学研究的光电探测器等,称为"可用空间探测器"。

4. 按照平台位置划分

按照平台位置,可以分为天基装备与地基装备两种。其中,天基装备可以划分为专用、本体搭载与伴随搭载,也可以划分为天基雷达、天基光学与自感知装备。地基装备又可以划分为陆基装备与海基装备。

4.2.3 空间态势感知系统装备体系架构

空间态势感知系统装备体系既包括空间态势感知装备理论,也包括空间态势感知装备。

空间态势感知装备理论包括发展理论和管理理论。其中,发展理论主要包括:定义、属性、特点、地位和作用,发展的历史和基本规律,以及装备发展的制约因素和基本依据、总体结构和体制系列的构成等。管理理论主要包括:管理的原则和方法,管理体制和管理法规、制度,装备的论证、研制、试验与定型、生产、采购和维修,以及装备的使用与管理等。其架构如图4-2所示。

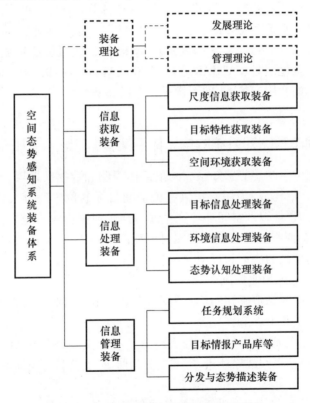

图4-2 空间态势感知系统装备体系架构

综合上述空间态势感知装备的概念与理论,定义空间态势感知装备体系的概念为:是指导空间态势感知装备发展、管理理论研究的基本依据,是空间态势感知装备建设的指南,它确定了空间态势感知装备的体系结构及其基本组成,是空间态势感知装备理论与装备的总和。

4.3 空间态势感知系统的信息体系

4.3.1 概述

空间态势感知的信息产品生成可以概括为:将获取的空间目标、空间环境等底层信息,经过空间目标与空间环境信息处理,在特定空间环境背景下,通过对空间目标的相对位置、身份属性、能力状态与国际国内政治经济形势等的智能化处理,获得的空间目标个体及其个体与群体、局部与全局的关系,满足不同层次的人们空间活动所需要的文档、图表、图形与图像等描述形式的产品。

空间态势感知的信息产品主要分为两大类:一是文档、图表类的产品,主要包括综合统计表、陨落预报、双精度定位与速度矢量、星历表生成、历史数据系统、预测规避、卫星编目、SATRAK 程序、状态矢量、双行根数以及其他数据产品;二是实时表达的通用态势图,即图像类。空间态势感知产品应用于支持人类的空间活动。

4.3.2 空间态势感知系统的信息体系架构

美国构建的空间态势感知系统的信息由观测和数据获取层、数据集成与开发层、用户操作层构成,为用户提供有关空间目标的位置、特性、正在执行的任务、可能发生的事件以及空间环境产生或将产生何种影响等全方位态势感知信息,确保用户全面掌握并深刻理解瞬息万变的空间态势,支持战略、战术以及卫星运管等不同层面的决策和行动。

1. 空间态势感知业务流程

为了说明空间态势感知的信息流程,先来介绍美国业务流程。美国业务流程主要包括以下 4 个环节:

(1)空间态势感知用户提出任务需求。根据空间态势感知任务领域的划分,主要任务包括空间战略威慑、空间安全与防御、支持日常空间活动、应对突发空间事件等。

(2)任务规划与信息支持系统在接受任务后,首先将任务进行解译,确定任务类型和优先级,并据此进行任务分配和任务发布。这一过程需要将用户(非专业人员,如战场指挥员,决策高层)提出的任务转换为执行系统可执行的专业解释,需要由专业人员负责实施。

(3)在确定任务类型后,将任务下达给空间目标监视系统与空间环境监测系统。若当前任务是目标监视任务,则分配给空间目标监视系统,其功能包括搜索发现、特性获取、编目管理、认知识别等;若当前任务是对空间环境的监测,则分配给空间环境监测系统,其功能包括环境监测、环境预报和环境效应分析等。

(4)空间目标监视系统与空间环境监测系统执行完相应任务后,将执行结果上报任务规划与信息支持系统,其中的信息支持系统将获取的信息进行综合,并解译成非专业语言反馈给空间态势感知用户。如图4-3所示。

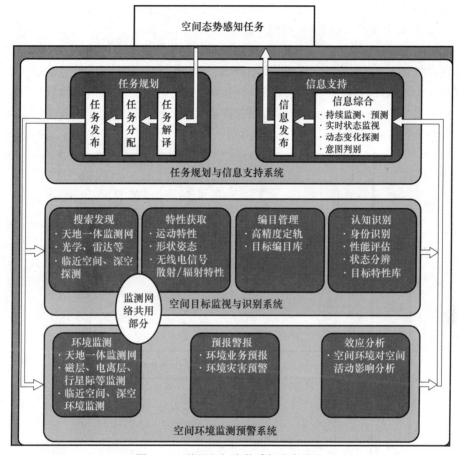

图4-3 美国空间态势感知业务流程

2. 空间态势感知信息流程

按照业务流程,以美国空间态势感知的信息流程为例,可以划分为三个层次。

1)观测和数据获取层

该层负责获取空间情报、空间目标监视、空间侦察、空间环境监测、友邻空间力量状态等空间态势感知数据信息。

2)数据集成与开发层

该层负责空间态势感知数据的综合集成和开发利用。构建以网络中心为基础的体系,实现天基、地基等多种数据源的集成和分发,定义具体操作和作战支持的概念与流程,为美军战略司令部及其他空间能力用户快速决策提供信息服务。

3)用户操作层

该层负责空间态势感知数据的使用。例如,美军太空司令部等用户部门根据空间目标编目、目标识别、环境监测等态势感知数据,对空间态势中的情况及时做出决策部署,控制有关行动,确保美军在作战中保持空间优势。

3. 本书定义的空间态势感知信息流程

空间态势感知研究的范围包括空间目标、空间环境、空间情报信息,相应的装备及处理方法,以及信息应用等多个方面。因此,本书将空间态势感知信息流程划分为数据层、特征层、认知层与应用层,即从原始数据获取——目标特征生成——目标个体认知——全局与局部态势认知的信息流程。由此构成的信息体系架构如图4-4所示。

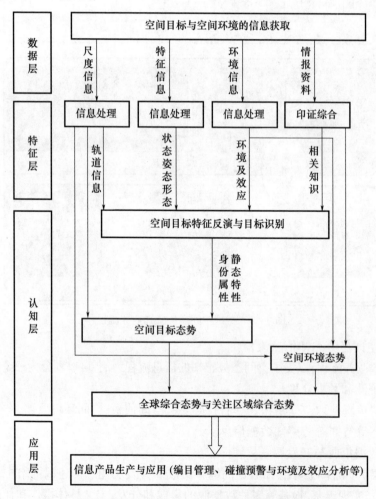

图4-4 空间态势感知信息体系架构

1) 数据层

数据层主要是指探测装备获取的空间目标与空间环境的原始信息。例如，空间目标的尺度信息、多散射中心、极化特性等，这些数据是所有感知活动的基础，是信息处理加工的基本材料。但数据层提供的信息通常并不能直接使用。

2) 特征层

特征层是指在获取空间目标或空间环境数据的基础上，经过处理所获得的空间目标或空间环境的特征。它高于数据层，又低于识别层，处在数据层与认知层之间。特征层从目标认知中分离，对于人们准确认识目标识别具有十分重要的意义。在诸多文献中，通常把目标特征提取称为目标识别，实际上是一个不准确的概念。因为在目标身份属性、能力状态等完全未知的情况下，仅依靠几种特征是难以识别的，而应该是多种特征的综合，甚至还需要人工情报的辅助，才能够真正实现目标识别。

3) 认知层

认知层分为两层含义：一是目标识别，是对个体目标静态的认知；二是态势认知，是对多目标之间的意图、行为动态认知，如态势评估（Situation Assessment，SA）与威胁估计等。

识别技术是通过感知技术所感知到的目标外在特征信息（几何、物理、化学等），证实和判断目标本质特性的技术。目标识别是对发现的目标进行身份属性的分析判断，以区分目标的真伪，分清目标的敌、我属性，查清目标的型号、数量、能力，并判明其能力等。这种要求仅靠一种传感器是不够的，还必须依据多方面的信息综合才能完成。

态势评估是对战场上战斗力量分配情况的评价过程。它通过综合各方空间力量及空间环境等因素，将所观测到的力量分布与活动和周围环境、对方意图及机动性能有机地联系起来，分析并确定事件发生的深层原因，得到关于对方力量结构、使用特点的估计，最终形成综合态势图。态势评估建立了关于空间活动、事件、机动和位置以及空间力量要素组织形式的视图，并由此估计出发生的和正在发生的事情。态势评估不仅可以识别观测到的空间事件和行为的可能态势，给出一个具有实际意义的评估形式，而且还能对对方的伪装、隐蔽和欺骗在内的破坏手段，帮助决策者做出正确的判断。

威胁估计的任务是在态势评估的基础上，综合对方破坏能力、机动能力、运动模式及行为企图的先验知识，得到对方空间力量的战术含义，估计出空间事件出现的程度或严重性，并对意图做出指示与告警。因而，态势评估与威胁估计在空间活动中起着非常重要的作用。

4) 应用层

应用层基本上对应美国的用户操作层。根据不同的用户需要，广泛应用于航天发射、碰撞预警、陨落预报，以及失效卫星的抢救等工作。

第 5 章 雷达探测系统

雷达,即英文 Radar 的音译——Radio Detection and Ranging 的缩写,原意是"无线电检测和测距",亦即用无线电方法发现目标并测定目标的空间位置。雷达可以在夜暗、浓雾、雨雪天气时工作,全天候能力是其最重要属性之一。雷达作为集中现代电子科学技术先进成果的高科技系统,经过近百年的发展,已广泛应用于国防和经济建设领域。

从测量目标参数的观点可以将雷达分为两大类:第一类称为尺度测量(Metric Measurement)雷达,主要是测量目标的三维位置坐标、速度与加速度等参数,其单位分别是 m、m/s 与 m/s^2,均与尺度有关;第二类称为特征测量(Signature Measurement)雷达,主要测量雷达散射截面及其统计特征参数、角闪烁及其统计特征参数、极化散射矩阵、散射中心分布以及极点等参量,从而推出目标形状、体积、姿态、表面材料的电磁参数与表面粗糙度等物理量。从原理上看,两类测量可以在同一部雷达上实现,但由于对接收系统线性动态范围、变极化、幅度与相位标定精度等要求的不同,对一部具体雷达而言,通常会在某方面有所侧重。

概言之,随着雷达技术的发展,雷达不仅能够测量目标的距离、方位和俯仰角,而且能够测量目标的速度,以及目标的形态等特性信息。因此,现代雷达既是"望远镜",又是"显微镜",在空间态势感知中具有十分重要的作用。

5.1 概 述

雷达作为一种在军民多个领域都得到广泛应用的探测设备,其探测原理的发现是在 20 世纪初期。

1864 年,麦克斯韦(Maxwell)提出了电磁场理论,并预见到电磁波的存在。赫兹(Hertz)于 1896 年证明了"电磁波"存在的正确性。1903 年,德国人威尔斯梅耶(Wilsmeyer)探测到了从船上反射回来的电磁波,由此申请了一项采用电磁波定向原理的防撞设备专利。1922 年,马可尼(Marconi)在无线电工程师学会发表演说,提出了用短波无线电来探测物体的构想。同年,美国海军实验室(NRL)的 A. H. 泰勒和 L. C. 杨采用波长为 5m 的连续波试验装置探测到一只木船。1924 年,英国的爱德华·阿普尔顿(Edward Appleton)与巴克特(Bukater)为了探测大气层的高度而设计了一种阴极射线管,并附有屏幕。1925 年,美国霍普金斯大学的伯瑞特(Brett)和杜威(Dewey)第一次在阴极射线管的荧光屏上观测到了从电离层反射回来的短波窄脉冲回波,即早期的显示器。至此,已经形成了雷达完整体系结构。当然,也有的文献记载 1897 年俄国学者波波夫(Popov)在波罗的海的两艘军舰之间进行无线电通信试验,当另外一艘巡洋舰从中间通过时通信就中断了,由此波波夫认为可以利用目标反射电磁波的原理来测定目标位置。

从雷达本身来说,分类方法是多种多样的。按用途可分为警戒雷达、火控雷达、制导雷达和成像雷达等;按工作波长可分为米波、分米波、厘米波、毫米波以及激光雷达;按所用体制或特种技术可分为单脉冲雷达、脉冲多普勒雷达、相控阵雷达、合成孔径雷达、双/多基地雷达、天/地波超视距雷达;按所用信号形式可分为脉冲雷达和连续波雷达;按装载平台可分为陆基雷达、车载雷达、舰载雷达、机载雷达、球载雷达与星载雷达;按照探测目标的数量可分为单目标雷达与多目标雷达。

从空间目标测量与监视功能和雷达目标测量元素的角度考虑,根据目标物理位置分布和特性,结合雷达平台进行划分,主要为:

(1)按装载平台:主要包括陆基雷达、海基雷达与天基雷达。

(2)按测量元素:主要包括轨道测量雷达、目标特性测量雷达与交会对接雷达。

(3)按信号形式:分为脉冲雷达和连续波雷达。

(4)按信号相对带宽:包括窄带雷达与宽带雷达。

(5)按雷达体制:包括单脉冲雷达、多基地雷达、相控阵雷达与逆合成孔径雷达。

(6)按天线扫描方式:包括机械扫描雷达、相控阵雷达与波束驻留雷达。

(7)按信号处理方式:包括分集雷达(频率分集、极化分集等)、相参或非相参积累雷达、多普勒雷达与逆合成孔径雷达等。

(8)按任务功能:包括专用雷达、兼用雷达与可用雷达。

(9)按目标数量:包括单目标雷达、多目标雷达与群目标雷达。其中,群目标雷达是作者首次提出的新概念雷达,是继单目标雷达、多目标雷达之后的第三代雷达系统,已经申请国家发明专利。

5.2 相控阵雷达系统

相控阵雷达是一种电子扫描雷达。用电子方法实现天线波束指向在空间的转动或扫描的天线称为电子扫描天线或电子扫描阵列(ESA)天线。电子扫描天线按实现天线波束扫描的方法分为相位扫描(简称相扫)天线和频率扫描(简称

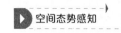

频扫)天线,两者均可归入相控阵天线(PAA)的概念。

相控阵天线由多个在平面或任意曲面上按一定规律布置的天线单元(辐射单元)和信号功率分配/相加网络所组成。天线单元分布在平面上的称为平面相控阵天线;分布在曲面上的称为曲面阵天线,如果该曲面与雷达安装平台的外形一致,则称为共形相控阵天线。每个天线上都设置一个移相器,用以改变天线单元之间信号的相位关系;天线单元之间信号幅度的变化则通过不等功率分配/相加网络或衰减器来实现。当然,各单元通道之间信号的幅度和相位还有其他的实现方法。在波束控制计算机控制下,改变天线单元之间的相位和幅度关系,可获得与要求的天线方向图相对应的天线口径照射函数,快速改变天线波束的指向和天线波束的形状。基于此,相较于传统机械扫描雷达,相控阵雷达具有以下诸多优点。

5.2.1 相控阵雷达系统特点

相控阵技术是指有关相控阵雷达有关理论分析、实现方法和控制使用的技术。相控阵技术作为现代雷达技术中的一个重要领域,在解决雷达面临的新问题方面有其独特的作用,相控阵技术的发展不仅应用于雷达,还正快速地应用于通信、导航、电子战及其一体化等领域。

主持、领导过"丹麦眼镜蛇"相控阵雷达、"铺路爪"相控阵雷达、"朱迪眼镜蛇"相控阵雷达、"BMEWS"雷达系统、"THAAD"雷达系统等著名雷达系统的Dennis J. Picard先生说:相控阵永远不会过时,相控阵创造了奇迹!Bert Fowler也说:有一种老式雷达永远都不会消逝,那就是相控阵雷达。

1. 相控阵天线主要技术特点

相控阵天线的技术特点是相控阵雷达获得广泛应用的重要原因。充分发挥相控阵天线的特点及其应用潜力是提升相控阵雷达性能的关键所在。相控阵雷达系统设计的关键之一就是如何充分利用这些技术特点解决雷达面临的新要求。从前述相控阵天线原理不难看出以下一些相控阵天线的技术特点。它们对相控阵雷达系统设计的影响较大。

1) 天线波束扫描速度快

天线波束快速扫描能力是相控阵天线的主要技术特点。克服机械扫描(简称机扫)天线波束指向转换的惯性及由此带来的对雷达性能的限制,是最初研制相控阵天线的主要原因。这一特点来自阵列天线中各天线单元通道内信号传输相位的快速变化能力。对采用移相器的相控阵天线,天线波束指向的快速变换能力或快速扫描能力,在硬件上取决于开关器件及其控制信号的计算、传输与转换时间。这一特点也是相控阵雷达应运而生、高速发展的基本原因。采用半导体开关二极管的数字式移相器的开关转换时间是纳秒量级,铁氧体移相器的转换时间为微秒量级;目前正在开发并具有良好应用前景的用微机电系统(MEMS)实现的移相器与实时延迟线,开关时间也在微秒量级。合理确定不同用途的相控阵雷达天线波束的转换时间,是相控阵雷达系统设计中的一个重要内容,其主要影响之一是相控阵雷达的研制成本。

2) 天线波束形状捷变

天线波束形状捷变能力是指相控阵天线波束形状的快速变化能力。描述天线波束形状的主要指标除了天线波束宽度(如半功率点宽度)、天线副瓣电平、用于单脉冲测角的差波束零值深度等,还有天线波束零点位置、零值深度、零值宽度、天线波束形状的非对称性、天线波束副瓣在主平面与非主平面的分布、天线背瓣电平等。提高雷达抗干扰能力及对波束形状捷变要求与合理使用和分配雷达信号能量等要求有关。相控阵雷达根据工作环境、电磁环境变化而自适应地改变工作状态大都与波束形状的捷变能力有关。

由于天线方向图函数是天线口径照射函数的傅里叶变换,因此在采用阵列天线之后,通过改变阵列中各单元通道内的信号幅度与相位,即可改变天线方向图函数或天线波束形状。各单元通道信号幅度的调节,在采用射频(RF)功率分配或功率相加网络时,较难实现;这时,采用"唯相位"(Phase-only)的方法,即通过采用相位加权的方法也可实现波束形状的捷变。天线波束形状的捷变能力使相控阵天线可快速实现波束赋形,具有快速自适应空间滤波的能力。

3) 空间功率合成的能力

相控阵天线的另一个重要技术特点是相控阵天线的空间功率合成能力,它提供了获得远程雷达及探测低可探测目标要求的大功率雷达发射信号的可能性。

采用阵列天线之后,可在每一单元通道或每一个子天线阵上设置一个发射信号功率放大器,依靠移相器的相位变化使发射天线波束定向发射,即将各单元通道或各子阵通道中的发射信号聚焦于某一空间方向。这一特点为相控阵雷达的系统设计特别是发射系统设计带来了极大的方便,也增加了雷达工作的灵活性。

4) 雷达天线与平台可以共形的能力

相控阵雷达天线从一开始就以平面相控阵天线为主,其原因除了初期雷达天线是平面阵列天线,另一原因是在平面阵列上按等间距方式安排天线单元可简化相控阵天线波束控制系统,易于实现天线波束的相位控制扫描。

为实现半球空域覆盖及扩展天线波束扫描范围,以及由于减少相控阵天线对雷达平台的空气动力学性能的影响等原因,将相控阵天线设计成与雷达平台共形,成了当今相控阵天线与相控阵雷达的一个重要发展方向。

阵列天线将整个天线分为许多个天线单元,使其与雷达平台表面共形,用以减少或消除雷达天线对雷达平台空气动力学性能的影响,或者为了获得其他的好处,这是相控阵天线的一个重要技术特点。实现这一特点的前提是要在阵列天线的各个单元通道中引入幅度、相位调节器(VAP),必要时还要引入实时延迟线,并适当增加天线波束控制系统的复杂性,而这对采用包含 T/R 组件的有源相控阵天线来说,是完全现实的。采用先进信号处理的有源共形相控阵天线有时称为"灵巧蒙皮"(Smartskin),在雷达和通信领域有着广阔的应用前景。

5) 多波束形成的能力

采用相控阵天线之后,依靠相应转换波束控制信号可以很方便地在一个重复周期内形成多个指向不同的发射波束和接收波束。

如果采用 Butler 矩阵多波束,则所形成的多个波束可共享天线阵面而无损耗,即具有整个阵面尺寸提供的天线增益;如果要形成任意相互覆盖和不同形状的接收多波束,则可以在每个单元通道靠近天线单元处设置低噪声放大器(LNA)各通道内的接收信号经过放大之后再分别送多波束形成网络,在其输出端获得各接收波束的输出信号;由于信号预先经过了低噪声放大,只要其增益足够,则后面多波束形成网络的损耗对整个接收系统灵敏度的影响便可大为降低,甚至忽略不计。

相控阵天线的多波束形成能力这一技术特点,为相控阵雷达性能的提高带来许多新的潜力。例如,可以提高雷达波束覆盖范围及雷达搜索与跟踪数据率;便于实现雷达发射与接收站分置;易于实现双/多基地雷达和雷达组网;有利于采用宽发射波束照射和多个高增益接收波束接收的天线方案;在通信系统中有利于实现多个点状波束(Spot Beam)之间的交换与多个运动平台之间的通信,即"动中通"。

6) 相控阵天线具备分散布置的能力

将相控阵列天线的概念加以引申,一部相控阵雷达由多部分散布置的子相控阵雷达构成,在各子相控阵雷达天线之间采用相应的时间、相位和幅度补偿,依靠先进信号处理方法,从而改善或获得一些新的雷达性能,如提高实孔径角分辨率和测角精度,获得更高的抗毁与抗干扰能力,实现多视角观察目标,提取更完整的目标特征信息等。分布式相控阵雷达系统是今后相控阵雷达发展中的一个重要方向。

2. 相控阵雷达应用特点

与采用机械扫描的雷达相比,相控阵天线给相控雷达的工作方式带来一些显著的特点。充分了解和利用这些特点,是相控阵雷达系统设计中的一个重要内容。

1) 多目标搜索、多目标跟踪与多功能

相控阵雷达具有的多种雷达功能,是基于相控阵天线波束快速扫描的技术特点。利用波束快速扫描能力,合理安排雷达搜索工作方式与跟踪方式之间的时间交替及其信号能量的分配与转换,可以合理解决搜索、目标确认、跟踪起始、目标跟踪、跟踪丢失等不同工作状态遇到的特殊问题;可以在维持对多目标跟踪的前提下,继续维持对一定空域的搜索能力;可以有效地解决对多批、高速、高机动目标的跟踪问题;能按照雷达工作环境的变化,自适应调整工作方式,按目标 RCS 大小、目标所在远近及目标重要性或目标威胁程度等改变雷达工作方式并进行雷达信号的能量分配。相控阵雷达能够实现的主要功能有以下 4 种。

(1)跟踪加搜索(TAS)功能。跟踪加搜索功能主要是指利用时间分割原理以不同数据率同时完成搜索与跟踪的功能。相控阵雷达在搜索过程中发现目标之后,一方面要对该目标进行跟踪,另一方面还要继续对搜索空域进行搜索,两者是按不同数据率,即不同的搜索数据率与跟踪数据率进行的。一般情况下,跟踪数据率高于搜索数据率。

(2)边搜索边跟踪(TWS)功能。在 20 世纪 60 年代至 70 年代研制相控阵雷达初期,在有关相控阵雷达工作方式的讨论中,"边扫描边跟踪"或"边搜索边跟踪"(TWS)的含义包含了上面提到的"跟踪加搜索"(TAS)功能。而目前有些文献将"边搜索边跟踪"(TWS)工作方式看作在搜索过程中,当天线波束扫描通过被跟踪目标方向时,对其进行跟踪,因而跟踪数据率与搜索数据率相同。这种方式在机械扫描的雷达中得到普遍应用,如在机械扫描的机载火控雷达中,要对已发现目标进行跟踪时即采用这种"边搜索边跟踪"方式,因天线波束不能进行高速相控扫描,故雷达的搜索数据率与跟踪数据率只能是一样的。

(3)分区搜索功能。将搜索空域按预警的重要性、目标可能出现在该空域的概率、雷达探测威力等分为多个不同的搜索区,如水平搜索区域、近距离搜索区域等;不同空域搜索区具有不同的搜索数据率、不同的雷达信号能量和检测门限等。

(4)集中能量工作方式。集中能量工作方式又称"烧穿"(Burntout)工作方式,即在搜索时对重点方向或重点区域通过增加雷达天线波束驻留时间,提高在该方向或该区域的雷达探测能力;亦即在该区域可以检测 RCS 较小的目标;在跟踪时可提高对重点方向目标跟踪的信号噪声比,相应地提高对该方向目标的跟踪精度。

当然,相控阵雷达多目标、多功能工作能力并非无限制的,它受到的限制包括雷达时间资源的限制和雷达辐射信号总能量的限制,后者是主要的限制因素。除此之外,相控阵雷达多目标跟踪能力还受雷达控制计算机、雷达信号处理机及数据处理计算机处理能力的限制。影响相控阵雷达多目标及多功能工作能力发挥的另一因素是实现各种工作方式,包括自适应工作方式的算法。

2) 搜索与跟踪数据率可控

数据率是反映雷达系统性能的一个非常重要的指标,它体现了相控阵雷达一些重要指标之间的相互关系。相控阵雷达的搜索数据率是指相邻两次搜索完给定空域的时间间隔的倒数。若搜索完给定空域的时间为 T_s,在有目标需要跟踪的条件下,则必须在搜索过程中插入跟踪时间,故搜索完同一空域的时间间隔 T_{sg} 应大于 T_s。T_{sg} 越大意味着搜索数据率越低。跟踪数据率是跟踪同一目标的间隔时间的倒数,跟踪间隔时间越长,跟踪数据率越低。

搜索数据率与跟踪数据率亦即分别对同一空域和同一目标的搜索采样率与跟踪采样率,有时又分别称为搜索与跟踪工作方式时的数据更新率。雷达搜索状态和跟踪状态对数据率有不同要求。合理分配搜索状态与跟踪状态之间的数据率指标,合理分配对于不同跟踪状态目标之间的数据率,是合理使用相控阵雷达信号能量的一个关键。雷达数据率这一指标与其他雷达系统参数有密切关系,影响提高雷达数据率的技术指标也很多,因此,应按雷达工作状态的变化,按跟踪目标数量与雷达测量参数项目的变化及雷达工作环境的变化,动态地改变对雷达数据率的要求。

相控阵雷达搜索与跟踪数据率的变化依靠的是相控阵天线波束快速扫描这一特性,因此除受限于雷达辐射信号总能量以外,硬件上,在很大程度上还取决于相控阵波束控制系统的响应时间与天线波束的转换时间。

3) 空间自适应滤波与空时自适应处理

相控阵天线波束形状的捷变能力,是实现自适应空间滤波及空时自适应处理(STAP)的技术基础。相控阵接收天线的信号处理属于多通道信号处理,合理利用每个单元通道之间接收信号的时间差与相位差信息,是对阵列外多辐射源来波方向(DoA)定位(又称多辐射源定向)的基础。对阵列外的干扰辐射源定向,是通过调整天线阵面口径分布将相控阵接收天线波束凹口位置移动至干扰源方向的一个重要条件。

数字波束形成(DBF)技术的采用,为各种复杂天线波束形状的形成提供了条件,使天线理论与信号处理相结合,加上各种先进信号处理方法的应用,使相控阵雷达技术获得了新的应用潜力。

4) 功率孔径积可变

探测低可观测目标、探测外空目标,均要求雷达具有大的发射功率与接收天线面积的乘积。相控阵天线是实现大功率孔径乘积的基础。天线波束相控扫描的实现,使机械扫描雷达可以去除天线的伺服驱动系统,同时也去除为加大雷达天线口径所受到的多种限制,因而,从原则上讲,相控阵雷达天线可以做得足够大。例如,美国用于空间目标监视的 AN/FPS-85 相控阵雷达的发射天线口径为 29.6m 的正方形阵面,接收天线为直径 60m 圆孔径天线;苏联用于外空目标监视的多种相控阵雷达中,有的相控阵接收天线面积达到了 100m × 100m = 10000m²。天线口径阵面可灵活加大的能力,加上相控阵雷达空间功率合成能力,使相控阵雷达的功率孔径乘积($P_{av}A_r$)和有效功率孔径乘积($P_{av}G_tA_r$)可做得很大,这在很大程度上缓解了对探测低可观测目标的雷达和超远程相控阵雷达发射机平均功率特别高的要求。

理解了相控阵雷达的特点,作者由衷地感叹:永远的相控阵。相控阵技术也是未来群目标雷达研发的基础。

5.2.2 相控阵雷达的搜索与跟踪技术

相控阵雷达探测空间目标主要通过搜索和跟踪方式,实现空间目标的信息获取。搜索工作方式根据任务要求有多种可选,以建立各种不同工作方式的搜索空域,如全空域搜索、局部空域矩形景幅搜索、圆形景幅搜索、低仰角方位屏搜索、交接引导搜索与多波束搜索等。跟踪工作方式一般分为窄带跟踪模式、中等带宽跟踪模式和宽带跟踪模式。窄带跟踪模式用于目标的跟踪,中等带宽跟踪模式用于目标分类,宽带跟踪模式用于成像识别。

鉴于搜索与跟踪在相控阵雷达时间资源、能量资源调度策略中的特殊地位作用,下面首先给出相控阵雷达搜索与跟踪计算公式推导,以便于深入理解相控阵雷达系统。

1. 相控阵雷达的搜索与跟踪方程

雷达作用距离有多种表示方法,但通常归结为搜索距离与跟踪距离两种。

1) 搜索距离方程

$$R_s^4 = \frac{(P_{av}A_r)\sigma}{4\pi L_s kT_e(E/N_0)} \cdot \frac{T_s}{\Omega} \quad (5-1)$$

式中,Ω, T_s 分别为搜索立体空域角与搜索完成该空域所需要的总时间。

$$\Omega = \phi\theta \quad (5-2)$$

式中,ϕ, θ 分别为方位角与俯仰角的观测空域。

$$t_s = K_\varphi K_\theta (n_s T_r) \quad (5-3)$$

式中,K_φ, K_θ 分别为搜索完 ϕ, θ 空域所需要的波束位置数目;$(n_s T_r)$ 为在每一波束位置上的驻留时间,其中 n_s 为在每一波束位置的平均重复周期数目。K_φ, K_θ 与天线波束半功率点宽度 $\Delta\varphi_{1/2}, \Delta\theta_{1/2}$ 关系近似为 $K_\varphi = \phi/\Delta\varphi_{1/2}, K_\theta = \theta/\Delta\theta_{1/2}$,因此,搜索方程变为

$$R_s^4 = \frac{(P_{av}A_r)\sigma}{4\pi L_s kT_e(E/N_0)} \cdot \frac{n_s \cdot T_r}{\Delta\varphi_{1/2} \cdot \Delta\theta_{1/2}} \quad (5-4)$$

式(5-1)又可以表示为

$$R_s^4 = \frac{(P_{av}G_tA_r)\sigma}{(4\pi)^2 L_s kT_e (E/N_0)} \cdot (n_s T_r) \quad (5-5)$$

若按 n_s 个脉冲串回波进行信号检测所需的信噪比为 (S/N),则检测所需的信号噪声能量比 (E/N_0) 也可用信噪比 (S/N) 来表示:

$$(E/N_0) = (S/N) n_s D = (S/N) n_s BT \quad (5-6)$$

则式(5-5)变为

$$R_s^4 = \frac{(P_{av}G_tA_r)\sigma}{(4\pi)^2 L_s kT_e B (S/N)_s} \cdot \frac{T_r}{T} = \frac{(P_t G_t A_r)\sigma}{(4\pi)^2 L_s kT_e B (S/N)_s} \quad (5-7)$$

式(5-7)即常规脉冲雷达的雷达方程。此式中信噪比 (S/N) 是在一个波束位置上采用 n_s 个重复周期的脉冲串信号时,满足一定的 P_D 与 P_F 所需要的信噪比。

对于相控阵雷达搜索方式,在 T_s 与 Ω 一定的条件下,波束驻留时间 $(n_s T_r)$ 受到限制。如果允许 T_s 增大,缩小搜索空域 Ω 则有利于提高搜索距离 R_s。

2)跟踪距离方程

相控阵雷达在跟踪目标时,因无须搜索,只要跟踪天线波束能准确照射到目标预测位置即可实现跟踪,天线波束越窄,照射信号能量越集中,跟踪作用距离越远。反映在雷达方程上,则是跟踪作用距离与雷达的有效功率孔径乘积 $(P_{av}G_tA_r)$ 成正比。

相控阵雷达可跟踪多批目标,要跟踪的目标数目越多,雷达的信号能量资源与时间资源消耗就越多,即使在完全不再进行搜索工作方式的情况下(即全部时间资源均用于跟踪目标),跟踪作用距离也受到跟踪目标数目的限制。

雷达跟踪数据率对跟踪作用距离也有明显影响,在同样的目标数目条件下,跟踪数据率(跟踪采用间隔时间的倒数)将影响跟踪作用距离。作为讨论跟踪作用距离的参考,可首先讨论对单个目标进行跟踪的情况。

如果对单个脉冲进行跟踪时,跟踪波束在被跟踪目标方向上的驻留时间为 $(n_t T_r)$,则最大跟踪距离取决于:

$$R_t^4 = \frac{(P_{av}G_tA_r)\sigma}{(4\pi)^2 L_s kT_e (E/N_0)} \cdot (n_t T_r) \quad (5-8)$$

或者表示为

$$R_t^4 = \frac{(P_t G_t A_r)\sigma}{(4\pi)^2 L_s kT_e B (S/N)_t} \quad (5-9)$$

如果将相控阵雷达当作一般的精密跟踪雷达,只跟踪一个目标,则要求的单个脉冲信噪可以较低。为了要跟踪多批目标,在每一批目标方向上平均波束驻留时间 $(n_t T_r)$ 或平均照射重复周期数 $\bar{n}_t$ 将受到限制,极限情况下 $\bar{n}_t = 1$。

3)搜索+跟踪工作方式下的距离方程

式(5-8)与式(5-5)、式(5-9)与式(5-7)在形式上是一样的,它们的差异主要在于信噪比(S/N)与n_s和n_t,如$n_s=n_t$,则两者是一样的。由于跟踪时需要测量目标参数,一般要求$(S/N)_t>(S/N)_s$。利用时间分割原理可实现"跟踪加搜索"工作模式,搜索、跟踪作用距离取决于在搜索间隔时间T_{si}内搜索时间与跟踪时间的分配,即

$$T_{si}=T_s+T_{tt} \qquad (5-10)$$

式中,T_s,T_{tt}分别为搜索时间与跟踪多批目标的总时间。

需要注意的是,TAS 工作方式是指一个波束的使用方式,而不是一个波束应用于搜索、另一个波束应用于跟踪的两个以上波束的使用方式。

2. 波束驻留时间对搜索距离的影响

在计算相控阵雷达搜索作用距离时,必须考虑搜索状态对波束驻留时间的限制,合理地确定搜索空域的大小或搜索空域内天线波束的数目,此外,还必须合理确定完成搜索所需的时间,即搜索时间以及搜索间隔时间。若搜索区域(ϕ,θ)固定,则对每一波束位置的搜索时间$(n_s T_r)$有所限制,极限情况下$n_s=1$,这时,为满足同样的发现概率P_D与虚警概率P_F(取决于允许的平均虚警间隔时间T_F),要求的信噪比(S/N)将比$n_s>1$时要高(n_s为正整数),即搜索作用距离将会降低。

一般情况下,若目标穿越搜索区域(ϕ,θ)的"通过时间"为T_{pen},则当搜索间隔时间T_{si}为$T_{pen}/3$时,可使累积检测概率$P_{D,int}$为

$$P_{D,int}=1-(1-P_{D,int})^3 \qquad (5-11)$$

实际上,在预警雷达(如 AN/FPS-115、改进的早期预警雷达 UEWR 等)发现多个目标的情况下,它们在同一时间能够提供对多个目标的引导数据,这时,雷达应能在多个引导位置进行搜索,以便及时截获这些目标。若同时可能存在m个目标方向,则需要同时围绕多个方向进行搜索,搜索时间T_s为

$$T_s=mK_\varphi K_\theta(n_s T_r) \qquad (5-12)$$

如在搜索间隔时间T_{si}内用于跟踪总时间与搜索时间相等,则搜索间隔时间T_{si}将是搜索时间的两倍,即$T_{si}=2T_s$,这时的搜索数据率通常是不满足要求的。

通常在雷达天线波束宽度较窄的情况下,如不采用多波束搜索,其搜索范围是很有限的,但是,当在一个重复周期里采用多个波束搜索时(如采用m个波束),每一重复周期的信号脉冲宽度便将降低为原来的$1/m$,但这将使信号噪声比降低为原来的$1/m$。换言之,比较准确地估计搜索工作状态下的搜索空域(ϕ,θ)或搜索空域包含的搜索波束数目$K_\varphi K_\theta$,以及允许的搜索间隔时间T_{si}非常关键。

3. 目标数量对跟踪距离的影响

在估算雷达的跟踪作用距离时,应考虑影响相控阵雷达跟踪距离的主要因素,它们是:雷达的有效功率孔径乘积;跟踪目标数目;跟踪数据率要求;搜索与

跟踪工作方式之间的时间分配。其中,对以跟踪、制导为主要任务的地基 X 波段相控阵雷达,跟踪目标数目对跟踪作用距离的影响尤应考虑。显然,雷达要跟踪的目标数目越多,用于跟踪每一个目标的信号能量就越少。

1)跟踪状态下多目标跟踪能力分析

在多目标跟踪情况下,对不同目标可以采用不同的跟踪数据率、不同的重复周期,甚至不同的信号能量。为简化估算,设对多种跟踪状态目标的平均跟踪采样间隔时间为 T_{ti},跟踪目标数目为 N_{Tr},在跟踪重复周期为 T_r 的条件下,因为总的跟踪波束驻留时间应小于跟踪间隔时间 T_{ti},即应满足

$$N_{Tr}(n_t T_r) \leq T_{ti} \tag{5-13}$$

故位于不同波束位置的总的跟踪目标数目 N_{Tr} 受限于:

$$N_{Tr} \leq T_{ti}/(n_t T_r) \tag{5-14}$$

由式(5-14)可知,提高跟踪数据率将使跟踪目标数目进一步降低,减少跟踪波束驻留时间则可增加跟踪目标数目,不过,由于驻留时间的降低,跟踪距离也相应降低。

2)搜索加跟踪状态下多目标能力分析

采用"时间分割原理"可实现 TAS 工作模式,该工作方式下搜索时间与跟踪时间的分配对跟踪作用距离有影响,分配方式决定于式(5-10)。从式(5-10)可见,为了提高 TAS 工作模式下的跟踪距离,在搜索间隔时间 T_{ti} 保持一定的条件下,除降低对搜索间隔时间 T_{ti} 的要求外,减少搜索空域、减少搜索时间都有利于增加用于跟踪的总时间 T_{tt},因而有利于增加跟踪作用距离。这意味着尽可能放宽对搜索数据率的要求,可允许较大的搜索间隔时间。

另外,为了保证跟踪可靠性和跟踪精度,实现多目标航迹相关等要求,应减少跟踪间隔时间,即提高跟踪数据率。为解决搜索与跟踪这一矛盾,需要采用"时间分割原理"把跟踪时间安插在搜索时间内。为了跟踪更多目标和合理分配信号能量资源与时间资源,可以根据对不同目标的感兴趣程度,将目标分为多种跟踪状态,不同跟踪状态的目标有不同的跟踪数据率。

雷达资源在搜索、跟踪与目标数量等之间的分配本质上是相控阵雷达的调度策略问题,由于组合的样式繁多,所以有人说有多少相控阵雷达设计师,就有多少种相控阵雷达的调度策略,再加上现代的数字波束形成技术、先进器件技术、MIMO 技术、数字化技术、大数据与人工智能等助力,未来相控阵雷达的跟踪模式将会越来越丰富。

5.2.3 典型相控阵雷达系统

1. 美国"铺路爪"相控阵雷达

"铺路爪"相控阵雷达(AN/FPS-115,PAVE PAWS)是美国研制的一种探

测潜射对地攻击弹道导弹预警雷达,也是20世纪70年代末投入使用的第一部大型固态相控阵雷达。"PAVE"是 Precision Acquisition Vehicle Entry 的缩写,美国空军对于电子系统的计划代号,而"PAWS"是 Phased Array Warning System(相位阵列预警系统)的缩写,合起来就是"精准获取入侵目标的相控阵雷达预警系统",雷神公司为雷达主承包商,IBM 联邦系统(现由洛克希德·马丁公司收购)研发其软件。

编号为 AN/FPS-115 的"铺路爪"雷达采用八角形两面阵天线,宽约30m,天线波束宽度2.2°,由1792个有源单元和885个虚设单元组成,每个有源T/R单元的峰值功率为330~340W,工作频率为420~450MHz,搜索模式下带宽100kHz,跟踪模式下带宽1.0MHz,最大脉宽为16μs,观测空域范围方位角240°、俯仰角85°,作用距离4800km。其主要用于从美国的东西海岸,监视大西洋和太平洋上战略导弹、核动力潜艇发射的弹道导弹,它可以探测导弹的弹道、发射点,计算弹着点的位置来提供弹道导弹来袭的预警情报,同时也应用于空间目标的监视,如图5-1所示。

图5-1 AN/FPS-115"铺路爪"相控阵雷达

随着美国推动固态相位阵列雷达系统(SSPARS)计划的实施,20世纪90年代第一代铺路爪雷达(AN/FPS-115)开始陆续汰换升级,并且同时升级汰换弹道导弹早期预警系统(由 BMEWS 升级为 UEWR),升级后的雷达系统数据率、信号带宽等方面性能得到了大幅度提升。升级的第二代铺路爪雷达编号为 AN/FPS-123,在更换了比尔空军基地、科利尔空军基地两处的 FPS-115 的同时,对其余铺路爪雷达升级为三面式阵列,编号为 AN/FPS-126;位于得克萨斯州埃尔多拉多空军基地,未纳入导弹防御系统但服役的 FPS-115,在保留旧的相位阵列雷达天线硬件情况下,于2001年升级为AN/FPS-120,而后这座在得克萨斯州的铺路爪雷达拆卸运至阿拉斯加科利尔空军基地运作,并整合接受美国导弹防御系统管制。2009年后,雷神公司开始对比尔空军基地的第二代铺路爪雷达实施升级计划,第三代的铺路爪雷达美军编号为AN/FPS-132,并且采用了全新的主动相位阵列架构收发模组、信号处理器、后端分析软件等,大大提高了该型号雷达的探测能力。目前已有三座AN/FPS-132铺路爪雷达在比尔空军基地、格陵兰图勒空军基地、英国飞行峡谷皇家空军基地投入使用。

2. 俄罗斯的"沃罗涅日"系列相控阵雷达

"沃罗涅日"系列雷达是俄罗斯第三代大型相控阵远程预警雷达,可用于弹道导弹中段和助推段的探测与跟踪,可完成弹道导弹早期预警、发点计算、落点预报任务,兼顾空间目标探测功能。

目前,"沃罗涅日"系列雷达已发展了三种装备型号,分别为"沃罗涅日"-M,"沃罗涅日"-DM,"沃罗涅日"-VP。截至2013年1月,俄罗斯共装备了5部"沃罗涅日"雷达,计划总计部署12部"沃罗涅日"雷达,完成俄罗斯的境内全空域覆盖。"沃罗涅日"-M雷达如图5-2所示。

图5-2 "沃罗涅日"-M雷达

5.3 双(多)基地雷达系统

双(多)基地雷达是20世纪二三十年代最早出现的雷达体制,限于当时的技术水平,采用这种分置体制的目的是解决收、发间隔离问题。1936年发明了天线开关管后,单基地雷达的研制取得了空前的成功,使得双(多)基地雷达的研制生产停滞下来。

20世纪五六十年代,由于武器装备的发展,双(多)基地雷达又显示了它的优势,并且在理论和实践等方面都有了进一步的发展,尤其在半主动制导导弹控制方面,得到了广泛的应用,如美国的霍克式导弹、"爱国者"地空导弹、麻雀式空载导弹等,同时美国东部试验靶场也安装了 Azuza、Mistram 等测量雷达,用于空间目标轨道的精确测量。

进入20世纪70年代,雷达电子战发展到了一个新阶段,有源干扰、反辐射导弹、超低空突防和隐形武器已成为现代雷达面临的"四大威胁"。大量装备的单基地雷达不仅难以完成任务,而且自身的生存也受到了威胁。20世纪的几场局部战争(中东战争、马岛海战及海湾战争)都证明了这一点。因此,经过对比分析,又发现了双(多)基地雷达在这方面的优势,从而又重新展开了该体制雷达的研究。

5.3.1 双(多)基地雷达技术

"双基地雷达"的术语最早出现于1955年。M. I. Skolnik、L. V. Blake、E. Hanlc 等分别有各自的理解和定义,《双(多)基地雷达系统》一书给出的定义为:双基地雷达是发射机(含天线)和接收机(含天线和信息处理设备)分离很远的雷达系统,其收、发间的基线距离(L)与等效作用距离(RM)同量级,即 $L \geqslant 0.1RM$(双基地雷达的等效作用距离 RM,即指具有相同发射机和接收机参数的单基地雷达的作用距离)。这一定义实际上已经满足了 Blake 定义的必要条件,而重点在收、发基线长度上。

1. 双(多)基地雷达特点

(1)双基地雷达需要解决"三大同步"问题和解算双基地三角形,这是该体制的复杂性决定的。

(2)发、收天线方向性只能分别单程利用,副瓣杂波影响较大;另外,发射和接收天线可分别独立设计,便于实现最佳方向图,得到很低的副瓣电平。

(3)由于收、发分离不需要天线收发开关和 T‑R 放电管,减少了系统损耗。

(4)接收机没有大功率器件,不受发射机功率泄漏的影响,有较高的灵敏度。

(5)可采用很高的脉冲重复频率或调制的连续波工作,以提高系统的反侦察、抗干扰能力。

(6) 在大多数情况下,双基地雷达的目标回波动态范围较单基地雷达时减小。双基地雷达的杂波区域和杂波强度也较小。

(7) 在大半工作区域内,双基地雷达的分辨能力和测量精度较单基地雷达稍差,在收、发基线上双基地雷达失去分辨能力。但借助于三角测量特性,双基地雷达可在时域滤波中加入空域滤波来改善距离分辨率,在空域滤波中加入时域滤波提高角度分辨率,所以在某些区域内双基地有比单基地好的分辨率和精度。

(8) 像分辨率、测量精度那样,双基地雷达的探测范围和作用距离也是其结构配置的函数;双基地的探测范围 ΩB 一般小于单基地 ΩM,当 $L < 1.4 RM$ 时 $\Omega B \approx \Omega M$,随着 L 的增大,则 ΩB 减小。而双基地雷达的作用距离(以发射基地为基准计算)却随 L 的增大而增大,可以几倍于单基地雷达。

(9) 地球曲率对双基地雷达探测范围的影响较为复杂。一般情况下,由于地物遮挡,双基地的作用范围受限制的概率更大。然而,接收机前置的双基地雷达却可利用电磁波的绕射探测到较远的超低空目标。

(10) 双基地雷达散射截面(RCS)在双基地角 $\beta \leqslant 135°$ 时,基本上等同于单基地雷达($\Omega B \approx \Omega M$),有 $2 \sim 8 dB$ 的起伏;在前向散射区($135° < \beta \leqslant 180°$),$\Omega B$ 明显增大。如何利用这一特性是当前研究的热门课题。

(11) 在双基地情况下,目标回波的多普勒频移关系也较复杂,它是收、发机和目标位置及运动速度的复杂函数。一方面给多普勒信息处理增加一定的复杂性,另一方面机载双基地雷达又可利用收、发机的相对运动对多普勒频移进行"杂波调谐"。

(12) 双基地雷达可以测量目标回波到达时间、以接收机为基准的到达角和以发射机为基准的到达角等几组参数,它比单基地雷达多了一组参数。所以二维双基地雷达可以测定目标的三维坐标。

以上这些双基地雷达的主要特点,是由双基地雷达的配置体制产生的,其优劣程度都和双基地雷达的结构配置有关。在不同的应用情况下,有些特点是优点,而另外的特点可能是缺点,在具体应用时应扬长避短。

2. 双基地雷达探测范围

双基地雷达的性能与其几何配置有关,根据它们之间的关系可将双基地雷达的作用范围分为4个区域,在每个区域内各有其特点:

(1) 侧向区($30° < \beta < 135°$,$0.7 RM < L \leqslant \sqrt{2} RM$),在此区域内抗反向干扰能力强,双基地雷达探测性能随着角度的变化比较明显。

(2) 基线区($\beta > 135°$,$L < \sqrt{2} RM$),该区为前向散射区,前向 RCS 明显增强,但测量精度和分辨率下降。

(3)端视区($\beta<30°$),双基地雷达测量精度和分辨率不高,但抗反向干扰性能下降。

(4)两极区($L>2RM$)时,工作区分裂为以接收基地和发射基地为中心的两个小圆,系统有超长的作用距离和较好的测量精度,但作用范围减小。

3. 多基地雷达优点

对于多基地雷达来说,除了具有双基地雷达的特点,还有以下优点:

(1)可以多个视角和双基地角观测目标,有利于目标识别和反隐形。

(2)可提高检测概率,改善跟踪的连续性,提高航迹精度。

(3)工作在不同频段的多个发射机可交替工作,提高系统抗干扰能力。

(4)可用两个以上的接收机联合工作,对干扰源进行无源定位。

(5)多部收、发设备,增加了系统的可靠性,部分发、收设备受损不会导致整个系统失效。

5.3.2 典型双(多)基地雷达系统

1. 美国的"电子篱笆"

美国海军的空间监视系统(Naval Space Surveillance System,NAVSPASUR,编号为AN/FPS-133)建于1958年,是采用无线电干涉方式的空间目标监视专用设备,通常称为"Radar Fence"(国内称为"电子篱笆"),移交美国空军后改名为空军空间监测系统(Air Force Space Surveillance System,AFSSS),该系统按照接近北纬33°大圆弧在美国本土部署,是收发分置的多基地雷达系统。整个系统包括3个发射站和6个接收站,主要用于监视10cm以上空间目标。AFSSS的发射站发射单频连续波信号,形成"南北向窄,东西向宽"指向天顶的扇形波束,南北向的波束宽度约为0.02°(有些文献记录为0.2°),东西向上对高轨目标的地心张角可达到120°。AFSSS系统的概念图和东西向覆盖空域如图5-3所示。

(a) 电磁波空间覆盖示意图

(b) 电子篱笆主发动机

图5-3 美国海军空间监视电子篱笆

AFSSS不具备目标跟踪能力，在目标穿越其视场时获得目标穿屏点的多普勒频率和角度的测量信息，对目标多次穿越所获取的观测数据进行相关后确定目标的轨道根数。东西向宽的地心张角使得LEO目标平均每天穿越AFSSS视场4~6次，这使得该系统在新入轨目标、数据刷新率中具有明显的优势。

该电磁波垂直屏波束是由部署在美国国土上的一主、两辅组成的三个雷达发射站形成的，工作频率为216.98MHz。该雷达波束屏沿着北纬33°，从加利福尼亚州的圣迭哥至佐治亚州的斯图尔特一字排开，主发射站设在得克萨斯州的基卡普湖(LakeKickapoo，N3332′46″，W9845′46″)，发射功率766.8kW，阵列长3269m。两个辅助发射站设在亚利桑那州的基拉河(GilaRiver，N336′7″，W1121′7″)和亚拉巴马州的约旦湖(JordanLake，N3239′1″，W8614′58″)，前者发射功率40.5kW，阵列长497m；后者发射功率38.4kW，阵列长314m。6个接收站分别位于加利福尼亚州的圣迭戈、新墨西哥州的象山、密西西比州的银河、阿肯色州的红河、佐治亚州的斯图尔特堡(1987年迁至塔特纳尔)和霍金斯维尔。其中，象山和霍金斯维尔站的天线阵列长25~366m，用于探测高轨空间目标，其他站阵列长12~122m，用于探测低轨目标。这9部收发装置的连续波雷达形成的电子篱笆能够探测从其扇形波束中通过的卫星和其他空间物体(大约占总数的80%)。

当目标过境时，接收站获取空间目标的反射信号，并将数据发送到弗吉尼亚州达尔格伦的系统控制中心。一般情况下，新入轨目标都是在发射后的第1个轨道圈上发现的，而在发现后经过1~3h计算它们的初始轨道参数，多次测量可以精确确定目标的轨道位置。

2. 美国的空间篱笆

2020年3月27日美国太空军宣布，经过5年建设，空间篱笆已经投入使用，该系统每天能进行150万次观测，跟踪20万个轨道物体，是2013年9月已退役电子篱笆系统的10倍。这标志着美国空间监视能力进一步得到了提高。

2007年，美国空军发布空间篱笆系统性能参数需求书，雷声公司、诺斯罗普·格鲁曼公司和洛克希德·马丁公司参与竞标。2009年6月，美国空军电子系统中心(ESC)分别给予三家公司3000万美元的A阶段开发合同，进行概念开发工作，以使美国空军能更好地了解和评估新系统的性能和成本。2014年6月2日，美国国防部最终宣布洛克希德·马丁公司获得9.14亿美元的空间篱笆建造合同，空间篱笆雷达系统编号AN/FSY-3。该雷达的主要战技指标是：发射波束120°×0.2°，接收波束0.2°×0.2°，发射总功率约为4MW，脉宽为2ms，重复周期为20ms；对$1m^2$的高轨目标，检测概率在90%以上，最大探测距离40000km。

1) 技术特点

空间篱笆也称为太空篱笆，该系统采用了同地、不同站的超短基线双基地体制,其发射和接收系统在两个独立的封闭建筑内,发送单元3.6万个和接收单元8.6万个,位于夸贾林环礁主雷达的天线面积为185m^2,接收天线面积为650m^2。为方便监视轨道目标,该雷达天线罩安装在建筑物顶部,并且使用透波的凯夫拉纤维,形成非常独特的结构。AN/FSY-3雷达站示意图如图5-4所示。

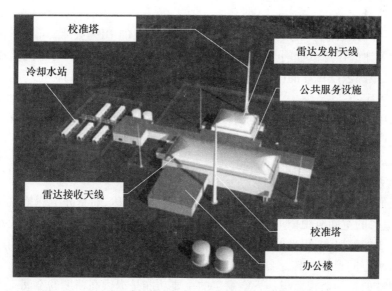

图5-4 AN/FSY-3雷达站示意图

位于夸贾林环礁和澳大利亚的两部雷达,其波束成十字交叉部署,即采用了南北与东西交叉部署的方式,两个"电磁波篱笆"的平面相互垂直,分别向近地轨道发射雷达波,形成太空中垂直交叉的"电磁波篱笆",供经过的空间目标"穿越",以提高低轨道倾角空间目标的发现能力。如图5-5所示。

图5-5 空间篱笆系统波束垂直覆盖示意图

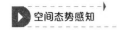

雷达系统使用 S 波段雷达,相较于 VHF 波段,S 波段的频率提高约 10 倍,使得空间分辨率和测角精度得到了很大提高。

采用基于氮化镓(GaN)半导体材料发射单元的有源相控阵体制,新的 GaN 器件提供了更高的功率密度,相同尺寸下功率可提高 5 倍,因而大大减少了有源器件的数量。

采用阵元级数字波束成形技术,相较于子阵级的 DBF 技术,可以在雷达视场内所关注的任意位置同时生成多个波束探测目标,在进行例行空间监视的同时,可以跟踪数以百计的已探测目标,同时留有资源对未编目目标进行精确的初始轨道确定。

采用频率复用技术,可以同时发送多个不同频率的信号,使用接收阵列同时接收这些信号,使得雷达能同时执行多项不同功能的操作,提高了系统对时间和能量管理的效率。

2)系统功能

人们知道,位于北半球的艾格林 AN/FPS-85 雷达、陆基光电深空观测站与 3.5m 口径的空间监视望远镜,以及弹道导弹早期战略预警系统等,即使在电子篱笆关闭的情况下,仍然能够保持美国北半球的空间目标监视能力,但南半球部署的探测空间目标的传感器很少,因此,空间篱笆部署在南半球的目的,就是填补南半球的空间监视短板。太空篱笆的主要功能是提供高精度的空间态势感知能力,其主要特征可归纳为以下 4 个方面:

(1)该系统具备波束驻留与主动搜索相兼容的功能。该功能使得太空篱笆不仅能够对已编目目标进行跟踪、发现其轨道变化,也能够对新出现的未编目物体快速测定轨道,还能够对敏感目标进行长时间的跟踪,这是与电子篱笆最基本、最重要的功能区别。

(2)具备威胁预警和评估功能。该系统不仅扩大了监视范围、增加了探测目标的数量、提高了对轨道物体的探测精度和时效性,而且能够更有效地探测小型太空垃圾,完成太空垃圾预测和威胁分析,更好地保护诸如国际空间站等空间基础设施,为太空任务提供有力支持。同时,还能够更好地监视空间目标轨道机动过程中轨道、速度及方向变化,对潜在碰撞威胁等及早做出预测。

(3)该系统具备情报获取能力。它通过日常空间监视和态势感知,搜集和确认当前与未来敌对方的空间任务系统与空间威胁系统的特征和性能,积累的数据对于判明敌对方航天器意图和下一步行动具有很高价值。

(4)该系统还将用于数据集成,将来自多个传感器的数据汇聚、关联、集成到统一的空间通用态势图中,为太空行动提供决策依据。

3)系统工作模式

空间篱笆具有"全篱笆"和"迷你篱笆"两种工作模式。

(1)"全篱笆"工作模式。以波束驻留为主的工作模式,能够提供远至地球同步轨道的探测和跟踪能力。夸贾林环礁主雷达站点形成初始作战能力后,可探测最近距离 800km 高的轨道物体,未来澳大利亚雷达站投入使用后,这一距离将缩小至 250km。

(2)"迷你篱笆"工作模式。以跟踪为主的工作模式,该模式下基于轨道算法和系统参数设定,由雷达系统自动调度探测波束数量和探测范围。在此模式下,将把雷达资源更多聚焦在感兴趣的轨道物体上,以提供更及时、更准确的轨道信息。这种模式的实现,是单元级数字波束成形技术带来的优势,使雷达能更合理地分配资源,执行对特定目标的跟踪任务时不会影响或中断对未提示目标的监视。

空间篱笆在"全篱笆"模式下可跟踪 9.7cm 大小的未提示物体,而在"迷你篱笆"模式下可跟踪 1cm 大小的轨道物体,再加上跟踪 20 万个轨道物体的能力,使美国的空间态势感知能力继续保持领先优势。

3. 法国"格拉夫"雷达系统

"格拉夫"计划是由法国国家宇航研究局提出,法国武器装备总署导弹与空间局投资实施的。该系统于 1992 年开始进行可行性论证,并于 2005 年年底交付使用。该系统可对 1000km、轨道倾角 28°、尺寸为 1m 的空间目标进行探测,并能在 24h 内精确定位经过法国上空的空间目标。法国的 GRAVES 电磁篱笆采用了双基地雷达体制。其发射站位于第戎,接收站位于 380km 以外的普罗旺斯。发射站发射的空域监视屏采用圆锥体扫描的方式,即在一个发射站内采用多个相控发射阵以一定的仰角扫描拼接成一个圆锥体的监视屏。由于每次扫描具有 20°仰角范围,所以圆锥体的屏是自上而下由圆环拼接而成的。其工作原理示意图如图 5-6 所示。

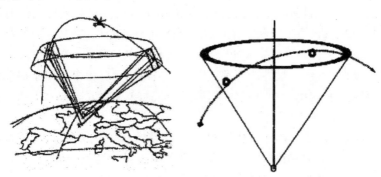

(a) 空间目标穿越监视屏示意图 (b) 空间目标坐标测量示意图

图 5-6 法国 GRAVES 工作原理示意图

GRAVES 采用连续波相控阵发射,工作频率为 143MHz,发射天线由 8 个面

板组成,每个覆盖45°方位角,发射天线增益为34dB;接收采用数字波束成形技术,接收天线阵由100个天线组成,分布在直径为60m的金属圆盘上,每一天线分别连接一个单独的接收机,接收到的信号被数字化,所有信号按相位叠加,形成等效于单一天线、天线面积相当于圆盘面积、孔径约2°的垂直波束。

综上所述,美国的空间篱笆采用了单屏穿越、多站接收定位的方式,而格拉夫采用了锥形屏穿越、多站组阵信号合成的方式实现空间目标探测与定位,具有阵列天线测角能力,应该说二者各具特色、各有优势。对于空间篱笆而言,虽然其本质是具有跟踪功能的电磁篱笆,其篱笆部分仍然没有脱离双(多)基地雷达原理,但正是这种兼备的跟踪能力使得搜索与跟踪一体化了。可以预见的未来,大型地基空间目标监视设备的发展,不仅在尺度信息测量与特性信息测量方面呈现一体化趋势,而且必将呈现出波束扫描与驻留一体化、搜索与跟踪一体化、多目标跟踪与态势认知一体化的趋势,这对于人们准确把握未来空间态势感知设备建设与发展的技术路线,具有十分重要的参考意义。

5.4　单脉冲精密跟踪雷达

5.4.1　单脉冲雷达技术

单脉冲雷达是一种不同于早期圆锥扫描雷达的自动测角雷达。从测角体制上讲,它属于同时波瓣法,即在同一个角平面内,两个相同的波束部分重叠,其交叠方向即为等信号轴:将两个波束同时收到的回波信号进行比较,就可获得目标在这个平面上的角误差信息,然后将此误差信号放大变换,加到伺服机构,以控制天线朝着减小误差的方向运动。天线所指方向即为目标方向。

由于两波束同时接收回波,故单脉冲雷达获得目标角误差信息的时间可以很短。从理论上讲,只要分析一个回波脉冲就可确定角误差的大小和方向,并获得距离信息,所以称之为"单脉冲"。由于测角体制的优势,单脉冲雷达的测角精度、测角实时性、抗干扰性能等都比圆锥扫描雷达要高得多。由于提取角误差信号的方法不同,故单脉冲雷达分为振幅和差式单脉冲雷达与相位和差式单脉冲雷达。

单脉冲雷达需要三路接收机同时工作,将差信号与和信号进行比相后获得误差信号,因此,要求三路接收机工作特性严格一致。各路接收机的幅、相不一致将导致测角精度和测角灵敏度的下降。为了减小三路不一致性带来的不良后果,人们开发了通道合并技术。

通道合并技术的出发点是简化三通道接收系统,较好地解决单脉冲雷达幅相不一致性的问题。通常,人们把天线、馈源、和差比较器产生的相移和电压失衡称为比前相移和比前电压失衡;把和差比较器之后产生的相移和电压失衡称为比后相移和比后电压失衡。研究表明:只有当比前相移和比后相移都不为零时,才会引起角跟踪误差。比前电压失衡是固定值,可以通过装机校正消除。比后电压失衡会影响角跟踪灵敏度,由于受馈源与和差器限制,减小比前相移是困难的,一般都在减小比后相移上想办法。减小比后相移的最好办法就是通道合并技术,让和、差信号经由一个通道传输。显然,合并点越靠近和差器越好,从减小比后电压失衡影响来说,也是合并点越前越好。

综上所述,单脉冲雷达通道合并技术的合并原则是合并点越靠近微波前端越好。常用的通道合并技术有正交调制通道合并技术和时分割混合通道合并技术。

正交调制通道合并技术的原理是首先采用单脉冲雷达技术获得和差信号,然后采用类似圆锥扫描雷达的技术实施传输过程,获得角误差。在圆锥扫描雷达中,通过锥扫电动机的旋转,把方位误差信号和俯仰误差信号合并成一个旋转矢量,经过传输,再对旋转矢量解调,获得独立的方位角误差和俯仰角误差信号。

单脉冲正交通道合并技术中有一个类似锥扫电机的磁调制器,这是一个具有旋转磁场的4端微波器件。两个相位差90°的激励信号分别加在两对磁极上,形成旋转磁场。4个端口中的两个在空间交叉配置,分别接收方位误差信号和俯仰误差信号,使两个差信号在空间旋转磁场内正交调制;另外两个端口,一个作为合并信号输出,另一个作为接吸收负载。

单脉冲雷达技术采用了通道合并技术,但仍会由于不理想的相移导致角跟踪误差,因正交调制通道合并技术只采用一路传输,虽消除了由于混频、AGC控制、杂波抑制、数字处理系统等分系统产生的不一致性影响,但仍然存在环形器、定向耦合器、磁调制器、旋转关节等微波器件产生的相移;时分割混合通道合并技术亦存在两个通道传输不平衡和混合头不正交引起的两重相移。为了减小这些相移影响,人们尝试了许多方法,在实际工作中用得比较成功的主要有调相技术和自校准技术。

5.4.2 典型单脉冲雷达系统

1. 美国国防高级研究计划局所属雷达

美国国防高级研究计划局管理的"阿尔泰"跟踪雷达和"阿尔柯"识别雷达部署在西太平洋夸贾林环礁的罗依·纳慕尔岛上,主要用于支持西部导弹靶场的发射活动。"阿尔泰"跟踪雷达是一种单脉冲跟踪雷达,测量精度较相控阵雷达高,工作频率415MHz、155.5MHz,抛物面天线直径45.7m,用于提供空间目标的测量数据。"阿尔柯"识别雷达是一种采用窄带和宽带交替工作体制的单脉冲高分辨率目标识别雷达,宽带用于目标捕获,窄带用于目标观测和距离跟踪,工作频率5665MHz,抛物面直径12m,对近地轨道空间目标提供雷达成像数据。

2. 美国印度群岛上的精密跟踪雷达

美国在英属印度群岛的安提瓜(Antigua)岛和靠近赤道的阿森松(Ascension)岛上部署的单脉冲精密跟踪雷达,主要用于支援东部靶场的导弹试射活动,可用于对空间目标进行跟踪。安提瓜岛上配置有 AN/FPQ-14 单脉冲跟踪雷达,为卡塞格伦(Gassegrain)抛物面天线,直径 8.8m,工作频率 5400~5900MHz,作用距离 1480km;阿森松岛上部署了两部雷达,主雷达 AN/FPQ-15 是单脉冲精密跟踪雷达,工作频率 5400~5900MHz,抛物面直径 8.5m;另一部 AN/FPQ-18 是单脉冲精密跟踪雷达,工作频率 5400~5900MHz,作用距离 1100km。

3. 法国"阿莫尔"雷达

"阿莫尔"雷达是欧洲作用距离较远的雷达,该雷达采用 C 波段单脉冲体制,峰值功率 1MW,直径 10m 的蝶形天线,3dB 波束宽度 0.4°。在其主波束区域内,能同时观测距离 4000km 的三个目标,获得空间目标高分辨率的角度信息和距离信息。该雷达是较早实现同一波束内多目标测量的单脉冲雷达系统。

5.5 宽带雷达系统

近 30 年来,目标雷达特性的研究大大促进了雷达技术的发展。以往雷达习惯把观察对象看成一个点目标,测量它的位置、速度与加速度等运动学参数。自从目标雷达特性研究作为一个重要领域以来,观察对象被看作为一个体目标,从雷达回波中提取目标特征信号,进而判断目标的大小、形状、表面材料参数以及粗糙度等,达到识别的目的。基于雷达特性的目标识别能力就像在雷达望远镜上增加了一个显微镜,大大丰富了获得的目标信息,不仅能明确目标位置,而且还能识别出目标大小形状,增强了雷达识别目标的功能。宽带雷达正是在这一背景下发展起来的。

5.5.1 宽带成像雷达技术

1. 一维距离高分辨雷达技术

由于宽带高分辨率雷达发射信号的脉冲空间体积比常规雷达的要小得多,在雷达分辨单元内,各目标之间、目标上各散射体之间的信号引起的响应,相互干涉和合成的机会较少,回波信号中目标信息的含量比较单纯,故可供识别目标的详细特征。因而,雷达能够得到目标一维电磁散射图像。

2. 逆合成孔径雷达技术

利用宽带信号可以得到对目标的径向距离高分辨,利用空间相干多普勒处理可以获得对目标的横向距离高分辨,这一距离——多普勒二维分辨原理成为合成孔径雷达(SAR)和逆合成孔径雷达(ISAR)的基础。无论是 SAR 还是

ISAR，其成像处理经过运动补偿后，最终都可归结为旋转目标成像处理。

ISAR 技术既适用于空间飞行目标成像，也可用于对海上舰船等其他目标的成像，是目标分辨、分类与识别技术现阶段发展的主导方向之一。然而，ISAR 成像技术用于目标识别也有其本身的缺陷：一方面，处理得到一幅目标图像需要较长的相干积累时间，还需要对目标运动作精确补偿，图像再现处理过程较为复杂；另一方面，由于在光学散射区，雷达图像不同于光学图像，光学图像可显示目标的完整轮廓形状特征，而雷达图像则通常表现为稀疏的散射中心分布，这就给分类识别增加了困难。

法哈特（Farhat）利用目标散射中心历程图特征和神经网络模型方法，获得了良好的特征提取效果。散射中心历程图是散射目标的径向距离或横向距离分布随目标方位角的变化轨迹。法哈特的研究表明，利用少量的散射中心历程图信息可以获得极高的识别概率。由于获得目标在部分方位上的散射中心历程图只要求用宽带信号，不要求作精细的运动补偿。而且，对于分布稀疏的点状目标而言，两幅散射中心历程图之间的海明距离总是大于与此对应的两幅目标二维图像之间的海明距离，因为目标上每个散射中心在散射中心历程图中生成的是一条正弦轨迹，而在二维图像中只占据一个图像分辨单元。因此，这一工作的完成可较好地解决处理时间过长和稀疏目标图像分类困难这两个问题，它为空间相干处理技术应用于目标识别开辟了一条新的途径。

3. 距离高分辨率与单脉冲处理相结合的三维成像技术

三维图像距离上的高分辨率是通过雷达发射宽带信号来实现的，它可将目标上的各散射体分离成一个个单独回波并求得其距离坐标。在角度（方位、俯仰）维，用高精度的单脉冲技术可以测出已分成一个个单独回波的各散射体的角坐标，从而确定它们与雷达视线间的横向距离。与 ISAR 技术相比，它既可以用简单得多的技术来实现目标三维成像，同时又没有 ISAR 成像中横向分辨率取决于目标相对于雷达运动的旋转分量的缺点。此外，这种成像技术还具有与 ISAR 成像处理及单脉冲跟踪功能相兼容的优点。

单脉冲三维成像的主要不足之处：一是由于角分辨率没有提高，如果在同一距离单元内有两个以上不同横向距离的散射体时，雷达便不能正确地测出各散射体的角坐标；二是由于受单脉冲技术测角精度的限制，对远距离目标无横向分辨能力，因而只适用于对中短距离的目标成像，以上两点通过单脉冲与 ISAR 相结合的处理方式可得到改善。

5.5.2 典型宽带雷达系统

1. 美国的 Haystack 雷达

"干草堆"（Haystack）雷达是一部高质量成像雷达，单脉冲体制，可与空间目标通信并进行信标跟踪和反射式跟踪,工作频率分别为:通信 7750～8350MHz,雷达 7750～8050MHz,射电望远镜直径 37m,工作频率 10000MHz。用于波长 2.6mm～1.3cm 的天文观测。该雷达在 1600km 内可探测直径 1cm 的目标,27000km 内可探测 $1m^2$ 的目标,能够获得在轨卫星图像。麻省理工学院林肯实验室的 Haystack 雷达如图 5-7 所示。

图 5-7 麻省理工学院林肯实验室的 Haystack 雷达

2. 德国的 TIRA 雷达系统

德国的跟踪和成像雷达(Tracking and Imaging Radar,TIRA)是一部单脉冲跟踪与成像一体的系统,天线是直径为 34m 的卡塞格伦型天线,L 波段跟踪模式使用 4 喇叭单脉冲馈源,工作频率 1.333GHz,峰值功率 1MW,3dB 波束宽度 0.45°,1ms 脉冲宽度峰值功率为 1MW,接收信号处理采用相关技术,该工作模式下雷达能够确定单个目标的方位角、仰角、距离和多普勒速度;逆合成孔径雷达成像模式下使用 Ku 波段采用波纹偏振馈源,中心频率 16.7GHz 峰值功率 13kW,3dB 波束宽度 0.031°,800MHz 信号带宽的线性频率调制脉冲,距离分辨率为 25cm。2002 年升级改造后,该雷达的成像带宽已达 2GHz,分辨率优于 12.5cm。

TIRA 雷达探测有跟踪和成像两种工作模式:目标跟踪情况下,包括多目标跟踪和束场(beampark)模式;雷达成像情况下,包括逆综合孔径(ISAR)和雷达多普勒成像(RDI)模式。TIRA 具有较强的探测能力,1000km 的目标探测极限尺寸为 2cm。德国 TIRA 雷达如图 5-8 所示。

图 5-8 德国 TIRA 雷达

在本章结束之际,再补充一个关于雷达领域专门奖项的知识:1999 年,为表彰在雷达技术及应用领域做出杰出贡献的个人与单位,IEEE 设立了"丹尼斯·J. 皮卡德雷达技术与应用"奖章,英文缩写为 PM,英文全称是 Dennis J. Picard Medal for Radar Technologies and Applications。至今,已有 10 余位雷达界精英人士获此殊荣,包括 Merrill Skolnik、Fritz Steudel、David Barton、William J. Caputi、Eli Brookner、Russell K. Raney 和 Yaakoy Bar - Shalom,以及英国的 Philip M. Woodward 与意大利的 Alfonso Farina 等国际著名雷达专家,Yaakoy Bar - Shalom 和 Alfonso Farina 是雷达界数据处理领域的杰出代表。其中,大家所熟知的单目标概率数据关联算法和多目标联合概率数据关联算法,是 Bar - Shalom 的代表性成果。

第6章 光学探测系统

光学设备具有精度高、质量轻、造价低等优点,因而无论是在地基监视系统,还是在天基监视系统的空间目标跟踪与识别等方面,都得到了广泛的应用。如何快速准确地获取空间目标光学信息,并进一步挖掘空间目标的散射、辐射、材质、结构、运动等特性信息,监视和识别各种空间目标,是空间态势感知光学系统的重要任务。

6.1 概 述

空间目标几何尺寸、运动、散射、图像等特性数据,能够反映空间目标的大小及结构,在特定轨道及特定位置、特定条件下的散射辐射强度及形状细节等信息。因此,要实现对目标的准确定位与跟踪,遂行空间预警、操控、规避等任务,就必须全面掌握空间目标在特定时刻的特性信息。目前,从世界各国的目标光学信息获取设备来看,根据是否需要测量系统为目标提供"照明",将其分为被动信息获取技术和主动信息获取技术两大类。

光学观测设备主要是指以光学成像和光电探测原理为基础,运用光学、电子学、精密机械、自动控制、图像处理和计算机等技术有机集成而构成的各种类型的仪器装置的总称。光学观测设备有多种类型,按装载方式分为固定式、车载、舰载、机载、球载、弹载和星载等。按工作方式分为跟踪式和等待式。按工作波段分为可见光测量设备、红外测量设备、紫外测量设备和光谱测量设备。按口径和重量分为大型、中型、小型和便携式。按工作方式分为主动式测量设备和被动式测量设备。

在空间态势感知领域中,通常是使用光学观测设备对空间目标进行跟踪和测量,主要有卫星跟踪相机(也称为天文望远镜)、激光测距系统、卫星跟踪经纬仪等。

6.2 被动光学探测系统

被动光学信息获取技术广义上是指目标信息获取系统自身不需要携带照射光源,并根据目标自身辐射或对外界光源的散射特性测量目标本身属性或目标与系统间的相对距离、速度等动力学参数。被动光学信息获取技术主要包括可见光探测技术、红外探测技术等。

6.2.1 可见光探测技术

可见光探测技术主要应用于空间目标监视、交会对接、对地侦察、空间目标操控等领域中的目标探测、导航、定位跟踪、识别、确认、位姿测量等。

基于可见光特性的探测系统与技术已广泛应用,不仅能够被动工作,而且还具有较高的空间分辨率;但受光照条件限制。

可见光成像探测是空间态势感知的最主要也是最重要的方法之一。主要因为光学成像具有雷达成像探测无法比拟的高空间分辨率,而且是被动成像探测,太阳光刚好在可见光谱段具有较强的辐射,因此提供了天然光源。可见光成像系统组成如图 6-1 所示。

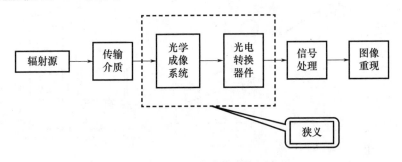

图 6-1 可见光成像系统组成

图 6-1 中,辐射源是指自然、人工源,目标、背景的辐射、散射特性;传输介质主要是指传输路径对目标光学特性传输效应。

在可见光成像系统中,无论光学系统多么复杂,都满足最基本的成像公式(又称透镜成像公式、高斯成像公式),形式为

$$1/f = 1/u + 1/v \tag{6-1}$$

式中,f 为焦距,凸透镜为正,凹透镜为负;u 为物距;v 为像距,实像为正,虚像为负。

由前述光学原理可知,可见目标可见光探测系统的焦距远小于卫星轨道高度,可认为系统离空间目标物体无穷远,因而可简单理解为是一种望远物镜。空间目标散射的光以平行光进入望远相机物镜,经汇聚后在焦平面形成目标的像,形成的光学像可用多种探测器接收和记录。光学系统和探测器的结构较简单,可借助转台实现扫描,增大探测系统的探测范围。

为了能够对远距离空间目标在大天区范围内的搜索,实现对目标的快速、准确搜索、捕获以及识别,而且在发现目标后,能够实现稳定跟踪、提供相对导航信

息并能够清晰成像,空间目标可见光探测系统采用窄视场可见光成像相机(简称窄视场相机)、宽视场可见光成像相机(简称宽视场相机)和高精度转台系统组合而成。其中,宽视场相机用于在预先未指定特定方向的大范围空域内进行搜索,当发现目标后,进行目标定向并连续跟踪目标,而后,根据宽视场相机给出的目标坐标信息,启动窄视场相机对锁定目标进行高分辨率观测。其系统结构如图6-2所示。

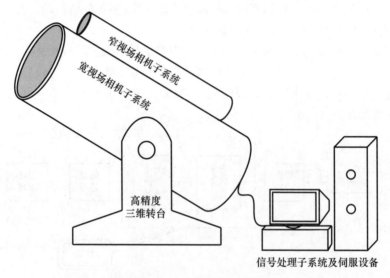

图6-2 空间目标可见光成像系统结构示意图

宽视场相机的功能特点是大搜索视场即高可探测率。在对远距离的点目标探测时,采用卫星跟踪方式与恒星跟踪方式相结合,先通过对卫星姿态进行控制,使观测相机视轴的指向随空间目标运动方向一起运动。由于存在速度差,目标会慢慢偏移出视场,此时通过卫星姿态控制,使相机指向空间目标即将达到的位置,保持探测宽视场相机指向不动,将目标位置信息提供给窄视场相机,此时,窄视场相机对由宽视场相机提供的重点目标成像,并利用高精度转台对空间目标进行稳定跟踪成像,窄视场相机是一个窄视场、高分辨率、高跟踪精度的系统。

宽视场相机主要功能是在大范围内能够探测到目标,而根据目标辨别的Johnson判则,若要以80%的概率探测到目标,则目标在感光面上投影的最小尺寸应达到三个CCD像素。同时,目标的探测既受分辨率制约,又受灵敏度制约。对于受分辨率限制的系统而言,改进探测性能需提高系统的分辨率,同样,对于受灵敏度限制的系统而言,改进探测性能需要增加系统的灵敏度。但是,提高灵敏度往往会降低分辨率。各种空间目标大致可以归纳为平面、球面、圆柱面、圆锥面以及这几种形式的组合,主要反射空间环境的背景光,如太阳光、地球大气外层反射光、月球反射光以及各种星体的光等。当远距离目标光照条件较弱时,能够探测到的目标受到信噪比的限制,因此宽视场相机要采用高灵敏度的CCD器件,并且光学系统要同时兼顾大视场和大的相对孔径。

窄视场相机在接收到宽视场相机提供的目标信息后,对目标进行凝视成像。根据目标距离与分辨率的要求,相机焦距、像元尺寸与像元分辨率的关系为

$$d = \frac{H}{f} \times s \tag{6-2}$$

式中,d 为分辨率;H 为轨道高度;f 为焦距;s 为像元尺寸。

整个可见光窄视场相机安装在高精密转台上,实际工作时与转台相配合,光学系统的视场角不需太大,可以通过转台摆动对重点区域目标进行跟踪成像,因此可采用长焦距、小视场的光学系统。为了避免杂光的影响,次镜的边和主镜中孔边缘处都要放置消除杂光的镜筒。

6.2.2 红外探测技术

作为导热、对流传热、热辐射三种热量传递方式之一,热辐射是物体由于具有温度而产生的电磁波现象,可作为可见光和红外波段的探测信号,在光学测量、红外探测、遥感领域得到了广泛应用,其传播实际上就是在复杂背景和干扰环境中的定向传输过程,且具有光谱特征和特定空间分布特征。一切温度高于绝对零度的物体都能产生热辐射,温度越高,辐射出的总能量就越大,短波成分也越多。热辐射的光谱是连续谱,波长覆盖范围理论上可从0直至∞,一般的热辐射主要靠波长较长的可见光和红外传播。由于电磁波的传播无须任何介质,所以热辐射是在真空中唯一的传热方式。对空间目标反射太阳光的光度特性和红外辐射特性的测量,是空间目标探测与识别的一个有效手段。红外成像探测以空间目标的红外辐射为信息源,且该波段天空背景亮度在白天与夜间差别不大,利用红外探测技术能较好地解决空间目标白天探测问题。

空间目标在大气层外飞行过程中,接收到的外来热流有太阳辐射、地球热辐射和地球大气系统的反照辐射。实际上,空间飞行器的表面各部分温度均不相同,且随时间变化。进行估算时,假定空间目标表面温度各处相同,且省略内部热源。以卫星为例,卫星的热平衡温度取决于各种热能的大小与微型材料及表面的热物理性能。如果卫星为球形薄壁壳体,在地球同步轨道上运行,并且球体内无热源且地球对卫星的加热可以忽略不计,秋天在日照区处于稳定状态,再加上一些约束条件,可以求得卫星的平均最高温度为93℃。当卫星进入地球阴影时,温度下降,据此可以求得卫星进入地球阴影1.2h后,温度降为19℃。根据

绝对温度与辐射波长的关系，可以知道，当卫星温度为93℃时，其红外辐射峰值波长为8μm；当卫星温度为19℃时，其红外辐射峰值波长约为16μm。

红外成像探测系统一般由光学望远镜、红外传感器、跟踪设备、信号处理设备和其他伺服设备组成。典型红外成像系统构成如图6–3所示。

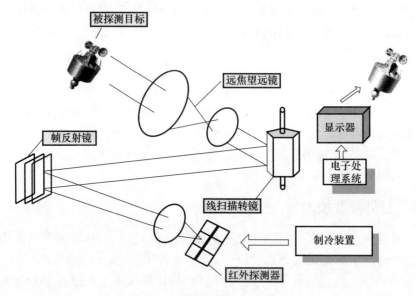

图6–3 典型红外成像系统构成

其中，远焦望远镜接收目标红外辐射，线扫描转镜和帧反射镜将目标图像聚焦到红外探测器上。红外探测器输出的信号经过电子处理系统的信号调理、采样和图像处理后，在显示器上输出目标红外图像。与可见光成像系统不同之处在于，红外成像系统一般都带有制冷装置，负责对红外探测器的衬底进行温度控制，提高其灵敏度。

6.2.3 典型被动光学系统

1. 美国毛伊光学跟踪识别系统

毛伊光学跟踪识别系统（MOTIF）是一种多手段、多谱段的综合性光学设备。口径3.7m自适应光学望远镜，装有波前监测和补偿装置，用于空间目标形状识别。望远镜亦称为"高级光电系统"（AMOS），配有可补偿大气扰动的自适应光学系统，镜面采用可变形半月状光学透镜，背面安装941个制动销，用于驱动镜面变形。望远镜视场为1″，能够极为有效地跟踪和识别空间目标，800km轨道目标分辨率为30cm，可清晰拍摄在轨卫星照片。

安装在同一基座上的2台1.2m主镜和1台0.56m辅镜组成，可进行可见光、长波红外光谱测量及微光信号探测和成像,波长范围3~22μm,7个波段,视场80″。其中,主镜焦距分别为24.56m和19.5m,在可见光波段分辨率分别为衍射线的3倍和2倍。

激光雷达跟踪系统,包括0.6m激光束导向器、0.8m激光束导向器/跟踪器和各种红外探测器,能够分辨航天飞机敞开的有效载荷舱内的物体。

MOTIF采用的微光电视摄像,探测能力比人眼高1000倍。白天分辨8等星,晚上分辨17等星目标。动目标捕获,光度测量。测量空间目标长波红外特征和辐射密度,从中获得各种目标信息。整套设施于1979年开始成为空间目标监视网专用设备,主要任务是为原空军航天司令部提供指定目标的位置和特征数据。平时对深空和地球同步轨道进行监视,探测未知目标。该设施原来只能在晨昏有限时段工作,1990年对其中一台望远镜进行了改造,使其能在日落和日出前后共工作10h。

2. DSP红外预警探测系统

"国防支援计划"(DSP)导弹预警卫星是美国早期的高轨天基红外预警系统,其携带的红外探测器阵列接收红外信号并放大、数字化后送到信号处理器;由信号处理器进行滤波去噪和器件阵列坐标变换,并计算目标的方位角、光谱分布特征与辐射强度变化的信息;与计算机存储的判别标准进行比较与分类,换算出目标的速度和加速度,最后判定出威胁目标,进行报警。作为辅助探测手段,系统还配有可见光摄像机,在红外探测系统发现目标前,它每30s向地面发送一次图像,用来自检并防止漏报;当红外系统发现目标后,每1~2s发送一次图像,用来显示目标轨迹,弥补覆盖空白,并根据图像中目标的形状与亮度变化辅助识别其真伪。图6-4所示为DSP红外预警探测系统组成。

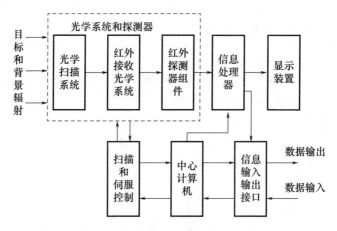

图6-4 DSP红外预警探测系统组成

6.3 主动光学测量系统

主动光学信息获取技术广义上是指目标信息获取系统利用自身装备的光源主动照射目标,并根据回波测量目标本身属性或目标与系统间的相对距离、速度等动力学参数。目前,空间态势感知中的光学信息主动获取技术,主要用于空间目标的导航与操控。其中,导航主要是实现相互分离的两个空间飞行器的交会接近,操控主要是完成对接、捕获、维修、燃料注入等任务。

6.3.1 激光测距技术

根据测量方法,激光测距技术可分为直接测量和间接测量两大类。直接测量又分为直接相干测量法和直接非相干测量法,间接测量主要是指三角测量法。

1. 直接相干测量技术

直接相干测量技术是利用激光的相干性实现目标信息获取。合成孔径激光雷达(SAL)就是典型的直接相干测量技术,具有抗干扰能力强、测距精度高等优点,但由于需要进行相干光外差解调,所以对硬件要求很高。

2. 直接非相干测量技术

按照发射激光信号的不同,直接非相干测量技术主要分为脉冲激光测距、连续波激光测距两种。

1) 脉冲飞行时间激光测距

脉冲飞行时间激光测距通过测量激光脉冲的飞行时间(Time of Flight,ToF)来测量其与目标之间的距离,即向目标发射一个激光脉冲,经目标反射后由回波接收通道接收并测量激光脉冲从发射到返回所经历的时间 τ。目标距离为 $R = \dfrac{c\tau}{2}$,c 为真空中光速。

脉冲飞行时间激光测距使用脉冲激光器作为光源,发射高斯型激光脉冲信号,测距激光脉冲信号波形如图 6-5 所示。

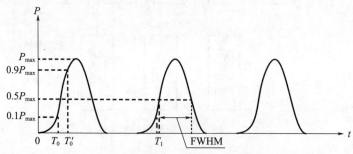

图 6-5 测距激光脉冲信号波形

测距应用中,所关心的脉冲激光器参数为:脉冲峰值功率(P_{max})、脉冲重复时间(T_0-T_1,也称脉冲重复频率,PRF)、脉冲上升时间($T_0-T'_0$)、脉冲半功率宽度(FWHM)。脉冲峰值功率决定了测距的最大距离,脉冲重复时间决定了测距的最大速率,脉冲上升时间决定了测距的精度范围,脉冲半功率宽度决定了测距的最小距离。典型脉冲飞行时间激光测距系统结构如图6-6所示。

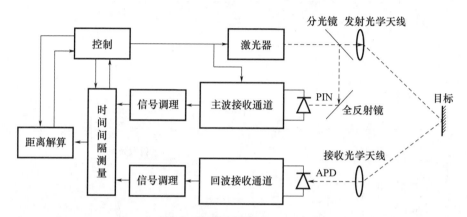

图6-6 典型脉冲飞行时间激光测距系统结构

激光器发射信号,经过分光镜后,绝大部分经发射光学天线波束形成后,射向目标,极小部分经反射镜被PIN管检测后进入主波接收通道,经过信号调理后触发时间间隔测量单元开始计时。目标反射回的脉冲激光信号经接收光学天线滤光、聚焦到APD光敏面上进入回波接收通道,经过信号调理后触发时间间隔测量单元停止计时。时间间隔测量单元将测量结果送入距离解算单元得到距离值。

2)调频连续波激光测距

调频连续波(FMCW)激光测距将对飞行时间的测量转换为对与飞行时间成比例的差频频率的测量。以锯齿形FMCW信号为例,其激光测距原理如图6-7所示。

图6-7中,发射子系统由调制信号发生器、激光器调制与驱动模块、连续波激光器和发射光学系统组成。调制信号发生器产生锯齿型调频信号并分为两路输出,其中一路输入激光调制电路作为连续波激光器的调制信号,另一路输入接收子系统作为本振信号。激光器调制与驱动模块将调频信号与激光器偏置电流叠加,形成激光器驱动电流输入激光器。连续波激光器将包含调制信号的驱动电流经电光转换形成发射激光信号,使得发射激光的瞬时光功率随调频信号变化。发射光学系统对激光器发射光束进行整形、准直与扩束。

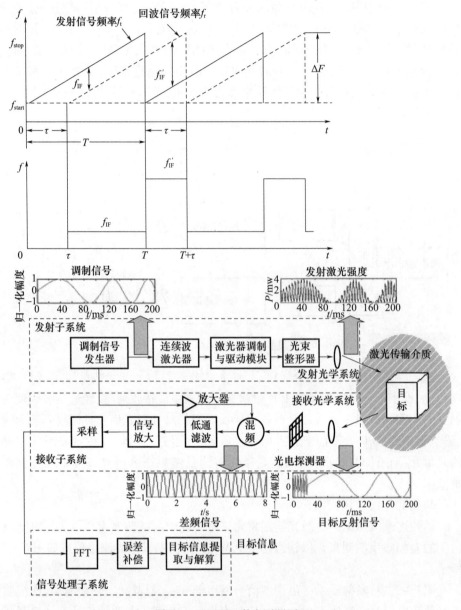

图 6-7 FMCW 激光测距原理

接收子系统由接收光学系统、光电探测器、混频器、低通滤波器、信号放大器和采样电路组成。接收光学系统将目标反射光汇聚到光电探测器上。光电探测器将目标反射光转换成光电流,其中交流部分与本振信号混频形成包含目标信息的差频信号。差频信号经滤波和放大后,采样输出至信号处理子系统。

信号处理子系统对采集到的差频信号进行快速傅里叶变换（FFT），而后在频域进行过门限值判断并解算差频信号频率，进而解算得到目标距离。

3）鉴相式激光测距

鉴相式激光测距是将对飞行时间的测量转换为对与飞行时间成比例的相位的测量。

假设以正弦信号调制激光器的发射功率为

$$P = P_0[1 + \sin(\omega t)] \qquad (6-3)$$

式中，P_0 为激光器发射平均功率；ω 为调制信号角频率。光电传感器接收到的信号 P_r 为

$$P_r = P_a[1 + \sin(\omega t + \varphi)] \qquad (6-4)$$

式中，P_a 为光电传感器接收到的平均功率；φ 为发射信号和接收信号的相位差，它与目标距离 R 的关系为

$$R = c[\phi/2\omega] \qquad (6-5)$$

在实际测距中，为了解调得到相位差，需要进行外差接收。假设本振信号为

$$G = \frac{1}{2} \times G_m[1 + \sin(\omega t)] \qquad (6-6)$$

经过解调与滤波后得到的信号为

$$A = nTSG_mP_a\left(\frac{1}{2} + \frac{1}{4}\cos\phi\right) \qquad (6-7)$$

式中，nT 为积分时间；T 为调频周期；S 为探测器光谱响应度。为了解算出相位，令解调信号为恒值 G_m，得到滤波后的信号为

$$B = nTSG_mP_a \qquad (6-8)$$

令 $C = A/B$，得到相位为

$$\phi = \arccos(4C - 2) \qquad (6-9)$$

根据目标距离与相位的关系，得到目标距离为

$$R = c[\arccos(4C - 2)/2\omega] \qquad (6-10)$$

利用微通道板和 CCD 实现鉴相式激光测距系统结构如图 6-8 所示。

信号发生器产生两路同频同相的调制信号，其中 V_1 对激光器发出的激光功率进行幅度调制，V_2 则用于微通道板（MCP）的调制。经过调制的发射激光信号 P_0 照射在目标上，目标各点的回波信号 P_1 同时被光电阴极接收。V_2 经高频线性放大器提取出交流成分 V_3，用于对微通道板增益进行控制。回波信号经过微通道板与和发射信号同频同相的信号叠加后，得到含有相位差信息的信号 P_2。回波信号与发射信号间的相位差与目标距离呈正比。P_2 信号照射在荧光屏上，用 CCD 相机检测即可得到含有相位差信息的积分值 P_3，通过精确测量该积分值，并结合在无调制下的积分值即可根据测距原理结算得到目标距离值。

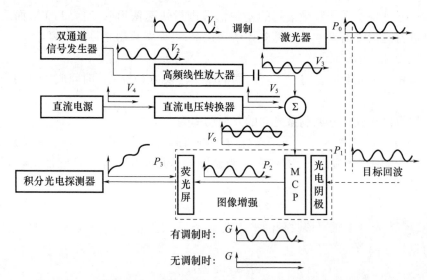

图6-8 基于微通道板和CCD的鉴相式激光测距系统结构

4) 脉冲增益调制激光测距

与鉴相式激光测距相似,脉冲增益调制激光测距将对飞行时间的测量转换为与飞行时间成比例的积分电压值的测量,因此可以使用CCD等成熟光电传感器实现测距。

假设脉冲激光器发射功率(这里指单脉冲功率)为P,目标反射率为ρ,不考虑激光的其他衰减,则CCD得到的信号强度A与像增强器增益$G(t)$的关系为

$$A = \int_t P\rho G(t)\mathrm{d}t \qquad (6-11)$$

在脉冲增益调制测距系统中,像增强器的增益是随时间变化的。为了获取目标的距离信息,首先获取目标在常增益下的信号强度:

$$A_\mathrm{c} = \int_t P\rho G_\mathrm{c}(t)\mathrm{d}t = G_\mathrm{c}(t)\int_t P\rho \mathrm{d}t \qquad (6-12)$$

再获取增益随时间变化的变增益下的强度:

$$A_\mathrm{v} = \int_t P\rho G_\mathrm{v}(t)\mathrm{d}t \qquad (6-13)$$

由于目标距离R与脉冲飞行时间t_d具有如下关系$R = \dfrac{c}{2}t_\mathrm{d}$,则有

$$A_\mathrm{v} = \int_t P\rho G_\mathrm{v}(t)\mathrm{d}t \approx G_\mathrm{v}(t_\mathrm{d})\int_t P\rho \mathrm{d}t \qquad (6-14)$$

将两次测量得到的灰度值相比,得

$$\frac{A_\mathrm{v}}{A_\mathrm{c}} = \frac{G_\mathrm{v}(t_\mathrm{d})}{G_\mathrm{c}} \qquad (6-15)$$

假设 $G_v(t)$、G_c 都通过测定已知，则目标距离为

$$R = \frac{c}{2} G_v^{-1}(G) \big|_{G = \frac{A_v}{A_c} G_c} \qquad (6-16)$$

式中，$G_{v-1}(G)$ 为 $G_v(t)$ 的逆函数。基于像增强器和 CCD 的脉冲增益调制激光测距系统结构如图 6-9 所示。

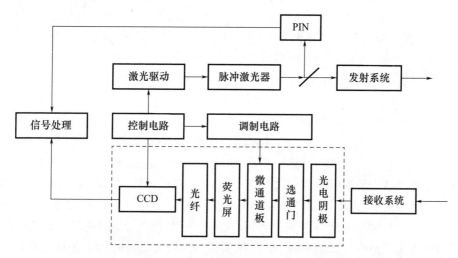

图 6-9　基于像增强器和 CCD 的脉冲增益调制激光测距系统结构

此外，还有间接测量技术，主要是通过几何光学方法解算目标距离，典型代表为三角测距技术，其测距精度与目标距离的平方成反比。

6.3.2　激光三维成像技术

目标三维图像是指图像中每个像素都包含有目标上对应点的相对距离信息，通常利用伪彩色图表示，即以一段均匀连续渐变的颜色表示一段目标距离。

按成像方式，激光三维成像技术可以分为扫描式和非扫描式三维成像两类；按成像器件，可以分为基于焦平面阵列、基于相机和基于单点探测器的三维成像；按成像原理，可以分为基于直接测量法激光测距和基于间接测量法激光测距的三维成像。

激光三维成像关键技术主要包括激光调制与发射、激光接收与解调、信号处理、光学系统加工制造 4 个方面。

（1）激光调制与发射技术主要包括两个方面：一是调制信号的产生，如脉冲信号、调频连续波信号、正余弦信号等。为了达到测距精度，在保证一定信噪比的同时，需要调制信号满足一定的指标要求。例如，对于脉冲信号需要具有较短的上升时间以实现高精度测量，需要具有较大的能量以调制激光器产生具有足够单脉冲能量的激光脉冲信号。对于调频连续波信号，需要具有较高的调频线

性度和较大的带宽以保证测距精度。二是选择合适的激光器作为光源,如对于脉冲飞行时间激光测距系统中,为了保证测距速度应当选用脉冲重复频率较高的脉冲激光器,为了保证测程,应选用单脉冲能量大、峰值功率高的激光器,同时,为了保证测距精度,应选用脉冲半功率宽度较窄的激光器。对于调频连续波激光测距,由于需要使用连续波激光器,平均功耗较大,因此应重点考虑选用电光转换效率较高的激光器。

(2)激光接收与解调技术主要包括两个方面:一是激光接收,即光电转换。当前用于激光三维成像的光电传感器主要有雪崩光电二极管(APD)、PIN 光电二极管、APD 阵列、PIN 阵列、CCD 及 ICCD(带有像增强器的 CCD)、多阳极微通道阵列(MAMA)、金属半导体金属探测器(MSM)、硅光电倍增管(Si – PMT 或 MPPC)、电子轰击有源像素传感器(EBAPS)。对于扫描激光三维成像,其实现过程是利用微机电系统(MEMS)使得激光束扫描目标,因此一般使用单点探测器或线阵探测器,该类探测器已经较为成熟。而对于无扫描激光三维成像,其实现过程是将激光扩束后对目标进行泛光照明,因此必须使用面阵探测器,这类探测器主要包括 CCD 及 ICCD、EBAPS、APD 面阵、PIN 光电二极管阵列等。将这些探测器阵列与读出电路结合在一起,就成为焦平面阵列。当前主要利用两类探测器实现无扫描激光三维成像,即以 CCD 及 ICCD 为代表的基于相机的无扫描激光三维成像,以 APD 面阵为代表的无扫描激光三维成像。二是解调技术,主要有两种实现方式:对于单点探测器可以在光电转换后,利用电混频解调;而对于面阵探测器,由于像素数量较大,需要使用光电混频实现信号解调。

(3)信号处理技术主要包含两个方面,即信号处理的硬件实现和信号处理的算法实现。信号处理的硬件实现包括信号调理(包括放大、整形、滤波等)、信号采集、信号传输、信号存储等。对于扫描三维成像,信号的获取是串行的,因此上述信号处理的硬件实现只需一路或几路并行进行,相比之下对于无扫描三维成像就需要多路并行实现,即需要制作集成电路。如果无扫描三维成像的尺寸为 $M \times N$,那么对应集成电路的单元也为 $M \times N$ 个,其中每个单元内集成有信号调理、采集、存储等功能。通过钢柱连接技术将面阵探测器与集成电路结合后,即成为焦平面阵列。信号处理的算法实现是指利用快速、高效的数学方法解算目标的动力学参数。

(4)光学系统加工制造技术主要包括发射与接收光学镜头的加工制造、窄带滤光片的加工制造。

6.3.3　典型主动光学系统

1. 美国先进科学概念公司的"龙眼"相机

美国空军研究实验室、雷神公司、先进科学概念公司、波尔航空航天技术公司等致力于激光三维成像系统的研制,主要用于航天器间自动交会对接、在轨卫星服务、着陆点选择、自主航行器避障、植被/烟雾下的目标探测等。该三维相机基于脉冲飞行时间激光测距,旨在利用一个(或几个)脉冲,通过"闪光成像"的方式,一次性获得目标三维图像。实现该成像方式的核心器件是 APD 阵列及其集成在上面的激光雷达处理器(LRP)。

LRP 由多个激光雷达处理单元(LR–UC)组成,每个 LR–UC 通过铟缩柱连接工艺(Indium Bump Bonding)与对应 APD 阵列中的一个探测单元相连。LR–UC 的主要功能是对每个探测单元单独计时并采集回波脉冲信号。

在激光脉冲发射时,每个 LR–UC 与一个精准的斜降电压(典型值为 +5 ~ 0V)相连;当回波脉冲幅度超过触发门限时,LR–UC 与斜降电压断开,对得到的电压值以及回波脉冲的峰值采样并保存在 LR–UC 中;A/DC 电路在下一次成像前对所有 LR–UC 中的电压值和回波脉冲峰值进行量化,并由高速读出电路(ROIC)输出后进行进一步信号处理。

此类三维成像系统能够通过一个(或几个)脉冲得到目标三维图像,具有无运动失真、测距精度高、成像帧速高、抗背景光干扰能力强、结构紧凑可靠等技术优势。但由于脉冲激光峰值功率很高,当空间目标上有强反射点时,极易造成 APD 饱和甚至损坏,而且存在测距盲区;此外,较高的计时精度、较宽的信号传输、处理带宽和极高的信号采样率对硬件要求很高,使得系统成本高。"闪光式"三维成像激光雷达接收阵列结构如图 6–10 所示。

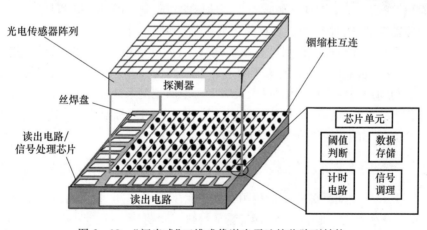

图 6–10 "闪光式"三维成像激光雷达接收阵列结构

2. 美国桑迪亚国家实验室的激光三维成像雷达(LDRI)

由美国桑迪亚国家实验室和美国空军研究实验室研制的激光三维成像雷达(LDRI)主要用于航天器间自动交会对接、在轨卫星服务、航天器探伤、自主航行器避障等方面。

LDRI 不仅具有测距精度高、空间分辨率好、光电探测器成熟、信号处理简单等优点,而且采用连续波激光泛光照明不容易造成探测器饱和或损坏,使用准连续波激光时还可实现较远的成像距离。但鉴相式三维成像需要 4 次成像才能产生一幅三维图像,若成像过程中目标与雷达间存在相对运动,则不可避免存在图像运动失真问题。为此,桑迪亚国家实验室曾提出"分光器 + 光纤耦合"的并行成像解决方案,将进入一个镜头的光分成 4 份并使用 4 个 CCD 进行并行成像,根据这 4 幅图像生成距离像。该方法虽然解决了图像运动失真问题但却降低了测距精度,因为 4 个 CCD 性能不尽相同,使得基于多幅图像联合处理的背景光/噪声抵消性能大幅下降,所以 LDRI 目前仍然改为使用一个 CCD 传感器。

随着空间任务难度的增加,主动光学信息获取技术势必会在空间态势感知中发挥越来越重要的作用,现有的光学信息获取技术已经难以满足目标识别、交会对接与空间操控的需要。主动光学信息获取技术将朝着更远、更准、信息获取量更大的方向发展,在单一测距方面要求信息获取能力更远、更准、更快方向发展,在成像方面将从二维向三维、从扫描向无扫描方向发展。

6.4　天基光学探测系统

目前,空间目标监视系统多采用地基光电设备、地基雷达设备作为主要监测手段,然而地基空间目标监视系统易受天气影响、不具备机动能力、布站受限国土面积,以及可见范围和观测时间受到地球曲率限制,导致地基空间目标监视在空间覆盖性、监视时效性等方面存在局限性,难以满足未来空间对抗的监视需求。而天基空间目标监视则可克服上述缺陷,做到既可与地基空间目标监视互为补充,又可自成体系。天基观测条件下观测几何拉开,更易于实现多种角度观测以及短周期内的重访观测,可大大减少对地面观测系统的依赖。因此,无论对于合作方式的空间目标测控还是非合作方式的空间目标监视,利用天基平台实现对空间目标的定轨识别是未来的发展趋势。

6.4.1　天基光学探测技术

天基光学空间目标监视是利用在轨平台实现对空间目标的探测、捕获与跟踪,其自身运动满足地心二体约束,受平台轨道周期、载荷性能的制约,天基空间目标监视与地基空间目标监视相比,在系统工作模式、观测方式上都有其自身特点。由于天基光学探测的原理与技术已经分别在第 2 章和本章第 3 节中进行阐述了,这里只给出天基光学探测的三种信息处理技术。

天基光学探测的信息处理是指在获得天基光学监视图像后,对天基光学监视相机获取的观测图像序列进行处理,从中提取空间目标的位置、亮度等信息,并对空间目标进行定轨、识别与编目维护。

1. 目标检测与恒星提取

天基光学监视图像通过恒星跟踪方式获取,将观测图像序列叠加,则可以从叠加图像中看出背景恒星相对静止,呈现为点源状,而经过该天区的空间目标由于相对运动则表现为运动条痕。通过两者的运动差异,可以实现对目标的检测。星上预处理系统除了将目标条痕周围像素宽度的信息保存下传,还需从恒星背景中提取一定数量的恒星,用来确定相机的指向。定标恒星一般选择背景中较亮的恒星,采用基于门限检测的方法将其提取出来,对每个检测出来的恒星及其周围区域像素的信息一并存储下传。地面数据处理中心对恒星进行质心化,以确定恒星在像平面上的精确位置。然后再与恒星星表数据库进行匹配,由恒星天文位置计算相机的精确指向,从而确定出目标条痕端点的赤经、赤纬。

2. 目标定轨与编目维护

空间目标监视系统核心任务是实现对空间目标的轨道确定,对于空间目标的轨道确定有三类不同的需求:一是完成初始轨道确定以便对未关联目标(Uncorrelated Target,UCT)进行编目;二是对已编目目标的轨道参数进行更新维护;三是最终获得目标的精确轨道参数。

对于 UCT 需要利用初始观测数据进行初轨确定(Initial Orbit Determination,IOD),一般要求初轨确定精度需满足下次观测的引导精度要求,即保证下次观测时刻该目标出现在相机视场中。在初轨确定的基础上,利用后面数天的观测数据对目标初轨进行轨道改进。而对已编目目标需要根据新观测数据进行轨道改进,以提高目标的定轨精度。为进一步提高定轨的实时性和定轨精度,天基光学空间监视系统除采用天基仅测角定轨外,还可以采用天地联合定轨方式。

3. 基于光度特征的目标识别

天基光学监视图像数据中目标运动条痕的强度与像素坐标值被检测提取,并下传到地面数据处理中心作为日常观测数据的一部分。目标的亮度采用星等值进行量化。由于空间目标亮度与目标本身的材质、形状、运动状态以及观测相角等因素密切相关,所以目标的亮度信息中包含目标本身的参数信息。通过对长期观测数据的分析,可获得目标亮度变化的规律,从而确定目标的形状、在轨状态等,为目标的关联、识别提供支持。

6.4.2 典型天基光学探测系统

1. 低轨"天基空间监视系统"

2010 年 9 月 26 日,美国从范登堡空军基地成功发射了首颗天基空间监视系统(SBSS)卫星——"探路者"(Pathfinder),该星设计寿命 7 年,发射质量约 1031kg,目前运行在轨道高度约 630km,轨道倾角 98°的太阳同步轨道上。SBSS

的任务是对地球同步轨道上所有常驻的目标进行实时探测、辨别,并跟踪常驻轨道目标,将所获得的目标位置、目标轨道机动信息以及目标识别数据提供给空间联合作战中心(JSPOC)和空间控制中心。SBSS 主要跟踪轨道周期大于 225min 的空间目标,该系统也具有跟踪小型目标的能力,还支持获取太空监视的关键性能参数。

SBSS 卫星采用可靠的可配置的 BCP-2000 平台,设计寿命为 7 年,任务时间为 5.5 年,采用三轴稳定方式。其可见光载荷采用了下列技术:

(1)专用载荷处理器的电子设备能够控制载荷的所有功能、视线指向以及数据采集等。

(2)采用双轴万向平衡框架可以灵活控制相机的指向,通过万向架的转动改变光学探测器的观测角度和方向来发现并跟踪目标,减少了对卫星平台姿态操作,提升了观测的灵活性和任务的适应性。

(3)可见光载荷采用三镜消像散望远镜、聚焦结构、焦平面装配、在轨校正以及集成的载荷制冷功能。

(4)采用具有伺服跟踪能力的转台,不仅具有针对地球静止轨道进行搜索、定位和跟踪等操作功能,而且还具有对低轨及机动目标的探测能力。

(5)星载可重复编程的处理器能够对观测图像进行处理,提取移动目标和参考恒星像素点以减少下传数据量的大小。

SBSS 的地面系统由一个指挥控制中心和三个地面站组成。其中,指挥控制中心位于科罗拉多州的施里弗(Schriever)空军基地,该中心负责制定联合空间作战中心下发的监视任务规划、指挥控制、数据处理和传输以及数据分发等多种职能。三个地面站中的主地面站位于格陵兰岛的图勒(Thule),主要负责上传 L 波段指令和接收 S 波段的下传数据;另外两个地面站分别位于美国阿拉斯加(Alaska)和瑞典的基律纳(Kiruna),分别接收 SBSS 卫星利用 X 波段下传的监视数据。三个地面站分别负责将获得的观测数据传输至 SBSS 卫星指挥控制中心。

2. 高轨天基光学探测系统

1)高轨的 GSSAP 系统

GSSAP 卫星是美国空军发展的高轨巡视卫星,目的是提升对 GEO 卫星的持续监视与抵近识别能力,目前已完成 4 颗卫星组网。该项目 GSSAP 卫星采用万向架相机作为载荷,既能通过与 GEO 目标的相对漂移实现 GEO 全轨道巡视探测,对空间目标进行探测、编目和特征识别,还能通过转动的万向架对特定目标进行多角度立体观测,并且必要时还能通过轨道机动抵近 GEO 目标进行详细侦察,在最佳观测距离和最优拍摄角度获取目标高清视图。据推测,GSSAP 卫星平时运行在近地球同步的椭圆轨道上,对 GEO 全轨道目标进行监视侦察,其灵活的高轨机动能力可以在最佳位置清晰拍摄目标外形并跟踪机动目标,也能够获取目标星发射的无线电信号。

2）轨道深空成像系统

作为美国发展和完善空间目标监视的中期计划,轨道深空成像系统(ODSI)是美国用于空间目标监视的全新项目,由运行在地球同步轨道上的成像卫星组成,卫星成像系统采用望远镜并可在空间机动。ODSI 不仅能探测和跟踪目标,其更主要的任务是对目标进行描述和分析,提供目标的高分辨率图像,并实时或定期提供相关信息以支持空间行动。相较于运行在低轨道上的 SBSS 而言,ODSI 系统更适合跟踪和监测高轨道的目标,其主要作用是提供空间物体特性的图像和轨道位置数据,ODSI 计划由三颗或更多卫星组成,不仅增加了空间目标识别范围和空间监视网络的性能,而且支持空间目标编目、提高空间态势感知能力。ODSI 与其他空间态势感知网络传感器配合,将大大加强对空间活动的掌握。

空间目标光学探测系统仍在不断发展之中,尤其是近几年出现的天基薄膜衍射成像技术、空间分块可展开光学成像技术、天基光学合成孔径成像技术与天基超光谱成像技术等,为空间目标监视带来了新的生机与活力,焕发生机的光学系统也将在空间态势感知领域发挥更大的作用。

第7章 空间环境监测系统

空间环境监测系统是空间态势感知系统的重要组成部分,主要任务是监测空间环境及其变化,并支持空间目标的环境效应分析。空间环境及其效应不仅对空间目标的轨道、载荷性能、辐射特性等造成影响,也对地基空间目标探测设备、天基空间目标探测设备,以及天对天、地对天、天对地等信息传输系统都有影响,进而影响空间目标的信息获取与信息利用。

7.1 概　　述

7.1.1 空间环境构成

空间环境是指地球稠密大气层之外的地球空间环境、深空环境、太阳系以外的宇宙空间环境。其中,与人类紧密相关的地球空间环境为地球引力主作用范围且在地球大气层之外的空间环境。深空环境是指地球空间环境以外的空间环境,包括行星环境、行星空间环境及行星际环境。太阳系以外的宇宙空间环境可分为恒星际空间、恒星系空间及星系际空间等环境。本书只探讨地球空间环境,简称为空间环境。

从应用空间的角度来看,空间环境研究主要关心近地空间环境中对技术系统有影响的环境要素,包括由于太阳的辐射和爆发而引起的地球空间(弓形激波、地球磁场、电离层、热层、中层、对流层)、高能粒子、电场电流及其电磁特性剧烈变化,以及人类航天活动留下的空间碎片等。具体来讲,空间环境的要素主要包括6个方面,分别是高层大气、真空、微流星体和空间碎片、电磁辐射、带电粒子(太阳宇宙射线、银河宇宙射线、地球辐射带)和微重力等。其中,高层大气、真空、电磁辐射、带电粒子和微重力都是自然条件下的环境因素;空间碎片则主要是由于人类航天活动产生的太空垃圾造成的环境因素。

7.1.2 空间环境主要特点

1. 空间的高真空环境

随着高度的增加,大气密度减小,大气压强也随之相应减小。当航天器到达500km高度时,其所处空间的大气密度和大气压强仅为地面上的万亿分之一。地面大气压力约 $1.013 \times 10^5 Pa$,500km 高度时大气压力降至约 $10^{-7} Pa$。因此,可以认为此时的空间环境几乎没有空气,几乎没有压强。

2. 空间强辐射环境

在空间中,不仅存在宇宙大爆炸时留下的辐射,各种天体也向外辐射电磁波,许多天体还向外辐射高能粒子,形成宇宙射线。例如,银河系有银河宇宙线辐射,太阳有太阳电磁辐射、太阳宇宙线辐射和太阳风等,许多天体都有磁场,磁场俘获上述高能带电粒子,形成辐射性很强的辐射带,如在地球的上空,就有内外两个辐射带。由此可见,空间环境还是一个强辐射环境。

3. 空间的冷黑环境

自宇宙大爆炸以后,随着宇宙的膨胀,温度不断降低。虽然随后有恒星向外辐射热能,但恒星的数量是有限的,而且寿命也是有限的,所以宇宙的总体温度是逐渐下降的。经过100多亿年的历程,空间已经成为高寒的环境,对宇宙微波背景辐射(宇宙大爆炸时遗留在空间的辐射)的研究证明,空间的平均温度为 $-270.3℃$。宇宙空间的能量密度约为 $10^{-5}W/m^2$,相当于3K黑体的辐射能量密度,这一环境称为冷黑环境。

当航天器进入地球本影区时,本身的热辐射全部被太空吸收,没有二次反射。冷黑环境除影响航天器的温度外,还会影响航天器部分材料的性能,使其老化、脆化,进而使有伸缩活动的部位出现故障。航天器的几何尺寸与它和行星或恒星的距离相比,小到可以忽略不计,从热交换的观点可以完全不考虑行星或恒星对航天器辐射的反射。因此,可以认为航天器的自身辐射全部加入宇宙空间,也就是说空间对航天器来说是黑体。

4. 空间的微重力环境

航天器在空间运行时处于微重力状态。航天器结构分为非密封结构与密封结构。对非密封结构航天器,在入轨过程中,舱内气体进入空间,使舱内处于真空状态,不存在对流换热;对密封结构的航天器,在空间微重力作用下,舱内因温差而产生的空气自然对流换热非常微小,可以忽略不计。微重力环境是航天器上最为宝贵的独特环境。在失重和微重力环境中,气体和液体中的对流现象消失,浮力消失,不同密度引起的组合分离和沉浮现象消失,流体的静压力消失,液体仅有表面张力约束、润湿和毛细现象加剧等。总之,它造成了物质一系列不可捉摸的物理特性变化,提供了一种极端的物理条件。

失重环境有利有弊。从它带来的好处看,微重力条件下气体和液体中的热对流消失;不同密度的物质的分层和沉淀消失;液体的静压力消失;容器对液体的束缚力减小。利用这些特点,可以进行空间材料加工和空间药物生产。

5. 空间的微流星体和碎片环境

1) 微流星体

微流星体是沿围绕太阳的大椭圆轨道高速运转的固体颗粒。其主要来源于彗星,并且有与彗星相近的轨道。当它们的轨道与地球相交时,可能闯入地球大气,与大气摩擦而产生发光现象,即为流星。有个别尚未在大气层完全燃烧而能达到地面者称为陨星。流星体具有各种不规则的外形,它们在太阳引力场的作用下沿着各种椭圆轨道运动,相对于地球的速度为 11~72km/s。当与航天器发生碰撞时,就可能对航天器造成损伤(如航天器表面部分的穿透和剥落等)。

2) 空间碎片

人类航天活动在太空留下的人造物体称为空间碎片,又称空间垃圾。空间碎片包括失效的航天器、末级运载火箭、空间武器试验中的爆炸碎片以及火箭和航天器的排出物等。低于 2000km 的低地球轨道(LEO)是碎片的主要集中区域,地球静止轨道(GEO)上也形成了碎片环。

6. 空间的高层中性大气环境

地球大气 90~600km 高度范围内的大气层称为中性热层,600km 高度以上区域称为热层。中性热层主要由中性气体粒子组成,这些粒子按照它们的分子重量在大气中分层。在中性热层较低区域,原子氧(AO)占主要成分;在较高区域,氦和氢占主要成分。中性热层的温度在 90km 处最低,随高度增加迅速升高,最后成为与高度无关的渐进温度,又称为外大气层温度。热层温度及其密度和成分与太阳活动密切相关,这是由于热层吸收太阳极紫外(EUV)辐射的加热作用。

中性气体的密度是主要的特性参数,该指标会影响航天器在轨高度、寿命和运动。尽管空间环境是真空环境,仍有大量残余气体分子碰撞航天器,对航天器产生较大的拖曳力。如果这种拖曳力不被航天器推进系统产生的推进力所平衡,航天器高度会慢慢降低直到发生航天器再入地球。密度效应还会对航天器直接产生力矩作用,因此在航天器轨道控制系统设计中必须考虑大气密度效应。

7. 空间的诱导环境

诱导环境是指航天器某些系统工作时造成的环境和在空间环境作用下产生的环境。它主要有以下 3 种:

(1) 极端温度环境:航天器在空间真空中飞行,由于没有空气传热和散热,受阳光直接照射的一面,可产生高达 100℃ 以上的高温。而在背阴的一面,温度则可低至 -200~-100℃。

(2) 高温、强振动和超重环境:航天器在起飞和返回时,运载火箭和反推火箭在点火与熄火时,会产生剧烈的振动。航天器重返大气层时,在稠密大气层中高速穿行,与空气分子剧烈摩擦,使航天器表面温度达到 1000℃ 左右。航天器在加速上升和减速返回时,正、负加速度会使航天器上的一切物体产生巨大的超重(超重以地球重力加速度 g 的倍数来表示)。载人航天器上升时的最大超重达 $8g$,返回时达 $109g$,卫星返回时的超重更大。

(3)失重和微重力环境:航天器在空间轨道上做惯性运动时,地球或其他星体对它的引力正好被其离心力所抵消,在它的质心处重力为零,即零重力,那里为失重环境。而质心以外的航天器上的环境,则是微重力环境,那里重力非常低微。

7.2 空间环境参数表征

7.2.1 中性大气参数表征

虽然高层大气比低层大气稀薄得多,但对于高速运行的航天器而言,这种阻力不可小视。航天器在高层大气中飞行时受到的大气阻力和航天器运行的方向相反,它会使航天器的动能减少,从而使航天器的高度下降,轨道收缩,发生轨道衰变。

大气密度影响航天器轨迹,而大气密度通常依赖于大气模型、EUV、F10.7、Kp、ap、预报能力和大气组成等。这中间涉及许多参数,每一个参数都可能引起剧烈变化,并且每一个测量值和预报都具有不确定性。现在主要参数是大气密度和外层温度,仅密度这一个参数在任何轨道确定应用中都贡献了误差的最大部分。

大气密度模型是影响 LEO 和 GTO 轨道预报精度的重要因素。大气密度模型基本为半经验模型,分为只随高度变化的一维模型和同时考虑高度、经度、纬度、季节、周日等因素的三维模型,包括标准大气和参考大气。标准大气一般表示在中等太阳活动条件下,从地球表面到 1000km 高度中纬区域理想化的稳态地球大气平均状态的剖面,代表模式包括美国标准大气 1962、美国标准大气增补 1966 和美国标准大气 1976。表示大气平均状态的标准大气不能完全满足使用要求,在对近地卫星进行定轨预报时多采用参考大气,代表模型包括国际参考大气(CIRA)系列、Jacchia 系列、DTM 系列和 MSIS 系列。由国际空间委员会(COSPAR)推荐的 CIRA 系列包括 CIRA1961、CIRA1965、CIRA1972 和 CIRA1986。以卫星轨道衰变反演的大气密度数据为基础的 Jacchia 系列,包括 J65、J70、J71、J77、MSFC/J70、MET 和 MET V2.0。DTM 系列则是采用了 J71 模型基于不同热大气层成分的独立静态扩散平衡假设,包括 DTM78、DTM94 和 DTM2000。紫金山天文台在 DTM 的基础上利用卫星阻力数据反演大气密度开发的大气密度模型 PMO2000 也属于 DTM 类型。MSIS 系列模型在高热层拟合卫星、火箭质谱仪和地面非相干散射雷达等的测量数据,在低热层则接近全球大气环流系统的结果,包括 OGO-6、MSIS77、MSIS83、MSIS86、MSIS90(MSISE90)和 MSIS00(NRLMSISE00)。目前,在卫星定轨预报中常用的大气密度模型包括指数模型、HP（Harris – Priester）模型、J71、J77、DTM78、DTM94、DTM2000、MSIS86、MSIS90、MSIS00 和 MET – V2.0 模型等。目前，精密定轨预报中采用的模型一般包括指数模型、HP 模型、J71、J77、DTM78、DTM94、MSIS86、MSIS90、MSIS00 模型等。

7.2.2 等离子体参数表征

在地球空间环境中，能量低于 100keV（千电子伏）的带电粒子构成空间等离子体。因其相对于宇宙线和地球辐射带的粒子（通称为高能粒子）能量要低，故有时又称为低能粒子。它不仅受空间磁场控制，还受空间电场支配。

1. 德拜长度与准中性

等离子体中一个带电粒子在周围产生的电位，受其他带电粒子影响，该电位不是点电荷的库仑电位，而是德拜电位。德拜电位由德拜长度（Debye Length）表示，是德拜电位被屏蔽的距离，也称德拜半径。准中性（Quasi – Neutrality）是指在远大于德拜长度的区域内，等离子体体系保持近似中性的特性。

2. 等离子体频率

等离子体频率（Plasma Frequency）是描述等离子体固有振荡的频率，表征等离子体集体效应发生的时间尺度。电子等离子体频率（Electron Plasma Frequency）在视等离子体中离子相对电子为固定不动，仅提供正电荷背景的条件下，局地等离子体非电中性致振荡频率为

$$\omega_{pe} = (n_e e^2 / m_e)^{1/2} \quad (7-1)$$

式中，e 为电子电荷；m_e 为电子质量；n_e 为电子数密度。

离子等离子体频率（Ion Plasma Frequency）视电子为均匀背景下产生的等离子体，离子振荡频率为

$$\omega_{pi} = (N q_i^2 / m_i)^{1/2} \quad (7-2)$$

式中，q_i 为离子电荷；m_i 为离子质量；N 为离子数密度。

3. 能量和温度

能量是描述粒子运动状态的量。单位时间内通过单位面积的能量称为能通量（Energy Flux），它是全向能通量。温度是根据粒子无规则运动所确定的，在空间环境中是指动力温度，忽略彼此间碰撞，从而使不同成分粒子可有不同温度。粒子按能量的分布称为能谱。

4. 数通量和密度

某种粒子在单位时间内通过单位面积的粒子数定义为该种粒子的数通量；单位体积内某种粒子的个数定义为该种粒子的数密度。

5. 分布函数（Distribution Function）

在相空间表征体积元中粒子出现概率的函数称为该种粒子的分布函数，能

够将离散的分立体系连续函数化,完整地给出体系运动状态的描述。

7.2.3 地磁场参数表征

地球空间磁场是一个矢量场,任一点的磁场需要三个独立分量描述。用来确定某一点磁场的各独立分量称为地磁要素,它们是 F、X、Y、Z、H、D 和 I,图 7-1 给出了上述 7 个量及其关系。采用局地笛卡儿坐标系(直角坐标系),地理北、东、下三个方向分别为 X、Y、Z 轴的正方向。图中 F 是地磁场,其大小是磁场总强度;H 为水平分量,是 F 在当地的水平投影,其大小为水平强度;Z 是垂直分量,其大小为垂直强度;D 为磁偏角,是水平分量与正北方向的夹角;I 为磁倾角,是 H 与 F 之间的夹角。它们之间的关系为

$$\begin{cases} F^2 = X^2 + Y^2 + Z^2 \\ H^2 = X^2 + Y^2 \\ Y = H\sin D \\ Z = H\tan I \end{cases} \quad (7-3)$$

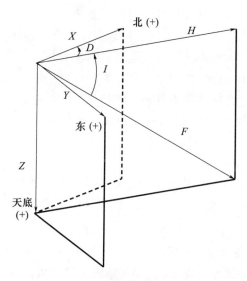

图 7-1 地磁诸要素及其关系

描述空间任意一点的磁场的三个独立分量有多种选择,其中 (H,D,Z)、(F,I,D) 和 (X,Y,Z) 是最通用的三个独立要素的组合。前两者可以更直观地表征磁场的方向和大小,而后者则在分析计算中更为方便。每个要素习惯上的正负号规定见图 7-1,图中各要素方向全部是矢量和角的正方向。

地磁场方向角的单位是(°)(′)(″);国际通用的磁场强度单位采用 nT。1nT = 10^{-9} tesla, tesla(特斯拉)是国际单位制中的磁场单位。

在广泛采用 MKS 制之前,磁场大小通常用 oersted(奥斯特,磁场强度)或 gauss(高斯,磁感应强度),因为地磁场在任何地方都小于 1 个奥斯特,所以大多使用是 gamma(伽马)。

7.2.4 高能带电粒子参数表征

辐射带粒子的运动状态和空间分布强烈地受到地磁场的控制,并随地磁场的变化而变化。为了准确地描述辐射带粒子,通常采用的坐标系是 (L,B) 坐标系,其中,L 为 McIlwain 磁壳参量,以地球平均半径 R_E(6371.2km)为单位,B 为地磁场强度,以 nT 为单位。辐射带电子 AE 和辐射带质子模型 AP 是由美国 NASA 根据卫星观测资料编制的辐射带经验模式。上述模式是辐射带粒子通量模式,在给定太阳活动高年或低年条件下,计算给定粒子能量 E 和磁坐标(L,B) 或 $(L,B/B_0)$ 时的粒子积分和微分通量,其中 B_0 为磁赤道处的磁场强度。目前,最新的静态模式是辐射带电子模型 AE9 和辐射带质子模型 AP9,分别是电子和质子通量模式。

地球辐射带是由地磁场捕获的带电粒子组成的。根据捕获粒子的空间分布位置,其可分为内辐射带和外辐射带。内辐射带的空间范围为 $L=1.2\sim2.5$,在赤道平面上为 $600\sim10000$km 的高度范围。内辐射带从高度 1300km 左右开始迅速增加,至 2300km 高度达到极大,大于 0.5MeV 的电子内辐射带峰值流量超过 $4\times10^5/(cm^2\cdot s)$。从高度 $2000\sim4000$km 电子全向通量变化不大。4000km 以上电子流量下降较快,6000km 左右已降至内外辐射带谷底。对于近地空间环境而言,地球辐射带主要指内辐射带。

1. 内辐射带质子能谱

内辐射带质子的能量在数百千电子伏到数百兆电子伏之间,其全向积分通量在 $10^0\sim10^8/(cm^2\cdot s)$ 内变化,其积分能谱可以表示为指数函数:

$$J(>E,B,L)=f_i(>E_i,B,L)e^{\frac{E_i-E_{0i}}{E_{0i}(B,L)}} \tag{7-4}$$

式中,$J(>E,B,L)$ 表示能量大于 E,在 B,L 处的全向强度;$f_i(>E_i,B,L)$ 表示能量大于 E_i,在 B,L 处的全向强度;E_{0i} 是相应的能谱参数,它是 B,L 的函数。内辐射带质子的微分能谱可写为

$$\varphi(E)dE=F_i[(>E_i,B,L)/E_{0i}]e^{\frac{E_i-E}{E_{0i}}}dE \tag{7-5}$$

2. 内辐射带电子能谱

内辐射带电子能谱也可用指数函数表示,其积分谱为

$$J(>E,B,L)=f(>E_1,B,L)e^{\frac{E_1-E}{E_0}} \tag{7-6}$$

式中,$f(>E_1,B,L)$ 表示能量大于 E_1 的全向积分强度;E_0 是相应的能谱参数,相应的微分能谱可写为

$$\varphi(E)\mathrm{d}E = [J(>E_1,B,L)/E_0]\mathrm{e}^{\frac{E_1-E}{E_{0i}}}\mathrm{d}E \qquad (7-7)$$

从式(7-4)~式(7-7)可以看出,有了B,L参数就能根据相应的模型确定某一能量粒子的空间分布。而B,L坐标可以由相应的空间坐标(x,y,z)转换得到,两者之间的函数关系为

$$\binom{B}{L} = f(x,y,z) \qquad (7-8)$$

7.3 空间环境效应

空间中的各种中性和带电的粒子、引力场、电场、磁场、电磁辐射、空间碎片和流星体等环境,与处于其中的航天器系统相互作用而产生的对航天器系统及航天人员造成的影响,以及对地基的技术系统的运行和可靠性产生的影响,称为空间环境效应(Space Environmental Effect, SEE)。

空间环境效应是造成航天器异常故障的主要原因之一,为了确保航天器的正常运行及最佳设计,必须充分研究和认识空间环境对航天器的各种重要影响。空间环境发生的各种变化,都会影响卫星和地面之间的联系。空间环境是航天器的运行环境,在空间的或者依赖于天基的各种空间态势感知活动、空间态势感知系统以及地面一些技术系统都会受到空间环境的强烈影响,反过来这些活动也对空间环境造成影响,并形成了一些对人类空间活动有着重要影响的人为环境。例如,天然的高层大气影响航天器的轨道寿命和姿态,其中的原子氧成分会引起航天器表面材料的剥蚀效应;高能带电粒子环境会对航天器材料、器件、太阳电池、航天员等造成辐射损伤,导致微电子器件产生单粒子效应,造成有关系统软的或硬的错误;空间等离子体环境会造成航天器表面和深层介质的充放电效应,产生电磁干扰,诱发航天器故障;空间碎片和流星体会使航天器及其相关设备产生机械损伤。电离层中电子密度不规则体的存在会引起电波信号的闪烁现象,严重影响卫星通信的质量和卫星导航、测控系统的精度。

空间环境对航天器的影响是综合效应,即一个环境参数可以对航天器产生多方面的影响,一个航天器状态也会受多种空间环境因素的作用。恶劣的空间环境可引发航天器运行、通信、导航、电力传输网的事故,危及人类的健康和生命,造成社会经济损失。例如,高层大气对航天器的阻尼作用、原子氧的剥蚀效应、空间热等离子体的充电效应、空间高能粒子的辐射效应、单粒子事件效应、磁场的磁力矩效应、流星体和空间碎片的撞击效应、电磁辐射效应等,都对空间航天器系统及航天人员造成不良影响,发生故障甚至失效。下面给出几种典型的空间环境效应影响。

7.3.1 太阳辐射和地气辐射效应

太阳辐射和地气辐射效应是指包括太阳电磁辐射、地球和大气对太阳电磁辐射的反射、地球大气本身的电磁辐射等造成的电磁辐射效应。电磁辐射效应主要体现在如下方面。

1. 对卫星温控、姿控和能源系统的影响

太阳电磁辐射、地气系统射出辐射和地球反照率是卫星温控系统设计所必须考虑的主要外界输入能量;太阳可见光和近红外波段的光谱辐照度是卫星能源系统设计的重要资料;而对大型航天器而言,太阳电磁辐射和地气辐射压对姿控系统的影响也是需要考虑的因子。

波长小于 200nm 的太阳紫外辐射几乎完全被高层大气所吸收,引起高层大气的加热。随太阳活动的增强,在 400km 高度太阳极紫外辐射变化引起的高层大气密度变化可达一个量级以上。由于大气密度的增大,卫星所受阻力增加,导致轨道寿命缩短。

2. 对卫星周围电离环境和其通信系统的影响

当太阳爆发时,X 射线和紫外辐射突然增强,使电离层 D 层电子浓度急剧增大,导致短波和中波无线电信号衰落,甚至完全中断。此外,太阳射电爆发引起射电背景噪声的增强,在一定条件下也会对通信系统造成干扰。在大射电爆发时,L 波段的太阳射电噪声可增大 $2\sim4$ 个量级,而对 S 波段也将增加 $2\sim3$ 个量级。另外,太阳极紫外辐射是地球电离层 E、F 层的主要电离源。随太阳活动的增强,地球大气的电离状况也随之改变。在太阳活动最大时比太阳活动最小时 F2 层电子浓度约增大近一个量级。其中,电离层的 D 层、E 层和 F 层,是根据电子密度随高度的变化对电离层的详细划分。

3. 对星载探测器光学部件的侵蚀与污染

太阳极紫外辐射是热层大气氧原子产生的主要能源。随着太阳活动的变化,热层大气氧原子密度将变化一个量级以上。它和航天器表面的相互作用,将增强其对表面的侵蚀,破坏太阳电池保护层、危害航天器能源系统。太阳紫外辐射对航天器表面的照射将使其表面涂层的光学性能变化,使航天器表面温度升高,影响其温控。航天器材料中包含的气体杂质在高真空环境下释放出来,在太阳紫外辐射照射下可对其上各种光学遥感系统形成污染。

4. 对人体和生物体的影响

太阳 X 射线辐射对人体器官和眼睛有不同的损伤,而太阳紫外线辐射可诱发人体皮肤癌,破坏生物体的脱氧核糖核酸。

5. 典型案例

1991 年 3 月 22 日至 24 日,爆发了强太阳 X 射线,研究者发现,GOES – 7

太阳电池板功率退化很快。从特殊太阳事件发出的高强度高能辐射会永久损伤太阳阵电子设备,并且加速功率衰退,以至超出设计预期,降低航天器设计寿命2~3年。

7.3.2 高层大气效应

高层大气对航天器的影响主要表现在两个方面:一是增加对航天器的阻力,导致轨道改变、轨道衰变直至陨落;二是高层大气中氧原子对航天器表面材料的剥蚀、老化和污染作用。

1. 高层大气环境对航天器轨道的影响

高层大气的主要效应是对低地球轨道的航天器产生阻力,从而使无动力飞行的航天器轨道逐渐降低直至陨落,也就是说,高层大气影响航天器的轨道寿命。航天器在被动飞行状态下,因其轨道受到大气阻力以及其他轨道扰动力的作用,在某一时间段轨道高度或轨道周期发生变化,其变化率影响轨道的陨落速度;高层大气是随时空剧烈变化的,因此在不同太阳活动水平、不同地磁指数和轨道条件下,轨道衰变率不同,对轨道寿命影响也不同。所以,不论是飞行计划的编制,还是航天器的设计、发射和运行,都必须考虑高层大气的效应。

2. 原子氧对航天器表面的剥蚀作用

原子氧剥蚀是指航天器表面被高层大气中的原子氧剥脱而逐渐损坏的过程。载人或无人航天器、空间站等一般都是在低地球轨道飞行的。在200~800km的空间环境区域中,中性大气的主要组分是原子氧。由于光离解作用,氧主要以原子形式存在。原子氧密度随高度和太阳活动而变化。在太阳活动平静期,原子氧是200~400km残余气体中主要的中性成分。太阳紫外辐射、微流星撞击损伤、溅射或污染会加速原子氧损伤效应,导致某些材料严重的机械、光学、热学性能退化。可能与在轨光学敏感实验相关的现象是航天器辉光放电,即残余分子撞击航天器表面受激变成亚稳态产生光学辐射。研究证明,航天器表面作用像催化剂,其催化强度与表面材料种类有关。归纳起来,原子氧对航天器的影响包括以下几个方面:一是造成航天器结构材料的剥蚀和老化;二是对航天器温控材料的损耗;三是对太阳电池连接件的损耗;四是对遥感探测器或其他光学材料的污染和侵蚀。

此外,热层以上大气分子碰撞减少、运动速度加快,其温度可达1000K以上。但该层以上大气稀薄,大气分子导热和对流实际上对航天器的热平衡不起作用。因此,航天器的温度远远低于大气分子温度,其温度基本上取决于航天器的温控方式和辐射热交换。据资料介绍,在1000km左右高度轨道上的航天器,其环境温度(背阳面)低于173K(−100℃);运行于辐射带以上外层空间的飞行器,其环境温度低于73K(−200℃);极深的宇宙空间是既冷又黑的3K(−270℃)黑体。

3. 典型高层大气效应案例

1）太空实验室

1979年7月11日，由于热层大气密度拖曳力作用，太空实验室（Skylab）来不及等到救援飞行发射，提前返回大气层陨落。

2）长期暴露设施

安装在长期暴露设施（LDEF）迎风面的镀铝Kapton材料，被发现有严重的原子氧掏蚀。这一现象对有些敏感的航天器材料是一种潜在的威胁，能引起材料机械和光学性能退化，从而影响整个系统特性。

7.3.3 电离层环境效应

空间环境中能量低于100keV的带电粒子构成空间等离子体。电离层是空间环境的一个重要等离子体层区。因此，电离层环境又称为电离层等离子环境。它是由太阳高能电磁辐射、宇宙线和沉降粒子作用于高层大气，使之电离而生成的由电子、离子和中性粒子构成的能量很低的准中性等离子体区域。它处在50km至几千米高度间，温度180～3000K，其带电粒子（电子和离子）运动受地磁场制约，因此又称电离层介质为磁离子介质。在一般情况下，认为电离层具有球面分层结构，最主要的是随高度和纬度的变化而变化。

电离层环境对航天器的影响主要包括航天器充电、高电压太阳电池阵的电流泄漏和高电压太阳电池阵的弧光放电。

1. 充电效应

航天器与空间等离子体环境相互作用，导致航天器表面或内部充电而引发的一系列效应称为航天器充电效应。表面充电引起的局部电场改变了航天器周围的带电粒子环境，对空间等离子环境测量有很大的影响。充电产生的静电场还会影响需要使用静电场控制的仪器。航天器表面充电会加重表面污染，从而改变表面材料的热性能。严重的充电现象会导致航天器静电放电，放电效应会击穿材料，长期的放电会改变材料的热、电性能。例如，使太阳电池防护层变黑，导致电池功率下降。如果静电放电产生的电磁脉冲耦合到航天器的电子线路中或被航天器上的仪器接收，并误认为是工作指令等，都可能使航天器出现误操作，严重时可导致设备损坏直至整个航天器系统失效。与周围等离子有电位差的导体暴露在等离子体环境中会出现电流泄漏现象一样，这种现象在太阳电池阵上出现较多。电池泄漏导致有效功率耗散在空间等离子中，造成电能损失。电离层引起的航天器表面充电效应是导致航天器异常和故障的主要原因，在空间环境引起的航天器异常和故障中约占1/3。因此，在航天器设计中必须考虑航天器的表面充电效应，采取必要的控制和防护措施。

2. 对无线电波传播的影响

电离层对人类活动的影响主要是通过对无线电波传播的影响来实现的。电离层等离子体对电波传播的影响有折射、反射、散射、吸收、闪烁和法拉第旋转等。折射是由于电离层大尺度的不均匀性造成的,电波传播路径上电子密度发生变化而使传播路径发生弯曲,在电波进入电子密度足够高的区域时,电波将被反射;闪烁是小尺度的不规则结构噪声。这些效应的结果是发生信号延迟、达到角改变、多径效应、信号衰落和闪烁,从而影响导航定位精度,使通信质量降低,影响通信、导航、定位和测控系统。因此,应该在通信、导航、定位和测控系统的设计中考虑电离层等离子体对电波传播的影响。在大部分的远程预警和制导雷达的频率上也必须考虑电离层效应,即使对于航天器通信所用的厘米波,电离层的小尺度不规则结构也可引起信号的闪烁。但是,也可以主动利用电离层的影响形成新型无线信息传输技术、新型信息对抗技术。

3. 典型电离层环境效应案例

Intelsat-K 是国际通信卫星通信组织拥有的 20 颗 GEO 卫星中的 1 颗。1994 年 1 月 13 日开始的磁暴于 1994 年 1 月 20 日引发该卫星静电放电,放电造成卫星动量轮控制线路损坏,导致卫星抖动,产生天线覆盖区波动。启动备份系统以后,同一天恢复全运行状态。如果不纠正卫星抖动,就会严重影响数据传输,进而导致许多用户的服务中断。

7.3.4 空间磁场效应

近地空间磁场,大致像个均匀磁化球的磁场延伸到地球周围很远的空间。在太阳风的作用下,地球磁场位形改变,向阳面被压缩,背阳面向后伸长到很远的地方。地磁场存在的空间就是磁层。磁层处于行星际磁场的包围之中,并受其控制。

空间磁场对航天器的主要影响是作用在航天器上的磁干扰力矩,它会改变航天器的姿态。当航天器有剩余磁矩或有包围一定面积的回路电流时,会受到磁力矩的作用而改变姿态;其有导电回路的自旋卫星在磁场中旋转时,回路中会产生感应电流,地磁场对感应电流的作用会使卫星消旋。在低地球轨道,由于磁场较强,磁干扰力矩大小有时可与卫星的气动力矩及重力梯度力矩相比拟,往往不可忽视。

地磁场对空间环境现象有强烈影响,这些环境包括等离子体、电流、俘获高能带电粒子等。这些影响对航天器设计和运行产生重要结果。地球天然磁场有两个来源:地球内部的电流,它产生地球表面磁场的 99%;地球磁层中的电流。磁层是地球大气层以外的区域,那里地磁场比行星际空间要强。磁偶极子偏离地球中心约 436km。地磁轴线与地球自转轴的夹角为 11.5°。国际地磁场参考

值(IGRF)预示地球赤道处磁场强度每年增加0.02%。

地磁场影响粒子在地球轨道环境内的运动,对与银河宇宙线相关的入射地球高能粒子有偏转作用。这些高能粒子会使航天器表面带电,造成航天器分系统的故障或干扰。由于磁偶极子的几何特性,在南大西洋的地磁场强度最低,导致辐射带在该区域下沉和集中。在SAA附近,航天器经常遇到电子设备"翻转"和仪器干扰。用于GN&C系统的磁力矩器设计需要准确了解地磁场。持续一至多天的地磁场异常称为地磁暴。当地磁暴发生时,大量带电粒子从磁层进入大气层,这些粒子通过碰撞电离和加热大气粒子。加热是地磁暴开始后首先观察到的现象,其高度范围为300~1000km,在地磁扰动结束还要持续8~12h。

1. 地磁场效应主要表现

(1)影响航天器轨道和姿态。

(2)影响航天器上磁性仪器的测试精度。

(3)可利用空间磁场控制航天器的姿态。

2. 典型空间磁场效应案例

(1)加拿大Telsat公司的Anik.B卫星受到磁层环境的强烈影响。控制卫星的偏航和翻滚需要依靠磁力矩器。通过磁力矩器线圈直流电流由线路控制,当翻滚传感器超过设定值,线路控制电流的大小或极性,然后磁力矩器的磁场与地磁场相互作用产生控制卫星滚动和偏航所需的力矩。地磁场发生强烈扰动后,与线圈反方向的地磁场会使卫星翻滚更加严重,而不是纠正翻滚。

(2)Landsat-3卫星上多光谱扫描仪经历扫描探测器多余脉冲,引起起始线过早开始或者多余终止线编码。这些事件均可归因于磁异常,因此要提供客户高质量、可靠的图像非常困难。

7.3.5 宇宙射线效应

宇宙射线是指存在于宇宙空间的能量较高的带电粒子,它是宇宙空间的一种物质。宇宙射线部分来自银河系,称为银河宇宙射线,能量在$10^8 \sim 10^{19}$eV,强度为几个粒子$/(cm^2 \cdot s)$。还有部分来自太阳,称为太阳宇宙射线,能量在$10^5 \sim 10^{10}$eV,太阳爆发时,其强度可达10^5粒子$/(cm^2 \cdot s)$。这种太阳突然发射高能带电粒子的现象,称为太阳质子事件。

在远离地球的外层空间,银河宇宙射线的空间分布基本是各向同性的。但是,当银河宇宙射线进入地磁作用范围时,由于受到地磁场强烈的偏转,它将显示出空间分布的不均匀性和各向异性,即地磁效应。例如,高纬处银河宇宙射线强度大于低纬处(纬度效应)。尽管如此,仍可认为银河宇宙射线的空间分布近似整个空间。

太阳宇宙射线(太阳质子)的地磁效应十分明显,其分布空间为磁纬50°以上的高纬度区域和赤道几千千米以上的高度。观测表明,大于2MeV的太阳质子就能全部进入同步轨道高度。可以看出,太阳宇宙射线的空间分布恰好与辐射带粒子相反。

宇宙射线的主要成分是质子,其次是α粒子,其他重核成分则不到1%。太阳宇宙射线中还有少量的电子。根据资料统计,较大的太阳质子事件在太阳活动峰年可达10多次,而低年仅为几次,甚至更少。太阳宇宙射线具有较高的能量,而且强度又相当大,因此,它对空间飞行危害较大。宇宙射线效应主要表现为高能带电粒子对航天器的影响,其对航天器的影响主要包括以下几种情况:

1. 辐射损伤效应

辐射损伤效应也称辐照剂量效应,是指高能带电粒子对航天器材料、电子元器件、宇航员及生物样品的辐射损伤。带电粒子对航天器的辐射损伤效应主要表现为以下两种方式:一是电离作用,即入射粒子的能量通过被照物质的原子电离而被吸收,高能电子大都产生这种作用;二是原子位移作用,即高能离子击中原子引起原子位移而脱离原来所处晶格,造成晶格缺陷。高能质子和重离子既能产生电离作用,又能产生位移作用。这些作用导致航天器的各种材料、电子器件等性能变差,严重时会失效。例如,玻璃材料在严重辐照后会变黑、变暗;胶卷变得模糊不清;人体感到不舒服、患病,甚至死亡;太阳能电池输出降低、工作点漂移,甚至完全失效。在半导体器件和太阳电池中,由于电离作用使二氧化硅绝缘层中的电子 – 空穴对增加,导致 MOS 晶体管的门限值电压漂移、双极型晶体管增益下降,并普遍地使漏电流增加和器件性能降低。位移作用的结果使硅材料中少数载流子的寿命不断缩短,造成晶体管电流增益下降和漏电流增加。这些综合作用导致了太阳电池的输出功率下降。此外,带电粒子和紫外辐射对太阳电池屏蔽物的辐射损伤,如使屏蔽物变黑,将影响太阳光进入太阳电池,导致其功率下降。

例如,在1989年9月29日的特大太阳质子事件期间,GOES – 5、GOES – 6、GOES – 7 上太阳能电池的电流急剧下降到0.1A;在1989年10月19日的太阳质子事件中,上述卫星上太阳能电池的功率下降到1989年9月29日事件时的1/6;1991年3月22日的太阳质子事件使日本1990年8月发射的B35A电视卫星的所有太阳能电池功率损失,致使卫星失效;在地球同步卫星上的太阳能电池功率老化为1%~2%,其中GOES – 7 卫星上太阳能电池功率的老化相当于平时2~3年的辐照老化。2000年7月14日的特大质子事件(四级)中,SOHO卫星上太阳电池帆板24h受到的辐射损伤,相当于正常情况下1年的损伤。该事件使日本低轨卫星ASCS天文卫星控制系统失控翻滚,电池耗尽而失效。

2. 单粒子效应

单粒子事件是指单个的高能质子或重离子轰击微电子器件,引起该器件状态改变,致使航天器发生异常或故障的事件。其包括使微电子器件逻辑状态改变的单粒子翻转事件、使CMOS组件发生可控硅效应的单粒子锁定事件等。

1)单粒子翻转事件

当空间高能带电粒子入射航天器或与航天器舱壁发生相互作用产生的重离子通过微电子器件时,在粒子通过的路径上发生电离,沉积在器件中的电荷部分被电极收集。其结果可能产生软错误的单粒子翻转效应和锁定效应两种效应。当收集的电荷超过电路状态临界电荷时,电路就会出现不期望的翻转和逻辑功能混乱。这种效应不会使逻辑电路损坏,还可以被重新写入另外一种状态,因此,常把它称为软错误。

单粒子翻转事件虽然并不产生硬件损伤,但它会使航天器控制系统的逻辑状态紊乱,从而导致灾难性后果。单粒子翻转效应早在20世纪70年代初就已经在卫星上观测到,在以后的各类卫星中也屡见不鲜。例如,2000年7月14日特大质子事件,致使日本AKEBONO卫星发生单粒子事件,造成星载计算机严重故障,工作崩溃。在这23周太阳峰年期间,我国在轨的部分卫星也屡屡发生单粒子翻转事件。

2)单粒子锁定事件

在CMOS电路(固有P-N-P-N结构以及内部寄生晶体管)中,当高能带电粒子,尤其是重离子穿越芯片时,会在P阱衬底结中沉积大量电荷。这种瞬时电荷流动所形成的电流,在P阱电阻上产生压降,会使寄生NPN晶体管的基-射极正偏而导通,结果造成锁定事件。锁定时通过器件的电流过大,容易将器件烧毁。当出现锁定现象时,器件不会自动退出此状态,除非采取断电措施,然后重新启动。例如,欧洲的"地球资源-1"卫星于1991年7月进入高度为784km的太阳同步轨道,数天后在经过南大西洋上空时,因发生单粒子事件而造成电源烧毁。

在低轨道上,虽然宇宙线和辐射带中的高能质子与重离子的通量比其他轨道上的小,但大量的观测结果表明,低轨道上的单粒子事件仍然是影响航天器安全的重要因素,发生区域主要集中在极区(太阳宇宙射线和银河宇宙射线诱发)和辐射带异常区(南大西洋上空)。如何提高航天器上微电子器件抗单粒子事件的能力,已是众所关注的热点问题。

3. 相对论电子效应

高通量高能电子以近似光速入射卫星,造成卫星内部绝缘介质或元器件电荷堆积,引起介质深层充电,导致卫星故障。相对论电子是指速度接近光速的高能电子,具有极强的穿透能力。相对论电子入射介质,不仅会引起辐射损伤和单粒子事件(>10MeV电子),还会产生特有效应——介质深层充放电故障。

20世纪90年代以来,相对论电子事件造成卫星异常屡见不鲜,一些卫星相继失效。1994年1月,受强电子辐照,加拿大AnikE1通信卫星控制系统故障,切换备份才得以正常工作,AnikE2则因该电子事件而失效;1996年3月,AnikE再次因相对论电子通量增加而发生异常,南太阳电池阵全部失效;1997年1月,Telstar401卫星因相对论电子事件而失效;1998年,Equator-S卫星因相对论电子增长而失效,Galaxy4卫星也在这次事件中失效。

此外,太阳质子事件和沉降粒子的注入,会导致电离层电子浓度增大,严重干扰卫星的通信、测控和导航。例如,Hipparcos天文卫星经过在轨高效和成功运行3年多以后,1993年8月15日,欧空局的Hipparcos天文卫星与地面通信消失。1993年6月,卫星经历了地面与星载计算机通信的困难期。

7.4 空间环境对空间态势感知系统的影响

在空间态势感知中,空间目标包含己方目标与非己方目标两部分,只有两部分空间目标都考虑到了,且将空间目标与空间环境统一起来,才能够形成态势。因此,有关己方航天器测控部分装备,也应该在考虑范围内,这是容易忽略的问题。

7.4.1 空间环境对航天测控系统的影响

用于对天基空间态势感知系统进行跟踪、遥测和遥控的无线电测控信号经过电离层时,由于电离层中的电子和地磁场的存在与变化,会使穿越电离层的无线电波发生变化,频率从30MHz到10GHz(从甚高频到C波段)的载波信号都会受到电离层的影响,包括电波折射延迟、信号随机起伏、吸收等。与此同时,这些效应在太阳风暴期间会变得更加显著。大量事例表明,航天测控系统中负责测速测距的定轨系统受电离层的折射效应影响较大,而遥测和遥控系统,特别是遥控系统信道受电离层闪烁的影响较大。

对S波段的测控信号而言,总电子含量剧变导致的测控误差能达到10m甚至更高,这对精确定轨的影响非常严重。

电离层闪烁事件是影响测控系统工作质量的重要因素。强烈的电离层闪烁时,较低频段的测控系统(一般为C频段以下)会因为电离层闪烁而失去原来的测控精度;严重的电离层闪烁能导致测控链路中断,使航天器失去联系。C波段以下的卫星信号同样会因为强烈的电离层闪烁而中断,且这种影响是难以避免的。电离层闪烁可以对30MHz～10GHz的载波频率产生影响,而且电离层闪烁强度与载波频率之间存在一定的依赖关系,即在一定范围内,信号频率越低,电离层闪烁越强。同样的电离层在不均匀体条件下,甚高频、超高频的电离层闪烁较强,L频段、S频段次之,C频段以上较弱。在磁赤道、磁赤道异常区及高纬地区,电子密度不均匀体涨落较强,故电离层闪烁较严重,对测控系统的影响较大。我国南方是全球范围内电离层闪烁出现最频繁、影响最严重的地区之一,卫星信号起伏经常高达24dB。电离层闪烁持续时间可长达数小时。航天测控系统的数据信道受电离层闪烁的影响较大。电离层闪烁能导致地空无线电系统的信号幅度和相位的随机起伏,一般情况下主要是造成遥测、遥控信道的误码率升高,严重时甚至造成系统中断。

7.4.2 空间环境对空间目标探测设备的影响

1. 光电探测系统

光电探测系统的主要作用是高分辨率成像和辐射特性测量等,其中高分辨率成像根据成像原理不同,又包括雷达成像、自适应光电成像和红外成像等不同方式。根据光电探测系统的搭载平台不同,主要又可分成地基和天基平台两大类。

(1)地基光电探测平台用于测量空间目标的光度、辐射强度以及光谱信息,实现对空间目标的高分辨力成像,进行空间目标形态特征识别、散射/辐射特性研究,以及支持空间目标识别和载荷评估等。地基光电探测平台主要是天文望远镜。为提高天文望远镜的观测能力,其口径在不断增大;随着望远镜口径的增大,大气湍流的动态干扰影响也会相应增加。无论多大口径的光学望远镜通过地球大气进行观察时,都会受限于大气湍流,其分辨率均低于0.2m的望远镜,因此地基望远镜有其极限探测能力。地球大气对地基光学监视系统的影响主要有三个方面。一是大气对光有衍射效应,一个点光源经过大气以后会变成一个衍射斑,大气衍射效应大大降低了地面望远镜的分辨能力。二是由于温度、压力和其他扰动等造成产生大气密度的随机变化,从而导致大气折射率的随机变化,这些变化的累积效应导致大气折射率的明显不均匀性,使在湍流大气中传输的光束波前也做随机起伏,由此引起光束抖动、强度起伏、光束扩展和像点抖动等一系列光传输的大气湍流效应;大气湍流使光的球面波前发生变化,波前的一些部分不同程度地被减慢了,从而使图像发生畸变。三是地球大气中的臭氧对紫外辐射有强烈的吸收作用,大气中的水汽又能吸收大部分红外辐射,因此地面光学望远镜的观测波段受到很大限制。

(2)天基光电探测系统获取的影像不会受到大气湍流的扰动,视宁度好,且没有大气散射造成的背景光。但是由于其光学系统在太空受太阳直射和处在阴影中造成的冷热交替的环境,易使镜面变形,降低了图像质量。400~600km的低轨空间中存在的剩余气体分子和尘埃对太阳光也会造成衍射,在地球阴影处还会受到月光的影响。光学系统由于距离地球较近,使观测视场受到限制。

2. 雷达探测系统

雷达探测系统主要有以下几种手段实现对空间目标的探测:对空间目标进行精密测量,确定其运行轨道,根据准确的轨道特性进行空间目标识别;利用多频、宽带、超宽带、多极化微波信号,对目标进行照射,根据目标的反射信号特征及特征的变化,进行目标识别;利用宽带、超宽带技术,提高距离测量分辨率,结合逆合成孔径雷达(ISAR)技术,对空间目标成像。空间环境对空间目标雷达系统的影响主要包括:太阳爆发的电离层扰动变化,使得电波在经过电离层时传播路径和时间发生了改变,信号的振幅、相位、极化以及在接收天线处射线到达角发生快速起伏变化,产生信号衰落,也会使雷达的波束变宽、变胖(变宽影响测角精度,变胖影响作用距离),从而不能有效监视目标。

此外,太阳活动爆发时大气密度和温度发生变化,对航天器阻力突然加大,加速了航天器轨道衰减的速度,从而导致航天器偏离预定轨道,使得在原先轨道上无法发现到该目标,因影响精密跟踪雷达数据获取而影响空间目标的编目维护。

7.5 典型空间环境监测系统

地球空间环境监测是利用天基和地基监测设备对磁层、电离层和中高层大气环境状态特性与变化过程进行的就地和遥感测量,主要监测太阳活动和行星际扰动对地球空间环境的影响,地球空间电场、磁场和各种能量粒子的时空变化规律等,为建立地球空间环境的动态模型、开展地球空间环境预报、保障航天活动等提供科学的数据和依据。

本章所阐述的地球空间环境监测系统,主要包括中高层大气监测系统、电离层探测系统、地磁场监测系统、高能带电粒子监测系统等,没有考虑微流星与空间碎片等探测系统。

7.5.1 中高层大气监测系统

中高层大气环境的监测是利用天基、空基和地基探测设备对中高层大气要素及现象进行的测量,主要任务是确定中高层大气密度、温度、压强、风场和成分等的时空分布。中高层大气监测主要有就地探测和遥感观测两种方式。就地探测的探测装置一般搭载在探空气球、火箭或卫星等飞行器上。由于探测装置存在可能扰动被测量的大气状态,就地探测的结果不能直接代表自由大气的物理参量,需要根据不同飞行器的速度条件,选择适当的仪器结构形式和测量方法,使探测装置的读数少受环境扰动的影响,或者使扰动造成的影响容易分析和修正。遥感观测是根据各种电、光、声波及力学波等信号在大气中的传输特性(频率、相位、振幅、偏振度等)及其与大气介质之间的相互作用(折射、散射、吸收、色散等)关系,应用相关理论和技术方法求得大气参量的一种测量方法。

由于中高层大气主要是稀薄的中性大气,在各种化学、辐射和动力学作用的影响下,具有十分复杂的形态,其状态参量随高度变化剧烈。30~60km 的地球大气是无线电雷达的观测盲区,开展 30~60km 以上大气的常规观测和掩星探测,研制高性能、多功能的激光雷达,是未来中高层大气地基遥感探测的主要发展方向。

1. 地基遥感监测雷达

1)中层和低热层高度大气风场测量 MF、VHF、流星雷达

中频(MF)雷达、甚高频(VHF)雷达和流星雷达都能够测量中间层和低热层的风廓线(VHF 雷达仅在夏天)。典型的此类雷达具有 1 到几千米的垂直分辨率,时间分辨率从 10min 到 1h。中频雷达用于测量中层和低热层高度(60~100km)大气风场及电子密度,具有设备简单、价格低廉、运行方便和无人值守等突出优点。目前,国际上共有 20 多个中频雷达站运转,主要分布在北美、澳大利亚、日本等国家和地区,已经成为这个区域风场和电子密度常规观测的主要手段,以及中层大气风场参考模式的重要资料来源。我国武汉中频雷达站于 2000 年底建成并开始运转。经过近半年运行,获得了这个高度范围的大气风场和电子密度剖面的丰富资料,武汉中频雷达的数据已用于大气角谱、中层顶区域潮汐风、电子密度等的分析和研究。潮汐是中层顶区域典型的大尺度扰动,潮汐、行星波和背景风场构成了中、高层大气的基本风场,并会对中、小尺度重力波的传播产生显著的影响。基于 MF 雷达的观测数据,能够监测层顶(80~98km)区域冬季潮汐振荡及其共振相互作用。VHF 雷达是利用清澈空气的回波来获取大气结构的信息,是当前国际上可靠的全天候地面无线电遥感测风设备,主要功能是测量 2~30km 以及 60~90km 的三维大气风速,其中包含中间层(M)、平流层(S)和对流层(T),因此又称之为 MST 雷达。

在早期的 20 世纪 70 年代末到 80 年代初的雷达研究中,阿拉斯加州的 Poker Flat 雷达及日本的 MU 雷达显得更为突出。50MHz 的 Poker Flat 雷达用来对极光区中间层进行研究,46.5MHz 的 MU 雷达是测风雷达技术发展的顶点。MU 雷达利用散射回波的多普勒雷达频移,能以 0.1m/s 的高精度对三维的大气风场进行连续测量,通过对流层、平流层、中间层的同时观测,可以得到大气层次之间的垂直联系,实现大气多高度的同时观测,自 1984 年被国内外学者用来研究地球大气的从气象学到高层大气动力学的多种参数。与气球相比,MST 雷达的缺点主要是不能测量温度和湿度。温度廓线的电声监测技术(RASS)部分地弥补了 MST 雷达的不足。基于该技术 MU 雷达能够每 3.6min 得到稳定温度廓线,其获得数据的频率是常规无线电探空仪的 200 倍。早在 1986 年,利用 MU 雷达成

功获取了20km高度范围的温度廓线。UHF边界层测风雷达和VHF测风雷达组合的雷达系统,不仅可以测边界层的风廓线,还能够监测风场分布,甚至能够进行边界层温度测量。在1995年以前,我国在MST雷达监测上一直是空白,许多研究工作只能借助国外的雷达资料。目前,我国已成功研制了VHF/ST雷达,能够实现东、西、南、北共33个方向的多波束观测,并具有脉间转换的快速扫描功能,能够进行20km高度范围测风,不仅具备国际大型ST雷达的测风能力,还具备监测平流层低层大气波动、湍流和电磁散射机制的能力。

2) 中高层大气参数测量激光雷达

激光雷达能够利用回波,获取地球上空30~110km高度范围大气密度和温度的空间结构与时间变化。激光雷达具有的高时间、空间分辨能力,监测灵敏度以及可以连续监测等优点弥补了火箭、VHF雷达的不足。不同的激光雷达可以测量不同的大气参数,包括大气密度、温度、臭氧含量、大气衰减、能见度等。根据激光光束与被监测对象相互作用的物理机制,可将激光雷达分为瑞利散射激光雷达、Raman散射激光雷达、共振荧光散射激光雷达、差分吸收激光雷达和多普勒激光雷达等。激光雷达技术要求较高,价格也较昂贵,尽管激光雷达在我国起步较晚,但目前无论在理论或实践方面都达到了国外同类研究的水平。

安徽光机研究所研制的L625大气监测激光雷达,是我国最大的监测平流层气溶胶、水汽、臭氧、温度等综合性大气监测研究激光雷达系统。中国科学院大气物理研究所研制的四波长激光雷达能够监测10~40km的臭氧、2~40km的气溶胶及高云的光学特性。武汉物理与数学所(WIPM)在已研制成功的瑞利散射和钠层荧光两种激光雷达的基础上,将原有技术升级改造成一种双波长高空激光雷达,实现了对30~110km中高层大气和低电离层段的同时、连通性监测。初步试运行结果表明,这一具有自主知识产权的新工具将成为我国中高层大气监测研究更为有效的手段。激光雷达已成功应用于大气温度、密度、风场、重力波、气溶胶等方面的监测。激光雷达监测技术对具有不同光谱特性的大气成分的监测十分有利。由于平流层气溶胶粒子随时间和空间变化很大,在对平流层气溶胶进行长期监测的众多方法中,激光雷达被认为是最有效的手段之一。例如,基于激光雷达的观测数据,能够进行平流层气溶胶的消光系数和积分体后向散射系数等光学特性分析以及气溶胶特性分析。为能够进行同时刻高时空分辨率的测量,需要进行多种观测设备组合或融合,如基于激光雷达和无线电探空仪联合监测的数据,不仅能够反演大气密度和温度分布曲线,还能够进行水平风场估计、中层大气中的重力波活动监测等。

2. 遥感监测卫星

1) 高层大气监测卫星

考虑到中高层大气的特点,中高层大气卫星遥感正向着多种大气微量成分同时测量和获得全球分布特性的方向发展。卫星监测方面，除了常规的 NOAA 卫星对中层大气温度和臭氧含量进行测量，还发射了 Nimbus-7、AEM-Ⅱ、SME、ERBS 等卫星对中层大气的温度、臭氧、二氧化氮等大气微量成分和气溶胶等进行了广泛的测量。基于卫星获取的平流层和中间层大气温度监测数据，能够较全面地分析中高层大气温度的分布特征、磁暴对中性大气加热等。美国 NASA 的高层大气研究卫星（UARS）搭载了一系列的遥感监测器，对大气的结构及其变化进行开拓性研究，能够对全球大气变化影响进行长期监测。其中的高分辨率多普勒雷达成像仪（HRDI）进行了对全球平流层、中间层及低热层（10~115km）水平风场的第一次大范围观测。各国基于 UARS 卫星的观测数据，分别开展了 30°N 和 40°N 多年平均 NO 和 O_2 混合比的垂直剖面分析、各年同纬度不同精度及同经度不同纬度处 NO 和 NO_2 混合比的垂直分布特征分析、平流层大气中 HCl 的分布和随时间的变化规律及其对 O_3 的可能影响分析。美国 2001 年发射的 TIMED（热层、电离层、中间层能量动力学）卫星美国实现对 60~180km 高度的低热层、中层顶和电离层（Ⅰ）区域的监测，目前，TIMED 联合地基观测网已收集了大量关于 MLTI 区域的基本结构、温度、压力、风场及化学组成成分的观测数据，并逐步开展地球的中高层大气对不同太阳和地磁驱动的反应分析。我国第二代极轨气象卫星"风云三号"（FY-3）主要载荷之一的紫外臭氧监测仪，由臭氧总量监测仪和臭氧垂直监测仪两部分组成，能够进行天空漫射光辐射亮度对比观测、太阳直射光观测、大气气溶胶观测等，已获取了大量具有重要参考价值的高质量数据。

21 世纪前 20 年，在中高层大气监测方面需要重点发展电离层、热层、中层动力学卫星监测技术，以研究中高层大气和电离层质量、能量耦合的动力学过程；发展中层耦合卫星监测技术，以研究中层大气的动力学和光化学过程及人为活动的效应；发展全球电动力学卫星技术，以研究磁层、电离层、低层大气间的电动力学过程。

2）无线电掩星监测

目前，监测大气参数垂直剖面的方法主要有无线电探空气球和气象卫星、雷达等遥感技术，但它们都存在一定的缺陷。无线电探空气球是大气高精度的常规监测工具之一，因受经费和条件限制，站点间距大，且在海洋、沙漠、高山等地留下大片空白。卫星垂直监测遥感技术对大气参数的反演精度尚未完全达到实用要求，而且垂直分辨率低。雷达等其他地基遥感技术也存在空间间距大、监测参数单一、无法在海洋、沙漠等荒凉区域进行常规监测等缺陷。因此，目前在国际上采用掩星技术进行地球大气监测。GPS 无线电掩星技术监测地球大气被认为是当前大气监测中最具有潜力的手段之一，是 20 世纪 80 年代末发展起来的一门新兴学科，综合了天文学、大气科学、遥感技术、卫星动力学等各学科的研究成果,已成为目前国际空间环境测量技术中最热门的研究方向之一。从 GPS 掩星观测数据反演的地球大气弯曲场、折射场、密度场和中性大气层的气压、温度、湿度剖面,以及电离层剖面是国防建设、大气科学、气象、地球灾害预报等应用部门的重要数据。

自从 1995 年 4 月 3 日美国发射 GPS/MET 计划的第一颗无线电掩星监测地球大气试验卫星 MicroLabl 以后,丹麦、阿根廷和德国等国分别成功发射了 Orsted、SAC – C 和 CHAMP 等卫星,欧洲共同体制订了 ACE 计划。目前,我国也制订了自己的掩星观测用的小卫星计划。由于掩星监测基本上在全球是均匀分布的,掩星资料是对传统气象监测手段的有力补充。尽管这只是一项新的技术,但无线电掩星技术已在空间监测方面显示了巨大的应用潜力,不能仅提供全天候的全球观测,而且具有垂直分辨率高、准确、稳定性好和监测参量多等特点。

3. 气球、火箭及飞船监测

为了认识和保护臭氧层,目前人们采用卫星、激光雷达、气球等手段,其中大气臭氧探空系统是最直接、最有效的手段之一。大气臭氧探空系统是利用气球携带臭氧测量仪器对大气中的臭氧含量进行直接监测的系统,这一系统可以直接地、实时地获得大气中不同高度上的臭氧含量。大气臭氧监测系统可直接获得从地面至 30km 高度范围内大气层各个高度上的臭氧含量值,并可同时获得这些高度上的温度、湿度、气压和风等气象资料。中层大气密度结构常规上是用地基雷达来测量的,而对于小范围或者短时间的中间层研究,原地测量的方法是必需的。这曾经通过测量离子或电子之类的示踪物及总密度的火箭装置来解决。箭载瑞利激光雷达能够测量高达 140km 的氮分子的温度、数密度、环境等离子体参数等,协同地基雷达测量获取的中性气体的温度、风速等参数,能够进行极光能量输入时所引发的低热层的动力学及能量学方面的变化研究。我国神舟系列飞船载有先进的大气密度监测器和大气成分监测器,获得了大量有关大气密度和大气成分的监测数据,包括大气密度的昼夜变化、随高度变化、随太阳活动和地磁活动的变化,以及在太阳耀斑和地磁暴等扰动事件期间的变化。

7.5.2 电离层探测系统

电离层探测是利用天基和地基探测设备对电离层各种特性参量的测量,包括对电离层成分、电子总含量、电子密度、电子温度、离子密度、离子温度、碰撞频率、电场、磁场、风场等的探测。

电离层探测分为就地探测和间接探测两类。就地探测是利用火箭或卫星等运载工具将探测仪器携带到电离层中,测量电离层介质对仪器的直接作用,直接获得仪器所在空间点上有关的电离层参数。就地探测仪器通常有测量电离层电子密度、电子温度及其能量分布的电子探针,测量电离层离子密度、离子温度及其能量分布的离子探针，测量电离层中的离子或中性粒子质量、成分的质谱探针，测量空间磁场的磁力仪等。就地测量通常能测到间接测量不易获得的参量，如离子成分、离子密度、离子温度和空间磁场等，测量精度高，有较好的空间分辨率。但就地测量会由于空间飞行器对测量点干扰而引起测量误差。

间接探测一般是将探测仪器放在电离层之外，根据天然辐射或人工发射的电磁波通过电离层传播时，与等离子体相互作用所产生的电磁效应和传播特性，来推算获得电离层的特性参量。探测电离层的电磁波按频段分从极低频一直到光波波段，按作用机理分有反射、部分反射、散射、透射等，探测仪器位置可以放置地面或电离层顶部的卫星上。间接探测的主要仪器包括对电离层参数和电离层电子浓度剖面进行垂直探测的电离层测高仪，对电离层高频传播和信道特性测量的电离层高频斜向探测仪，对电离层电子密度、电子温度等多种参量剖面进行测量的非相干散射雷达，对电离层电子浓度总含量进行测量的卫星信标接收机。此外，还有流星雷达、相干散射雷达、宇宙噪声接收机、激光雷达和气辉探测仪等各种探测设备。间接探测方法的特点是时间连续性好，观测方便。但易受空间环境条件的干扰和影响，造成从观测数据中推算出的电离层参量的可靠性和精度下降，甚至无法使用。

按照监测设备所处的平台不同，电离层探测又可以分为天基电离层探测和地基电离层探测。天基电离层探测设备主要对电离层的等离子体密度、温度、漂移速度、总电子浓度和电子浓度剖面等进行探测。天基电离层探测设备主要有电离层朗缪尔探针、阻滞势分析器、离子捕获器、离子漂移计等就地探测设备，双频或三频信标机、GPS掩星接收机等无线测量设备等。地基电离层探测设备用于测量电离层电子密度及其波动、突然扰动以及电波吸收、闪烁等的地基设备，主要仪器包括电离层测高仪、电离层高频斜向探测仪、相干和非相干散射雷达、宇宙噪声吸收仪和流星雷达等。此外，发射源在空间的地基设备有电离层电子总含量、电波闪烁和法拉第偏振面旋转效应和多普勒频移测量设备等。

1. 电离层信标探测设备

电离层信标探测设备通过接收卫星发射的无线电信号来进行电离层折射修正或者电离层参数观测，其基本原理是通过观测无线电波到达接收点时的群速、相速、偏振面等参数的变化，反推电波传播路径上的电离层电子密度随路径的积分量，即电离层总电子含量（TEC）。电离层信标探测设备一般由信标发射机和电离层信标接收机两部分组成。信标发射机搭载在卫星上，称为信标卫星。根据发射的无线电信标频率的数量，又分为单频标卫星、双频标卫星和多频标卫星。电离层信标接收机分为专门用于接收专用信标卫星的专业电离层信标接收机和用于非专用电离层观测卫星信号的电离层信标接收机。按照观测原理的不同，电离层信标接收机又分为通过观测电波偏振面旋转角来确定的电离层总电子含量的信标接收机(法拉第旋转接收机)、微分多普勒方法电离层总电子含量接收机(子午星接收机)、双频差分方法电离层总电子含量接收机(GPS 接收机)等。电离层信标探测设备可用于电离层引起的各类航天器的电波折射误差观测,可实时进行导弹、卫星等的定位修正。在电离层观测研究方面,该设备是电离层研究中的主要观测手段之一,观测结果可用于电离层形态与扰动的研究。

2. 电离层朗缪尔探针

电离层朗缪尔探针用于就地测量电离层等离子体的电子密度和温度等参数。1924 年,德国人朗缪尔(Langmuir)首次将静电探针用于实验室等离子体探测,故静电探针又称朗缪尔探针。1949 年,朗缪尔探针搭载在 V2 探空火箭上,第一次开展了电离层测量,并逐渐发展为电离层探测研究中广泛使用的仪器之一。朗缪尔探针的基本原理是加上电压的探针在空间等离子体中收集周围的电子或离子而形成电流。随着探针附加电压的变化,可以得到探针电压与电流的关系曲线,称为伏 - 安特性曲线。由该曲线能够得到等离子体的电子或离子的密度、温度和空间电位或卫星充电电位等重要参数。朗缪尔探针具有多种组合形式,如单探针、双探针和具有阻滞栅网的探针,以满足电离层各种等离子体环境就地测量的需求。探针的形状通常采用圆柱形、平板形或球形,探针材料适宜选用溅射率低、二次电子发射系数小的金属材料,探测精度与探针的表面材料状态密切相关。朗缪尔探针具有结构简单、质量轻、功耗低的特点,但容易受到卫星表面等离子体鞘层结构的影响,通常要求探杆安装在超出卫星鞘层作用范围的位置。同时,朗缪尔探针要求卫星表面电位维持在较低的水平上。

3. 电离层测高仪

电离层测高仪是测量电离层电子密度垂直分布的设备,垂直向上发射脉冲调制连续改变频率的高频无线电波,并连续接收从电离层反射的回波信号,通过测量回波的反射时间即可得到电波频率与反射点虚高的变化曲线,即频高特性曲线或频高图,称为扫频测量。由此可分析得到电离层各层的一些特性参数和 F2 层临频高度以下区域电子密度随高度的分布,即电子密度剖面。也可发射固定频率的电波,通过接收天线阵接收回波,测量电离层等离子体的三维漂移速度,称为定频测量。电离层测高仪是监测电离层扰动变化和研究电离层的重要地基探测仪器。

4. 电离层探测雷达

电离层探测雷达利用雷达回波携带的电离层信息来测量电离层特性参数。电离层探测雷达主要包括中频雷达、相干散射雷达和非相干散射雷达等。从广义上说,电离层测高仪也是一种电离层探测雷达。

中频雷达是比较成熟的电离层探测设备之一,利用电离层 E 区和 D 区对中频(2MHz 左右)无线电信号的部分反射和分离天线技术,测量电离层 D 区和 E

区电子密度的电离层漂移运动,又称部分反射雷达,主要用于电离层底部整体运动的测量。

相干散射雷达利用电离层中沿磁场排列的电子密度不规则体的相干散射信号,测量电离层电子密度和电离层漂移运动,是一种多普勒体制雷达。相干散射雷达工作频率分为甚高频和高频两种。甚高频相干散射雷达主要测量电离层E区不均匀性的雷达回波,测量电离层漂移产生的雷达信号多普勒频移,由此反演电离层漂移运动的速度,在北极区有这种相干散射雷达用于探测极光区电离层漂移和高纬电离层对流。高频相干散射雷达接收电离层E区和F区电子密度不均匀性产生的雷达回波,反演电离层漂移运动速度的原理与甚高频相干散射雷达相同。

非相干散射雷达利用电离层等离子体热起伏的微弱散射信号,测量电离层等离子体的分布函数,由此得到电离层的电子密度、电子温度、离子成分、离子温度、离子漂移速度等物理参数。通过这些直接测量参数可以推算电离层电导率、热层温度、碰撞频率、高纬对流电场、赤道电集流等电离层物理参数。非相干散射雷达是地基电离层探测能力最强的雷达,具有研究电离层与热层耦合、电离层与磁层耦合的能力,可以研究电离层中大尺度、中小尺度的动力学过程、电动力学过程、热力学过程,是电离层物理学综合研究的有力技术手段。

7.5.3 地磁场监测系统

1. 典型地磁测量原理

常用的地磁测量仪器有磁通门磁强计、探测线圈、质子旋进磁强计、光泵磁强计等。

(1)磁通门磁强计。磁通门磁强计是利用交、直流磁场同时作用下高导磁率的磁芯具有饱和特性的原理制成的磁场测量装置。高导磁铁芯在交变磁场的饱和励磁作用下,在铁芯上缠绕的探测线圈中产生感应信号,当存在外磁场时,感应信号的偶次谐波的幅度与外磁场成正比,磁通门法就是利用这种特性来测量磁场的。磁通门磁强计具有灵敏度高、结构简单、牢固等优点,广泛用于地基磁场测量和星载的空间磁场测量。

(2)探测线圈。探测线圈是利用电磁感应探测磁场的一种方法。根据法拉第电磁定律,在磁场中通过探测线圈的磁通量发生变化时,线圈中将产生感应电动势,只要测量出感应电动势对时间的积分值,就可以求出磁感应强度的变化量。利用电磁感应法测量磁场的磁感应强度时,都要使用探测线圈作为传感器,探测线圈是在一定形状的骨架上绕有匝数为N的线圈,其几何尺寸要根据被测磁场形态选定,一般要求线圈的年稳定度优于0.01%,因此线圈骨架需要选用线膨胀系数小的材料,如石英、聚四氟乙烯、有机玻璃等非铁磁性材料。为了减少因被测磁场不均匀性所造成的误差,应当选截面小、长度短的近似点状的线圈,一般多用圆柱形探测线圈。

(3) 质子旋进磁强计。质子旋进磁强计是基于核进动法原理,即利用质子在磁场中自由进动频率与磁场感应强度成正比的原理测量磁场。质子旋进磁强计中感应信号的幅值与测量线圈的常数、样品的体积、极化磁场、被测磁场的磁感应强度等成正比。因此,当被测磁场较弱时,感应信号也较小,限制了该方法对极弱磁场的测量。质子旋进磁强计的精度可达 0.1nT,具有结构简单、造价低、不易损坏等优点。为了提高磁强计的灵敏度,应使测量仪器中的样品尽量大。另外,外部干扰电动势可对质子的进动信号产生影响,因此磁强计应采取一定的抗干扰措施,测量时应注意远离交流电源。质子旋进磁强计在地磁场的地面、海洋、航空、卫星的磁测中,得到了广泛的应用。

(4) 光泵磁强计。光泵磁强计是利用原子的 Zeeman 效应测量弱磁场的一种方法。原子能量是不连续的,受激原子跃迁回基态时,磁场会使谱线分裂,分裂的宽度与被测磁场成正比。由光泵法制成的光泵磁强计主要由光源、吸收室、光路系统、检测系统和射频振荡器等组成。光泵磁强计使用的光一般是偏振光,所使用的工作物质主要有碱金属(蒸气)和氦气两类,常用的碱金属有铷、铯、钾等。由于碱性金属的旋磁比(核子自旋磁轴与自旋量子数之比)一般比质子的大两个数量级左右,并且采用光检法,因此用光泵法测量磁场具有很高的灵敏度,可以测量很弱的磁场。光泵磁强计具有灵敏度高、信噪比大、响应快、量程宽以及抗漂移等特点。用这类磁强计可以探测 100~0.1nT 范围的弱磁场,磁场测量精度可达 0.01nT。这种磁强计自 20 世纪 60 年代问世以来,一直在地面、海洋、飞机、卫星上对近地磁场进行精确测量。

2. 地磁场典型监测设备

地磁场监测是对地磁要素随时间和空间的变化所作的测量,主要有长期设在固定地点的观测站进行的磁场观测和非长期固定点的观测两种模式,以固定观测站的长期观测为主。

地磁台站一般设在远离城市和电磁干扰弱的地方。地磁台站分为临时性地磁台和永久性地磁台。临时性地磁台是为特殊目的设置的,永久性地磁台用来提供长期、连续和可靠的地磁观测资料。目前,全球有 200 余个永久性地磁台,我国有 30 余个。地磁台站的磁场观测系统包括磁场随时间变化的连续记录和定期对地磁场的绝对观测两部分。目前,国际一流地磁台的连续记录采用数字化的悬挂式磁通门磁强计,通常记录地磁要素包括磁偏角(D)、水平磁场强度(H)和垂直磁场强度(Z)分量随时间的变化部分,用 Overhauser 质子旋进磁强计记录总强度 F 随时间的变化,获取磁场连续变化的资料。同时,配备地磁经纬仪定期观测地磁要素 D 和 I 绝对值,用质子旋进磁力仪测量总磁场 F,由此获得的绝对磁场数据,确定 D、H 和 Z 记录数据的基线值。

根据地磁研究和预报工作的需要,选择适当的地点和时间,进行非长期固定观测点的地磁观测,是对地磁台站观测的必要补充。

根据测量设备布设区域,可分为陆基、海基、空基和天基磁测设备。

1) 陆基磁测设备

在陆地上选择磁场分布均匀、人为干扰不超过规范要求的地方进行磁场测量。测点分为复测点和普通测点,复测点之间距离一般为 200～300km,根据情况进行定期测量。复测点可以提供地磁场长期变化的资料,弥补地磁台站少和分布不均的缺点。普通测点一般间隔几十千米,测量数据主要用于建立磁场模型和编制地磁图。测量使用仪器多是用高精度地磁经纬仪测量磁偏角和磁倾角,用质子旋进磁力仪测总强度。测点的经纬度通过天文观测或用 GPS 来确定。

2) 海基磁测设备

在海洋上进行的地磁场测量主要有无磁性船上安装磁力仪的测量、普通船只拖拽磁力仪测量、海底磁力仪测量等。20世纪初以后,美国曾用"卡内基号"无磁性船,苏联用"曙光号"无磁性船对太平洋、大西洋和印度洋等海域进行了测量。获得了大量地磁资料,包括磁偏角、水平强度和垂直强度。20世纪50年代以后,采用拖拽式质子磁力仪测量地磁总强度。70年代末,质子磁力仪被安放在海底进行磁场测量。90年代末,开展了将磁通门磁力仪安放在海底进行三分量测量。

3) 空基磁测设备

用飞机携带质子旋进磁强计、磁通门磁强计或光泵磁强计等在空中进行的地磁测量,能够测量地磁场总强度或各分量。测量磁场总强度比测量分量要容易,飞行高度较低,通常在几十或几百米,测线距离为几百或几千米。测量磁场分量时飞行高度为几千米,测线距离为几十千米。要取得好的测量数据需要精确定位和导航技术的支持。航空磁测的精度不如地面磁测精度高,但可以在交通不便或不可能进行地面磁测的地区进行测量,为研究这些地区的地磁场及其长期变化提供资料。

4) 天基磁测设备

利用卫星上的磁强计对地磁场进行测量,可以在很短时间内获得全球地磁场的资料。1979年,美国发射的地球磁测卫星(MAGSAT)装有光泵磁强计和磁通门磁强计。1999年,丹麦发射的地球磁测卫星(Orsted)携带了磁通门磁强计和 Overhauser 型质子旋进磁强计,测量地磁场三个分量和总强度。

通过分布在全球范围内的地磁台对地球磁场连续观测和对不同区域地磁场的磁测,不但可以获得对地球空间电磁环境的实时监测资料,还可得到用于建立全球地磁场模型和编制全球地磁图的大量资料。例如,包括中国在内许多国家都建立了本国的地磁场模型,并编制了本国的地磁图。

7.5.4 高能带电粒子监测设备

对于低地轨道(LEO)的航天器,如航天飞机和国际空间站(ISS)或者离开地球磁层的空间飞行器,航天员与舱内设备都面临着空间电离辐射的严重危险,其受到的辐射程度远远超出在地面上受到的辐射。尽管30多年的载人太空飞行积累了大量的空间辐射数据,但仍然不能完全确定航天员在太空中所受到的辐射风险。这主要是由于空间辐射环境的复杂性,如航天任务持续时间、太阳活动周期的特定阶段、太阳粒子事件的次数和强度、防护层情况以及低地轨道高度和倾角等因素都会产生不同的辐射影响。因而,空间辐射测量工作仍然是辐射防护领域面临的最大挑战之一。空间辐射测量的数据可以作为航天器工程设计的参考,以减少空间辐射影响,从而更好地保护航天员的安全。

在低地轨道,电离辐射的来源主要有太阳粒子事件(SPE)、银河系宇宙射线(GCR)、地球磁场捕获的荷能电子和质子组成地球的辐射带(ERB)三种。电离辐射是指波长短、频率高、能量高的射线(粒子或波的双重形式)引起原子或分子的电离。辐射可分为电离辐射和非电离辐射,电离辐射可以从原子或分子里面电离出至少一个电子。反之,非电离辐射则不行。电离能力取决于射线(粒子或波)所带的能量,而不是射线的数量。如果射线没有带有足够电离能量,大量的射线并不能够导致电离。非电离辐射是指与X射线相比之下波长较长的电磁波,由于其能量低,不能引起物质的电离,故称为非电离辐射,如紫外线或近紫外线与可见光、红外线、微波和无线电波等电离能力较弱的电磁波。电离辐射不仅会使电子设备(尤其是半导体设备)发生故障,还可能破坏人体组织,引发一系列的辐射疾病,如癌症等。辐射对电子设备的损坏一般分为非电离热损伤、移位损伤、总电离剂量损伤和单粒子效应等。非电离热损伤来自温度上升,温度上升的幅度与辐射能量密度有关。靶物质原子获得辐射粒子传递的能量而离开原有位置,造成靶物质内部缺陷的损伤称为移位损伤。由于使原子挣脱周围其他原子的束缚而运动起来需要一定的能量(移位能),辐射效应与入射粒子种类和能量有关。发生移位的原子若获得的能量足够高,就会继续与其他原子发生碰撞,使更多的原子移位,在靶物质中形成大范围的缺陷群。在航天器系统中,受辐射损伤效应影响最严重的是太阳电池。构成太阳电池的半导体材料受辐射损伤效应,半导体材料因损伤产生缺陷而造成电池输出功率衰退。总电离剂量损伤是一种累积效应,由于电荷的重新分布使得设备的电子学参数和特性相对于电离前发生了变化。单粒子效应是由一个或少数高能粒子造成的损坏,包括电路特性改变、状态翻转和其他损伤。

辐射环境的测量工作目前仍然是辐射防护领域面临的最大挑战之一。搭载在载人航天器上的用于辐射测定的监测器设备,按工作原理可分为无源监测器和有源监测器两类。

1. 无源监测器

无源监测器固有的优点是体积小、质量轻、安全、易操作及零功耗。由于这些优点,过去空间飞行辐射测量大多数使用的是无源监测器。无源监测器通常用于测量航天员所受的辐射,并且几乎每个航天员都佩戴至少一个无源监测器。用于空间辐射测量的无源监测器主要有热致发光监测器(TLD)和固态核痕迹监测器(SSNTD)两类。TLD监测器主要是测定带电粒子的吸收剂量,对于低LET粒子非常灵敏,但不能提供LET信息,因此无法确定辐射剂量当量。此外,TLD监测器记录高LET(大于$10keV/\mu m$)粒子的辐射剂量效率很低,因而会低估总剂量。由于TLD的监测效率随着LET的增加而变化,因此需要清楚地认识到TLD监测器对不同LET粒子的监测效率。如果不考虑TL材料的测量变化效率,得到的吸收剂量会严重偏离实际情况。由布达佩斯KFKI原子能研究所研制的PilleTLD系统能够读出TLD监测器的数据,并且在TLD退火后能够重新使用。

在痕迹监测器CR-39出现之前,塑胶核痕迹监测器(PNTD),如Cellulose Nitrate(CN)、Lexan Polycarbonate被广泛使用。CR-39PNTD自从首次在1981年航天飞机使用以来,就成为PNTD监测器的首选,PNTD既可以获得吸收剂量,也可以得到LET信息。CR-39 PNTD对超过$5keV/\mu m$的LET能谱非常灵敏,但是对更低LET能谱的灵敏度很差。因此,过去在航天器上,TLD和CR-39监测器通常是配合使用的。

无源监测器主要缺点是不能够提供实时或时间分辨的数据。无源监测器尤其是PNTD,数据处理很费时费力,而且数据分析处理都只能在地面进行。尽管它们有这些缺点,但依然会继续在空间辐射监测领域扮演重要角色。

2. 有源监测器

有源监测器的优点是能够提供实时或时间分辨的数据,而且数据分析处理方便快捷。得益于微电子技术的进步,数据存储能力的增加和长寿命电池的出现,有源监测器现在发展得越来越适合在空间使用。NASA约翰逊空间中心研制的等效生物组织比例计数器(JSC-TEPC)是高50.8mm、直径50.8mm的圆柱体,由1.9mm厚的等效生物组织塑料制成,充有低压丙烷气体。监测器模拟$1\mu m$直径的生物细胞,连接到256通道模数转换器,对LET在$0.2\sim1250.0keV/\mu m$范围内的电离粒子很灵敏。$20.0keV/\mu m$以下的分辨率是$0.1keV/\mu m$;$20.0keV/\mu m$以上的分辨率是$5.0keV/\mu m$。从20世纪90年代初开始,在美国航天飞机和俄罗斯Mir空间站获得的大部分有用数据,包括LET能谱、剂量和剂量当量,都是由 JSC – TEPC 测量得到的。

Mir 空间站的辐射测量也使用 R – 16 辐射测量仪。R – 16 是由两个互相垂直放置的圆柱形电离室组成的。两个电离室都是 IK – 5 积分脉冲设计,充有纯净的 Ar 气,压力达到 $4.5 \times 10^5 Pa$。该仪器能测量的剂量率范围在 $4 \sim 105 \mu Gy/h$。在 Mir 空间站 15 年历史的大部分时间里,使用 R – 16 获得了大量的日平均剂量率数据。

有两种便携式 Si 基监测器用于载人航天器舱内生活区的辐射测量。Liulin 便携式辐射测量仪是由电池供电的 Si 基监测器,由保加利亚科学院的 Dachev 小组研制,首次使用是在 1989 年的 Mir 空间站上。Liulin 测量仪包含一个 Li 漂移 Si 基监测器,该监测器活性面积为 $0.5 cm^2$,厚度为 $300 \mu m$。LET 敏感范围在 $0.1 \sim 70.0 keV/\mu m$。在 1989 年的 SPE 事件期间,Liulin 测量仪正搭载在 Mir 空间站上,获得了迄今为止在大规模 SPE 事件中最好的剂量率数据。NASA 约翰逊空间中心的 Badhwar 小组研制了一种小型的 Si 二极管辐射测量仪,也用在 ISS 上。

近年来,有源监测器的种类越来越多,但是用作个人辐射监测,它们还是显得太大、太笨重。例如,德国的 DOSTEL,其体积为 $7cm \times 7cm \times 10cm$,质量为 $0.57kg$。因此,有源监测器普遍固定安装在航天器生活舱内部。然而,便携式有源监测器不能测量高 LET 的粒子,因而系统上会低估剂量当量。

无源和有源监测器的使用获得了大量空间辐射的数据,然而它们仍然存在很多不足,主要是中子放射量的测定,而且不同设备测量的结果很难相互比较。例如,当粒子的 LET 大于 $100 keV/\mu m$ 时,CR – 39PNTD 测量到的信号明显高于 JSC – TEPC 测量到的。这归因于两种监测器的原子组分不同,因而产生的次级粒子能谱也不同。目前,日本国家核辐射研究所正在研究用 HIMAC 重离子加速器进行基于地面的相互标定工作。

3. 其他监测器

标准辐射环境监测器 SREM 是 REM 的继任者,于 1997 年发射,能以一定的角度与光谱精度来测量空间高能电子和质子。SREM 搭载于 Strv – 1c、Proba、Integral、Rosetta 等多项任务。目前,SREM 已经成为一个标准装置,可以与所有普通航天器接口兼容并适应各种任务约束。

阿根廷地球观测卫星 SAC – C 是由 CNES、阿根廷空间局 CONAE 和 NASA 共同研制的,2000 年 11 月发射。为太阳同步轨道极轨卫星,轨道高度 730km,轨道倾角 98°。搭载的 ICARE 装置用来监测空间辐射环境并测量各种电路的相关效应。

资源卫星和神舟飞船搭载的高能粒子监测器是用于监测卫星内部高能粒子辐射环境的仪器,可以监测高能质子和电子,其中电子探头可监测 $0.5 \sim 2.0 MeV$

和大于 2.0MeV 的两个能挡的电子,质子探头可监测 5~30MeV 和 30~60MeV 的两个能挡的质子。空间"X 射线监测器"能够观测宇宙 γ 射线暴和太阳耀斑 X 射线。

  综上所述,空间环境监测系统对于空间环境态势构建、整体空间态势分析具有不可替代的作用,是空间态势感知系统不可分割的组成部分,也是空间态势感知区别于空间目标监视的重要标志。

第8章 空间态势感知信息处理系统

空间态势感知的信息处理分系统作为空间态势感知系统的重要组成部分,是空间目标监视中心的重要职能之一,主要完成轨道确定、特性认知、碰撞预警等信息处理任务。鉴于空间态势感知信息处理系统是以软件为主的系统,因此,本书主要介绍信息处理的典型模块,对于相关的网络和计算机等通用设备不再赘述。

8.1 空间目标轨道确定模块

轨道确定是指利用观测数据确定航天器轨道的过程。航天器轨道确定的理论最初来自天体力学,早期天体力学中轨道确定的对象是自然天体,天体力学中小行星轨道的确定方法和原理基本上都可以用于航天器的轨道确定。与自然天体的轨道确定相比,航天器飞行中运动角速度大,测控网测量它的数据种类多、数量大,因此,一般测控网都配置了高速度、大容量的计算机,以用于轨道确定。于是,就形成了适应这些特点的航天器轨道确定理论和方法,以满足航天工程对轨道确定的高精度和实时性强的要求。

航天器的轨道确定包括以下几个步骤:

(1)数据的获取和预处理。用于航天器轨道测量的设备有雷达、光学设备、多普勒测速设备、激光测速仪等,这些设备获得大量航天器轨道计算的各种数据,并且经过预先处理、野值剔除、偏差修正(如大气折射等)、压缩数据等。

(2)初轨确定。使用少量数据确定粗略的轨道要素,作为轨道改进的初值。

(3)轨道改进。应用观测模型求解一组轨道要素,使得计算的轨道和观测数据之间的差值在加权最小二乘意义下为极小。

(4)进行软件编写、调试与试运行,最终进行固化成为信息处理分系统的一个功能模块。

下面将从光学、雷达与多普勒测速三个方面介绍轨道确定的典型方法。

8.1.1 基于光学纯角度量观测的双 r 迭代法

实际观测中,光学观测的结果一般都是纯角度量,有些无线电观测(如干涉仪系统)也是纯角度量,因此,作为典型方法值得讨论。

设观测量为赤经、赤纬,如果观测量为方位角、仰角或方向余弦,则可通过转换得到赤经、赤纬数值。

已知三点观测资料 t_i、赤经 α_i、赤纬 $\delta_i(i=1,2,3)$ 及其相应测站的位置

$$R_i = \begin{bmatrix} G_1\cos\phi\cos s \\ G_1\cos\phi\sin s \\ G_2\sin\phi \end{bmatrix} = \begin{bmatrix} R_x \\ R_y \\ R_z \end{bmatrix} \quad (8-1)$$

式中,ϕ 为测站维度;s 为恒星时:

$$s = s_0 + \dot{s}(t - t_0) + \lambda \quad (8-2)$$

式中,λ 为测站经度;s_0 为初始恒星时;$\dot{s}$ 为恒星时变率:

$$\begin{cases} G_1 = \dfrac{R_0}{\sqrt{1-(2f-f^2)\sin^2\phi}} + H \\ G_2 = \dfrac{(1-f^2)R_0}{\sqrt{1-(2f-f^2)\sin^2\phi}} + H \end{cases} \quad (8-3)$$

式中,H 为测站的大地高;R_0 为地球赤道平均半径;f 为地球扁度。

从 α_i 及 δ_i 可算出方向余弦

$$L_i = \begin{bmatrix} \cos\delta_i\cos\alpha_i \\ \cos\delta_i\sin\alpha_i \\ \sin\delta_i \end{bmatrix} \quad (8-4)$$

由

$$\boldsymbol{\rho}_i = \boldsymbol{r}_i - \boldsymbol{R}_i \quad (8-5)$$

可得出

$$\rho_i^2 + C_{\phi i}\rho_i + (R_i^2 - r_i^2) = 0 \quad (8-6)$$

式中,$\boldsymbol{\rho}_i$ 为观测矢量;$\boldsymbol{r}_i$ 惯性坐标系中卫星的坐标;$C_{\phi i}$ 为可用方向余弦。

$$C_{\phi i} = 2\boldsymbol{L}_i\boldsymbol{R}_i \quad (8-7)$$

由式(8-5)可得

$$\rho_i = \frac{1}{2}\{-C_{\phi i} + [C_{\phi i}^2 - 4(R_i^2 - r_i^2)]^{1/2}\} \quad (8-8)$$

注意,求解式(8-8)时需要满足保证 $\rho_i > 0$。

如果已知两个估算值 r_1 与 r_2,从式(8-8)可得到 $\boldsymbol{\rho}_1$ 与 $\boldsymbol{\rho}_2$,由 $\boldsymbol{\rho}_i = \rho_i\boldsymbol{L}_i$ 得到 $\boldsymbol{\rho}_1$ 与 $\boldsymbol{\rho}_2$,从 $\boldsymbol{r}_i = \boldsymbol{\rho}_i + \boldsymbol{R}_i$ 得到 $\boldsymbol{r}_1$ 与 $\boldsymbol{r}_2$。对于倾角 $i < 90°$ 的卫星,轨道法向为

$$W = \frac{\boldsymbol{r}_1 \times \boldsymbol{r}_2}{r_1 r_2} \quad (8-9)$$

应用 $\boldsymbol{r}_3 W = 0$,得

$$\begin{cases} \boldsymbol{\rho}_3 = \dfrac{\boldsymbol{R}_3 W}{\boldsymbol{L}_3 W} \\ \boldsymbol{r}_3 = \boldsymbol{\rho}_3 \boldsymbol{L}_3 + \boldsymbol{R}_3 \end{cases} \tag{8-10}$$

计算过程中并未要求观测量是同一个站的,因而三个观测站点可以是不同站。

从估算的 r_1 与 r_2 得到了 r_1, r_2, r_3,就可以进一步应用多余信息改进计算结果,即

$$\cos(f_j - f_k) = \frac{\boldsymbol{r}_j \cdot \boldsymbol{r}_k}{r_j r_k}, j = 2, 3; k = 1, 2 \tag{8-11}$$

式中, f_j, f_k 为真近点角。

$$\sin(f_j - f_k) = s \left[1 - \cos^2(f_j - f_k) \right]^{\frac{1}{2}} \tag{8-12}$$

$$S = \pm \frac{x_k y_j - x_j y_k}{|x_k y_j - x_j y_k|} \tag{8-13}$$

对于正向轨道 S 取正号,反向轨道 S 取负号。为了校正估算的 r_1 与 r_2,引用高斯方程,当 $f_3 - f_1 > \pi$ 时: $p = \dfrac{C_1 \boldsymbol{r}_1 + C_3 \boldsymbol{r}_3 - \boldsymbol{r}_2}{C_1 + C_3 - 1}$,式中 p 为半通径。

$$C_1 = \frac{r_2 \sin(f_3 - f_2)}{r_1 \sin(f_3 - f_2)} \tag{8-14}$$

$$C_3 = \frac{r_2 \sin(f_2 - f_1)}{r_1 \sin(f_3 - f_1)} \tag{8-15}$$

当 $f_3 - f_1 \leq \pi$ 时,取

$$p = \frac{\boldsymbol{r}_1 + C_2 \boldsymbol{r}_3 - C_4 \boldsymbol{r}_2}{1 + C_2 - C_4} \tag{8-16}$$

$$C_2 = \frac{r_1 \sin(f_3 - f_1)}{r_2 \sin(f_3 - f_2)} \tag{8-17}$$

$$C_4 = \frac{r_1 \sin(f_2 - f_1)}{r_2 \sin(f_3 - f_2)} \tag{8-18}$$

应用二体运动曲线方程,有

$$(e\cos f_i) = \frac{p}{r_i} - 1 \tag{8-19}$$

式中, e 为偏心率。

下面求 $(e\sin f_i)$,展开 $e\sin(f_1 + f_2 - f_2)$,得到(对于 $f_2 - f_1 \neq \pi$)

$$(e\cos f_1) = \frac{\cos(f_2 - f_1)(e\cos f_1) - (e\cos f_2)}{\sin(f_2 - f_1)} \tag{8-20}$$

$$(e\cos f_2) = \frac{-\cos(f_2 - f_1)(e\cos f_2) + (e\cos f_2)}{\sin(f_2 - f_1)} \tag{8-21}$$

对于 $f_3 - f_1 \neq \pi$，有

$$(e\sin f_1) = \frac{\cos(f_2 - f_1)(e\cos f_1) - (e\cos f_2)}{\sin(f_2 - f_1)} \quad (8-22)$$

$$(e\sin f_2) = \frac{-\cos(f_2 - f_1)(e\cos f_2) - (e\cos f_1)}{\sin(f_2 - f_1)} \quad (8-23)$$

这样可以确定 $e\sin f_i$

$$e^2 = (e\sin f_i)^2 + (e\cos f_i)^2 \quad (8-24)$$

半长轴 $a = \dfrac{p}{1 - e^2}$。

可求偏近点角 E

$$\begin{cases} \sin E = \dfrac{r}{p}(1-e^2)^{1/2}\sin f \\ \cos E = \dfrac{r}{p}(e + \cos f) \end{cases} \quad (8-25)$$

$$\begin{cases} e\sin E_2 = \dfrac{r_2}{p}(1-e^2)^{1/2}(e\sin f_2) = S_e \\ e\cos E_2 = \dfrac{r_2}{p}(e^2 + (e\cos f_2)) = C_e \\ \sin E_3 = \sin(E_3 - E_2 + E_2) \end{cases} \quad (8-26)$$

展开式(8-25)得

$$\begin{cases} \sin(E_3 - E_2) = \dfrac{r_3}{(ap)^{1/2}}\sin(f_3 - f_2) - \dfrac{r_3}{p}[1 - \cos(f_3 - f_2)]S_e \\ \cos(E_3 - E_2) = 1 - \dfrac{r_3 r_2}{ap}[1 - \cos(f_3 - f_2)] \end{cases} \quad (8-27)$$

$$\begin{cases} \sin(E_2 - E_1) = \dfrac{r_1}{(ap)^{1/2}}\sin(f_2 - f_1) + \dfrac{r_2}{p}[1 - \cos(f_2 - f_1)]S_e \\ \cos(E_2 - E_1) = 1 - \dfrac{r_2 r_1}{ap}[1 - \cos(f_2 - f_1)] \end{cases} \quad (8-28)$$

应用开普勒方程平近点角

$$M = E - e\sin E \quad (8-29)$$

在 t_2 时刻写出

$$\begin{cases} M_3 - M_2 = E_3 - E_2 + 2S_e \sin^2\dfrac{E_3 - E_2}{2} - C_e\sin(E_3 - E_2) \\ M_1 - M_2 = E_1 - E_2 + 2S_e \sin^2\dfrac{E_2 - E_1}{2} + C_e\sin(E_2 - E_1) \end{cases} \quad (8-30)$$

$$\begin{cases} \bar{t}_3 - \bar{t}_2 = \dfrac{M_3 - M_2}{n} \\ \bar{t}_1 - \bar{t}_2 = \dfrac{M_1 - M_2}{n} \end{cases} \qquad (8-31)$$

式中,$\bar{t}$ 用 r_1 与 r_2 计算;n 为卫星的平运动,可用半长轴 a 通过 $n^2 a^3 = 1$ 计算。

引入函数

$$\begin{cases} F_1 = \tau_1 - K\dfrac{M_1 - M_2}{n} \\ F_2 = \tau_3 - K\dfrac{M_3 - M_2}{n} \\ \tau_1 = K(t_1 - t_2) \\ \tau_3 = K(t_3 - t_2) \end{cases} \qquad (8-32)$$

如果观测弧度较长,且分布在不同的圈上,则

$$\begin{cases} F_1 = \tau_1 - K\dfrac{M_1 - M_2}{n} + K\dfrac{2\pi}{n}\lambda \\ F_2 = \tau_3 - K\dfrac{M_3 - M_2}{n} - K\dfrac{2\pi}{n}\lambda \end{cases} \qquad (8-33)$$

式中,$\lambda = 1, 2, 3 \cdots$,为圈号。

求解正确,即 $F_1 = F_2 = 0$。

这种方法不仅对椭圆轨道适用,也适用于双曲轨道,只需将开普勒运动方程换成双曲运动形式即可,具体计算公式在此不再列出。

8.1.2 基于雷达数据的高斯定轨方法

雷达具有距离与角度三维测量的能力,其含有距离信息,因此,应用雷达两次测量数据,从两个时刻测量获得的卫星位置矢量 r_1 与 r_2 就能够确定卫星轨道,其中最常用的方法就是高斯方法。在此按计算步骤给出卫星轨道确定所需的计算公式。

已知 r_1 与 r_2 及相应的世界时 t_1 与 t_2,有

$$\begin{cases} \tau = K(t_2 - t_1) \\ r_1 = (\bm{r}_1 \bm{r}_1)^{1/2} \\ r_2 = (\bm{r}_1 \bm{r}_2)^{1/2} \end{cases} \qquad (8-34)$$

式中,K 为从观测时间到轨道计算时间的单位转换常数,$K = 13.4468184 \min$。

$$\cos(f_2 - f_1) = \dfrac{\bm{r}_2 \bm{r}_1}{r_2 r_1} \qquad (8-35)$$

式中,f_1 与 f_2 为 r_1 与 r_2 相对应的真近点角。

对于正向运动(倾角小于90°的轨道)

$$W_z = \cos i \geq 0 \tag{8-36}$$

$$\sin(f_2 - f_1) = \frac{x_1 y_2 - x_2 y_1}{|x_1 y_2 - x_2 y_1|}\sqrt{1 - \cos^2(f_2 - f_1)} \tag{8-37}$$

对于反向运动(倾角大于90°的轨道)

$$W_z = \cos i < 0 \tag{8-38}$$

$$\sin(f_2 - f_1) = \frac{x_1 y_2 - x_2 y_1}{|x_1 y_2 - x_2 y_1|}\sqrt{1 - \cos^2(f_2 - f_1)} \tag{8-39}$$

计算

$$l = \frac{r_1 + r_2}{4\sqrt{r_1 r_2}\cos\left(\frac{f_2 - f_1}{2}\right)} - \frac{1}{2} \tag{8-40}$$

$$m = \frac{\mu r_2}{2\sqrt{r_1 r_2}\cos\left(\frac{f_2 - f_1}{2}\right)^2} \tag{8-41}$$

令 $y = 1$,求解

$$\begin{cases} x = \dfrac{m}{y^2} - l \\ \cos\left(\dfrac{E_2 - E_1}{2}\right) = 1 - 2x \\ \sin\left(\dfrac{E_2 - E_1}{2}\right) = -\sqrt{4x(1 - 2x)} \end{cases} \tag{8-42}$$

式(8-42)在推导过程中用到了 $0 \leq E_2 - E_1 \leq 2\pi$ 的条件,因此对于 $(t_2 - t_1)$ 大于卫星周期的情况,则可根据实际 $(t_2 - t_1)$ 的情况判断 $\sin\left(\dfrac{E_2 - E_1}{2}\right)$ 的符号。

$$X = \frac{E_2 - E_1 - \sin(E_2 - E_1)}{\sin^3\left(\dfrac{E_2 - E_1}{2}\right)} \tag{8-43}$$

$$y = 1 + X(1 + x) \tag{8-44}$$

判断满足 $|y_{n+1} - y_n| < \varepsilon$,式中,一般取 $\varepsilon = 10^{-5}$。

当 $|y_{n+1} - y_n| < \varepsilon$ 进入式(8-44)计算;当 $|y_{n+1} - y_n| \geq \varepsilon$ 返回式(8-42)计算。其中,

$$\sqrt{a} = \frac{\tau}{2y\sqrt{r_1 r_2}\cos\left(\dfrac{f_2 - f_1}{2}\right)\sin\left(\dfrac{E_2 - E_1}{2}\right)} \tag{8-45}$$

$$f = 1 - \frac{a}{r_t}[1 - \cos(E_2 - E_1)] \tag{8-46}$$

$$g = \tau - a^{3/2}[E_2 - E_1 - \sin(E_2 - E_1)] \quad (8-47)$$

$$\dot{\boldsymbol{r}}_1 = \frac{\boldsymbol{r}_2 - f\boldsymbol{r}_1}{g} \quad (8-48)$$

知道了 $\boldsymbol{r}_1$ 与 $\dot{\boldsymbol{r}}_1$，则可以从一般二体运动的公式计算有关的轨道要素。

8.1.3 多普勒测速观测的定轨方法

除了利用光学测角数据、雷达测角与测距数据能够实现轨道确定，还可以采用测速数据进行轨道确定。这是因为卫星相对于测站运动时，将引起接收频率的变化，这种变化称为"多普勒频移"，测量的多普勒频移可以计算卫星相对于测站的径向速度，即

$$\dot{\rho} = -\frac{c}{f_0}f_d \quad (8-49)$$

式中，f_d 为多普勒频移；c 为光速；f_0 为信标发射频率；$\dot{\rho}$ 为径向速度。

t_0 为卫星过境运动中经过最近点的时间，又称"近站点"，此时卫星的速度矢量和相对测站的径向矢量垂直，多普勒频率为0，该点也称"拐点"。对于 $t < t_0$ 时，有 $f_d > 0$；而 $t > t_0$ 时，有 $f_d < 0$。积分式(8-49)得

$$\int_{t_0}^{t} f_d \mathrm{d}t = -\frac{f_0}{c} \int_{t_0}^{t} \dot{\rho} \mathrm{d}t = -\frac{f_0}{c}(\rho_t - \rho_0) \quad (8-50)$$

$\int_{t_0}^{t} f_d \mathrm{d}t$ 可以用测量数据求和的方法得到。如果已知 t_0 及 ρ_0，则用积分就可知道各点的距离 ρ，这样就可将测速系统的数据转化为距离测量数据。

现在来介绍从多普勒频移曲线求 t_0 及 ρ_0 的方法。根据多普勒频移的定义可知

$$f_d = f - f_0 \quad (8-51)$$

式中，f 为接收频率。

由于发射后的卫星信标频率一般是未知的（即 f_0 未知），因而实际 f_d 曲线的拐点处的时间并不好确定，可用迭代法求出 t_0。

假定卫星在拐点附近相对于测站做匀速直线运动，速度为 v，则可写出

$$\rho^2 = \rho_0^2 + v^2(t-t_0)^2 \quad (8-52)$$

式中，ρ_0 为拐点 t_0 处的斜距。

对式(8-52)微分得

$$\dot{\rho} = \frac{v^2(t-t_0)}{\rho} = \frac{f_0 - f}{f_0}c \quad (8-53)$$

对式(8-53)微分得

$$\ddot{\rho} = \frac{v^2}{\rho} - \frac{v^2(t-t_0)\dot{\rho}}{\rho} = -\frac{c}{f_0}\dot{f} \quad (8-54)$$

拐点处 $t = t_0$，则

$$\ddot{\rho} = \frac{v^2}{\rho_0} = -\frac{c}{f_0}\dot{f}_0 \qquad (8-55)$$

$$\rho_0 = -\frac{v^2 f_0}{\dot{f}_0} \qquad (8-56)$$

对式(8-54)微分得 $\rho^{(3)}$、$\rho^{(4)}$，在拐点处 $\rho_0^{(3)} = 0$，可求出 t_0、ρ_0 及 v 等值。

一个观测站观测一条多普勒曲线很难定出卫星的轨道，因为在数学上这是一个多解的问题。通常利用三站多普勒曲线确定初轨。通过以上计算已有一系列 ρ 及 $\dot{\rho}$，如果有三个站同时观测，则有三条多普勒曲线，可计算三组 ρ 及 $\dot{\rho}$，从而解出 r_0 和 $\dot{r}_0$。

在实际工程中，如果知道了轨道的倾角，或者初始发射的一些参数，也可用两站或单站定轨的计算方案，方案的设计可针对具体工程布局而定。

8.2 空间目标特性认知模块

8.2.1 概述

空间目标特性通常包括其静态特性与动态特性，前者主要回答目标的粗细、胖瘦、长短、轻重、结构、材质和活动部件等，后者主要回答空间目标位置、姿态、状态变化与载荷指向等。如何通过现有的探测手段，提取出有效的目标信息实现目标识别及其相应的典型部件，是空间在轨维护等航天任务分析与设计中的重要课题。因此，开展基于传感器目标特征的目标特性反演与识别方法研究，具有重大的理论意义和应用价值。

狭义上讲，空间目标识别技术是在信息获取、特性信息处理的基础上，根据雷达、光电和无线电监测等设备获取的被识别目标的各种特征信息，提取特征参数，通过特征空间变换、目标分类，结合已建立的特征样本库和资料收集获取的样本训练，对目标属性、类型和工作状态进行判别的过程。一般来说，一个目标识别基本上由传感器、特征信号提取、特征空间变换、目标分类、样本存储和样本学习等部分组成。下面重点介绍以下三方面内容。

(1) 特征空间变换。特征空间变换作为目标识别中的重要环节之一，其把原始的高维空间映射到低维的特征空间，不仅解决了维数压缩问题，还把每类统计上有用的特征保留下来，有利于高速与高效分类。合理的空间变换技术可以改善特征空间中目标模式的原始数据分布结构，使特征信号更有效地应用于目标识别。概括起来说，特征变换技术主要包括卡南 – 洛伊夫(K – L)变换、沃尔什(Walsh)变换、梅林变换，以及基于离散度准则的维数压缩方法等。

(2) 判据准则与雷达目标分类器。简单地说,判据准则是指目标分类的依据及方法,雷达目标分类器的结构有许多种,其中最值得重视的一类分类器是利用判别函数的分类器,每一个目标类别对应于一个判别函数,满足准则就可以归为某一类,具有简单实用等特点。此外,还有贝叶斯分类器、线性分类器、最近邻分类器与序贯分类器等。

(3) 样本学习训练。为了增强分类识别能力,首先应该进行学习训练,将人类的识别知识和方法以及关于分类识别对象的知识输入机器中,产生分类识别的规则和分析程序,这个过程相当于机器学习。一般这一过程要反复进行多次,不断地修正错误、改进不足,其工作内容主要包括修正特征提取方法、特征选择方案、判决规则方法及参数,最后使系统正确识别率达到设计要求,这一过程通常是人机交互的。

空间目标识别的机理是利用雷达测量、光学测量和无线电信号侦收等手段事先获取被识别对象的各种特征参数,并在此基础上建立参考样本。由识别样本的获取途径及自身特征可分为性质识别、编目识别、轨道识别、反射特征识别、目标光谱特征识别、成像识别等。空间目标识别的技术主要有雷达目标识别、光电目标识别、侦测信号目标识别、轨道目标识别与综合识别等。随着大数据和人工智能的发展,给基于数据驱动的空间目标识别技术带来了新的手段,尤其是基于小样本的空间目标识别技术,既是需要解决的难点问题,也是需要重点研究的问题。

8.2.2 基于雷达特征的反演与识别

空间目标的雷达特征是空间目标特性在雷达传感器中表现出来的特性。雷达目标识别一般是利用目标的固有特性与反射信号随时间变化的对应关系来推演有关目标的特征信息,如通过回波信号的幅度、相位、极化散射矩阵来估计目标的尺寸、质量、飞行姿态、结构、运动方式(章动、进动与自旋)及航天活动中的特征事件(星弹分离、目标爆炸),以区分工作卫星、失效卫星、空间碎片等。

基于雷达信息的空间目标识别的基本方法有:基于轨道信息的空间目标识别法;基于窄带信号体制雷达的空间目标识别法;基于宽带信号体制雷达的空间目标识别法;基于电磁辐射特性的空间目标识别法等。

8.2.2.1 基于空间目标 RCS 的识别

目标的雷达散射截面(RCS)是表征雷达目标对于照射电磁波散射能力的一个物理量,是了解雷达目标更多信息的最基本、最重要的一个参数。20 世纪 60 年代的真假弹头识别与反识别技术、80 年代的隐身与反隐身技术,使 RCS 的研究出现了两次研究高潮。目前,雷达目标特性已成为雷达领域中一个独立的分支。

由于构成卫星等航天器复杂目标的诸散射体的回波信号相互干涉,目标的RCS将随目标对雷达的相对姿态不同而变化,而且在运动过程中,相对于雷达的姿态必然会变化,在光学区(目标尺寸远大于雷达波长)目标对姿态的变化极为敏感。因此,回波的时间经历将出现强弱起伏,该起伏特性随目标的形状、尺寸而异。

目标的 RCS 计算方法的合理选择,取决于散射问题的计算目的、计算设备、目标的几何形状、电尺寸和构成材料的导电率、导磁率等。在实际电磁工程中常用的方法有数值方法、高频渐近法、混合法与部分分解法等。

1. RCS 建模

1) 目标建模

空间目标包括太空中的卫星、碎片、导弹、空间站、宇宙飞船和陨石等目标,其中绝大部分是卫星和碎片。对于国际空间站、大中型卫星这样的电大尺寸目标,首先根据它们的外形,对目标的结构、尺寸进行建模,然后根据目标表面的材料,对材料进行适当建模。空间电大尺寸目标示意图如图 8-1 所示。

图 8-1 空间电大尺寸目标示意图

(1) 外形结构建模。卫星的外形是各种各样的,有球形、方形、圆柱体、四面柱体、六面柱体等,以及各种不规则形体。另外,在卫星上一般安装有许多附属结构,如太阳能帆板、杆状物、抛物面结构、喇叭结构、框架结构等,如图 8-2 所示。

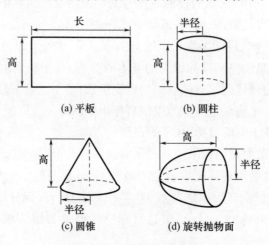

图 8-2 结构体模型参数

图 8-2 所示的电大尺寸目标,根据它们的外形,可以将其分解为各种型号的板状物、柱状物、锥状物、曲面状物,分别用平板、圆柱面、圆锥面、抛物面表示。

(2) 材料建模。空间目标由于空间环境和任务要求,各部分构件使用的材料不同,而材料的介电常数和电导率是从根本上影响目标电磁反射特性的参数,因此需要对空间目标的材料进行建模。

空间目标根据外形可分为太阳能帆板、各种外形的天线、太空舱、连接和支持部分。

大面积太阳能帆板初期为铝合金加筋板或夹层板结构,后来改用碳纤维和复合材料作面板的铝蜂窝夹芯结构,更先进的轻型太阳能帆板则以碳纤维复合材料作框架,蒙上聚酰胺薄膜。面积更大的柔性太阳能帆板全部由薄膜材料制成。

大型抛物面天线是现代卫星的重要组成部分,原来多采用铝合金或玻璃钢制造,但随着天线指向精度的提高,已改用热膨胀系数极小的轻质材料。碳和芳纶在一定的温度范围内具有负膨胀系数,可通过材料的铺层设计制造出膨胀系数接近于零的复合材料,从而成为制造天线的基本材料。超大型天线需制成可展开的伞状,其骨架由铝合金或复合材料制成,反射面为涂有特殊涂层的聚酯纤维网或镍-铬金属丝网。

太空舱轨道器大部分用铝合金、镁合金和钛合金制造。例如,航天飞机支撑主发动机的推力结构用钛合金制造;中机身的部分主框采用以硼纤维增强铝合金的金属基复合材料;货舱舱门用碳纤维增强环氧树脂复合材料作面板的特制纸蜂窝夹层结构。

空间目标高强度使用的零部件则采用钛合金和不锈钢。为了提高刚度和减轻重量,已开始采用高模量石墨纤维增强的新型复合材料。卫星体和仪器设备表面常覆有温控涂层,利用热辐射或热吸收特性来调节温度,如镍基合金或铍板、新型陶瓷隔热瓦。

为简化分析,本节假定太阳能帆板为铝合金或碳纤维复合材料(环氧树脂)框架上的砷化镓(GaAs)太阳能电池;假定天线(抛物面或平板或细圆柱体)为铝合金骨架的碳纤维复合材料,反射面为铝箔或者镍-铬金属丝网;假定舱体中间部分(圆柱体)为镁合金,接头部分(圆锥体)为钛合金;假定所有部件的表面覆有镍合金的温控涂层。

(3) 尺寸建模。对计算和仿真过程中目标的最小尺寸进行适当的限定是非常必要的,因为其直接影响计算量与计算精度。

如果将目标的最小尺寸设定得很小,则会加大计算量,增加仿真运行时间,另外各部分 RCS 累加后对整体目标 RCS 的计量精度影响不大。如果将目标的最小尺寸设定得太大,虽然减小了计算量,降低了仿真运行时间,但各部分 RCS

累加后对整体目标 RCS 的计量精度影响较大。另外,由不同材料构成的相同尺寸目标,其 RCS 差别很大。

2) 探测情景建模

对于高频电磁散射的问题,目标的 RCS 可近似分解成 N 个独立的离散散射体或散射中心的组合,在给定频率上总的 RCS 可表示为

$$\sigma = \left| \sum_{n=1}^{N} (\sqrt{\sigma_n} \cdot \exp(j\varphi_n)) \right|^2 \qquad (8-57)$$

式中,σ_n 为第 n 个散射中心的 RCS 值;φ_n 为该散射中心的相对相位(相对于第一个散射中心),取决于该散射中心在空间中的实际位置。散射中心的数目随观测角而变化,单个散射中心的散射幅度 σ_n 和相位 φ_n 对观测角很敏感。

(1) 随机性和确定性。空间目标 RCS 的测量值具有随机性,因为影响空间目标 RCS 测量值变化的因素很多,包括空间目标形状结构的变化、雷达观测角的变化、目标轨道的变化、姿态变化等。

在雷达的每个观测周期内,太阳能帆板可能随太阳位置变化而改变指向,所以每个观测周期内空间目标的 RCS 值都会有一定的差异,具有随机性。

但对于固定的观测角,RCS 的均值和方差等统计量是确定的。不同观测角对应于不同的均值和方差等统计量,从这一角度看,测量到的空间目标 RCS 具有确定性。空间目标随观测角变化的 RCS 反射图的变化规律是由目标的几何形状确定的。

(2) 场景建模。对空间目标 RCS 进行探测场景建模,就是限定空间目标 RCS 计算时的场景条件。通常假定的条件是:空间目标处于雷达照射范围内;空间目标的太阳能帆板与空间舱旋转轴线之间的夹角固定;如果空间目标有抛物面天线或者杆状天线,假定天线的轴线与空间舱的轴线一致。

RCS 的应用主要体现在以下几个方面:一是应用于空间目标的隐身化设计;二是应用于空间目标的 RCS 增强与缩减;三是应用于空间目标的姿态测量。例如,1958 年,D. K. 巴顿(D. K. Barton)从 AN/FPQ-16 精密跟踪雷达数据里,根据回波幅度变化分析出了苏联人造卫星 Spuknit II 的外形、尺寸和简单结构。从而使雷达的功能从单纯的发现和定位进入了目标识别领域。如今,目标识别已发展成为雷达领域的一个重要分支,雷达目标特征信号研究的目的之一就是目标识别。

2. 计算方法

1) 数值方法

对于目标尺寸远小于波长的瑞利区,以及目标尺寸与波长处于同一数量级的谐振区,一般采用数值方法。这种方法是将麦克斯韦方程结合格林定理应用到散射体表面后,得到一组积分方程,对散射体表面应用边界条件,得到一系列

线性方程,然后利用矩阵方法求出物体上的电路,进而远区的散射场。矩阵法、时域法、单矩阵法、时域有限差分法等都是典型的数值方法,它们原则上可计算任何复杂的目标。但是应用时物体的几何尺寸不能大于 10λ,随着尺寸的增加,得到的矩阵非常大,即使对于大型计算机来讲也是很难计算的。

2)高频渐近法

对于目标尺寸远大于雷达波长的光学区,一般采用高频渐近法。高频渐近法的基本原理是局部性,即在高频时,物体的每个部分基本上是独立散射能量而与其他部分无关,这就相对简化了感应场的估算。物理光学法(PO)、几何光学法(GO)、几何绕射理论(GTD)、一致性几何绕射理论(UTD)、一致性渐近理论(UAT)、物理绕射理论(PTD)、等效电磁流方法(MEC)、增量长度绕射系数法(ILDC)等都属于高频渐近方法。大量的研究结果表明,这种方法只能用于数学关系易于描述的相对简单的目标。

3)混合法

混合法是将两种或两种以上的方法通过合理的途径有机结合起来以分析散射和辐射问题的方法。混合法是根据高频渐近法的适用范围,将目标分成光滑区域和不光滑区域,用高频渐近法求解光滑区域,用数值方法求解不光滑区域,并适当考虑各区域的互相耦合。场基混合法、电流基混合法、迭代法、矩量 – 时域有限差分法等都属于混合方法。这些方法都集中了高频渐近法和混合方法的优点:计算结果的精确率比高频渐近法高,计算速度比数值方法快,可以计算电大尺寸复杂边界散射体的电磁散射。其中,时域有限差分法(FDTD)是谐振区目标 RCS 估算方法中最常用的一种。

4)部分分解法

对于大型极其复杂的目标,仅用单一的方法来预估其 RCS 都会受到各种因素的极大限制。为了预估大型极复杂的目标 RCS,常采用板块元法或部分分解法。该方法是将目标按其几何特点分解成许多基本部件,在计算每一个部件的散射场时,为了提高计算精度,对不规则的几何结构采用大量面元来进行模拟。在计算方法上,根据需要和各散射中心物理特性上的差异,选用不同的高频渐近法。

根据上述分析,下面给出几种应用实例。

(1)角反射器辨识。1958 年,美国用 AN/FPQ – 16 雷达跟踪了苏联当时刚发射的第二颗地球人造卫星,并详细记录了回波特征信号,发现幅度起伏中有周期分量,且与角反射器的散射有相同的特征。D. K. 巴顿当时断言,苏联第二颗人造卫星上载有角反射器,用以增大卫星散射截面积,事后证实对这个回波特征的分析是正确的。

(2)故障判断。卫星和飞船所载的太阳电池板是在发射到高空后才自动打开的,美国利用宽带雷达接收的目标特征信号来检测太阳电池板的状态。由罗姆航空发展中心研制的弗洛伊德(Floyd)宽带高分辨力雷达多次查出了"阿波罗"飞船和"天空实验室"的太阳电池板的故障,该雷达还可监察宇航员检修太阳电池板后的状态。

AN/FPS-85大型相控阵雷达也曾发现过美国"探险者"45号气象卫星的4块镶嵌太阳电池板中有2块没有全部打开。美国曾从特征信号分析中判断苏联的"宇宙"系列卫星中包含反卫星性质的卫星等。

(3)真假弹头识别。真假弹头识别始终认为是反导弹防御系统的几大难题之一。美国在夸贾林岛反导靶场建立了由曲德克斯(Tradex)、阿尔泰(Altair)和阿尔柯(Alcor)等雷达组成的测量网,在20世纪70年代初期,成功地从少量诱饵云和助推器碎块中识别出"民兵"导弹弹头,使反导弹"斯普林特"和"斯帕坦"在大气层内外拦截试验成功。

8.2.2.2 雷达图像识别

雷达径向距离分辨率取决于雷达信号频宽,横向距离分辨率取决于雷达工作波长、天线孔径和目标距离。雷达实际孔径能达到的横向距离分辨率十分有限,难以观测目标的精细结构。逆合成孔径雷达(ISAR)与和合成孔径雷达(SAR)一样具有很大的等效孔径,可以达到很高的横向距离分辨率。

目标的成像涉及关键问题主要包括:①高速运动补偿问题;②包络对齐问题;③相位自聚焦问题;④非均匀转动成像;⑤大角度转动成像弹道目标运动过程中,姿态运动可能导致成像积累时间内转动角度过大;⑥非刚体目标成像问题;⑦ISAR图像横向定标问题等。

空间目标雷达成像几何特征提取与反演主要涉及以下两方面内容。

1. 空间目标几何特征

几何特性是目标最直观的物理特性之一,与其他物理特性的复杂描述相比,目标几何特性只需极少的参数即可完全表征。因此,几何特征成为空间目标识别的关键参数之一。

基于宽带雷达信息的目标几何特性反演方法可以归纳为两类:一类是基于一维距离像的目标几何特性反演;另一类是基于ISAR像的目标几何特性反演。其中,一维距离像反映的是散射点在径向上的分布,能够从单幅一维距离像直接提取的几何特征主要是径向长度,二维ISAR像反映的是散射点在距离向和方位向上的二维分布,提供了目标散射点相对位置等信息,能够提取的几何特征包括径向长度、横向(方位向)长度、纵截面(过对称轴截面)面积大小等。

2. 基于单幅距离像的目标径向长度反演

径向长度是指目标在雷达视线上的投影长度,与散射中心近似,雷达目标可以表示为三维结构的散射点集合。一维距离像反映的是散射中心在雷达视线方向上的分布特性,基于一维距离像反演径向长度就是找到径向上最远和最近的两个散射点并计算其距离。但是,由于雷达视线方向的变化,散射中心在该方向上的位置分布、散射点的强弱也会发生变化,有些散射点甚至因为遮挡现象而消失。因此,该特征是敏感于目标姿态的。

根据成像方法,目标径向长度反演可分为 FFT 算法和超分辨算法两类。FFT 算法是将距离像中大于某一阈值的信号作为存在散射点的判断依据,从而确定特定位置上有无强散射点,进而得到径向长度。超分辨算法采用估计散射中心位置方式得到散射点的径向分布,该方法突破了瑞利限的限制,有效提高了径向长度估计精度,其基本原理是降低超分辨方法对阶数的敏感性,从而实现径向长度的高精度反演。在有限长信号的情况下,FFT 算法得到的目标散射点位置为一个 sinc 函数,该函数的瑞利限导致 FFT 算法的估计精度有限,难以获得较高的估计精度,而超分辨方法需要首先确定模型阶数,即散射点个数,错误的模型阶数会导致径向长度估计误差较大。

目标径向长度估计主要包括以下几种方法:

1) 基于 FFT 算法的径向长度估计

FFT 是常用的一维距离像成像算法,宽带雷达发射的 LFM 信号经目标调制、Stretch 处理、低通滤波和等间隔采样后得到离散的回波信号,经过距离压缩得到距离像。由于傅里叶变换得到的尖峰脉冲为 sinc 函数形式,该脉冲具有一定宽度,为了得到径向长度,首先必须确定脉冲的实际位置。由于脉冲宽度的影响,这种定位精度是有限的,通常将半功率宽度定义为距离分辨率,即在 FFT 方式下的径向长度估计精度为

$$\sigma = \frac{C}{2B} \tag{8-58}$$

式中,C 为光速;B 为信号带宽。

2) 基于 MUSIC 算法的径向长度估计

MUSIC 算法是一种基于观测的自相关矩阵特征分解的超分辨方法,本质上属于一种特征分析方法。它对观测数据的自相关矩阵进行特征分解,通过设定的阈值,将特征值分为信号部分和噪声部分,其对应的特征矢量分别构成观测空间中的信号子空间和噪声子空间。MUSIC 算法利用观测空间的这两个子空间的正交特性,用信号模型生成信号模式矢量,并用它与噪声子空间的一组基进行相关求和,以削弱噪声扰动的影响,根据它在噪声子空间上投影的大小确定其是否为信号。信号模式矢量与信号越相似,其在噪声子空间上投影的模值越小,其倒数越大。

3) 基于 TLS – ESPRIT 算法的径向长度估计

基本 ESPRIT 算法可以看作一种最小二乘算子,它会导致在求解广义特征

值时的某些潜在的数值困难,同时存在病态解问题。目前,常用的 ESPRIT 算法都是基本 ESPRIT 算法的改进算法,主要是奇异值分解(Singular Vector Dividation,SVD)和总体最小二乘(Total Least Square,TLS)的应用。该算法在较低维数进行矩阵运算,能很好地估计谐波信号的个数、频率以及谐波功率,算法实现比较简单,性能稳定。

8.2.2.3 目标运动调制与非线性散射特征识别

一般而言,在雷达观测下,将目标或目标部件在雷达视线方向上的小幅(相对于目标与雷达的径向距离)非匀速或非刚体运动称为微动,如旋转、振动、章动和进动等,将目标微动对雷达回波频谱产生的调制,称为微多普勒调制效应。微动本质上是一种非匀速运动或非刚体运动。

航天器上太阳能帆板的旋转、无线电有效载荷天线等目标结构的周期运动,都会产生对雷达回波的周期性调制,使回波起伏谱呈现取决于旋转体角速度和数量等的基本调制频率与其谐波尖峰,尖峰出现的位置由目标的周期性运动所决定,而与雷达频率无关,目标本身的固有振动,也可对电磁散射产生幅度和相位调制。但是,对于空间目标而言,由于没有如此快速旋转的部件,可用性不强。然而,由于金属目标中,金属间接触电阻的非线性会导致散射场出现基波以外的谐波分量。基于这一非线性散射特性的目标识别技术应该受到空间目标识别的重视。应用先进的雷达接收和数字信号处理技术,有可能得到目标的一次、二次、三次等谱系的回波信号,这些信号均可用作表征目标的特征量。

8.2.3 基于光学特征的反演与识别

光学目标识别是指通过光电探测系统获取目标的辐射信息或图像信息,并对目标的辐射/图像信息进行特征提取、处理、分析,最终达到目标几何特征、组成、功能识别的目的。光学观测可以获取空间目标反射的可见光亮度、光学图像和红外辐射光谱。利用空间目标的可见光亮度或红外辐射光谱的变化规律,可以推算目标的姿态稳定情况,再根据卫星的姿态变化情况可以将工作卫星从大量的空间垃圾和失效卫星中区分出来;根据自适应光学望远镜获取的高分辨率光学图像,可推算出目标的几何参数,并据此进行目标识别;红外光谱与卫星太阳帆板材料、星体表面涂料及有效载荷材料等有关,根据红外光谱信号特征可以达到识别同一批次或不同类型卫星的目的。此外,利用高分辨率的红外光谱信息和温度特性还可以对空间目标进行细微特征识别和对有效载荷进行工作状态识别。光电目标识别主要采用若干技术从不同的物理特征进行识别。其方法有光度法识别、目标图像特征识别、斑点成像识别、盲反卷积法识别、混合成像识别、光谱特征识别。

根据光学不同特性,可将空间目标的光学识别技术分为基于可见光图像的识别、基于光谱图像的识别、基于偏振图像的识别、基于可见光和光谱融合图像的识别、基于红外图像的识别。结合目前空间目标探测设备及其能力,本节介绍基于可见光图像的识别、基于光谱图像的识别以及基于可见光和光谱融合图像的识别技术。

8.2.3.1 空间目标光学特征提取

空间目标光学特征提取,即空间目标光学特性信息处理,是对光电探测系统获取到的空间目标辐射信息或图像信息进行特征提取、处理、分析,最终达到空间目标几何特征、组成、功能识别的目的。通常情况下,空间目标光学特性信息处理可分为图像预处理、图像特征提取及图像识别三个步骤。光学特性信息处理过程如图8-3所示。

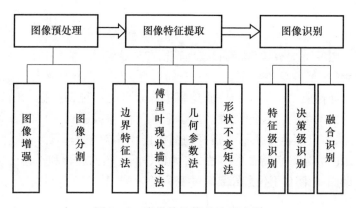

图8-3 光学特性信息处理过程

1. 图像预处理

图像增强和图像分割是空间目标图像预处理中非常重要的步骤,因为后续所有的工作都是在它们的基础上进行的,它们处理的结果对最后的识别影响很大。

1)图像增强

图像增强通常是指对给定图像施行某种运算和使其通过某个特定设计的滤波器后,输出图像不同于输入图像,其中一些图像内容将被增强,而另一部分内容将被减弱。这种对给定图像人为进行某种变换以达到预期目的的过程称为图像增强。

图像增强的最大困难是,很难对增强结果加以量化描述,只能依靠经验、人的主观感觉加以评价。同时,要获得一个满意的增强结果,往往要靠人机交互作用。然而,这丝毫没有减少图像增强在图像中的重要性。随着人工智能技术的发展,通过大数据训练,图像增强必将进入新阶段。

2)图像分割

图像分割技术是一种重要的图像分析技术。在对图像的研究和应用中,人们往往仅对图像中的某些部分感兴趣。这些部分通常称为目标或前景(其他部分称为背景),它们一般对应图像中特定的、具有独特性质的区域。为了辨识和分析图像中的目标,需要将它们从图像中分离提取出来,在此基础上才有可能进一步对目标进行测量和对图像进行利用。概括来说,图像分割是指把图像分成各具特性的区域并提取出感兴趣的目标的技术和过程。

图像分割是由图像处理进入图像分析的关键步骤,也是一种基本的计算机视觉技术。这是因为图像的分割、目标的分离、特征的提取和参数的测量将原始图像转化为更抽象更紧凑的形式,使得更高层的分析和理解成为可能。常用的空间目标图像分割技术有并行边界分割技术、串行边界分割技术、并行区域分割技术、串行区域分割技术等。

2. 图像特征提取

1)图像特征

常用的图像特征有颜色特征、纹理特征和形状特征。

(1)颜色特征。颜色特征是一种全局特征,描述了图像或图像区域所对应的景物的表面性质。一般颜色特征是基于像素点的特征,此时所有属于图像或图像区域的像素都有各自的贡献。由于颜色对图像或图像区域的方向、大小等变化不敏感,所以颜色特征不能很好地捕捉图像中对象的局部特征。颜色直方图是最常用的表达颜色特征的方法,其优点是不受图像旋转和平移变化的影响,进一步借助归一化还可不受图像尺度变化的影响,其缺点是没有表达出颜色空间分布的信息。

(2)纹理特征。纹理特征也是一种全局特征,它描述了图像或图像区域所对应景物的表面性质。但由于纹理只是一种物体表面的特性,并不能完全反映出物体的本质属性,所以仅仅利用纹理特征是无法获得高层次图像内容的。与颜色特征不同,纹理特征不是基于像素点的特征,它需要在包含多个像素点的区域中进行统计计算。在模式匹配中,这种区域性的特征具有较大的优越性,不会由于局部的偏差而无法匹配成功。作为一种统计特征,纹理特征常具有旋转不变性,并且对于噪声有较强的抵抗能力。但是,纹理特征也有其缺点,明显的就是当图像的分辨率变化时,所计算的纹理可能会有较大偏差。另外,由于有可能受到光照、反射情况的影响,从2D图像中反映出来的纹理不一定是3D物体表面真实的纹理。

在检索具有粗细、疏密等方面较大差别的纹理图像时,利用纹理特征是一种有效的方法。但当纹理之间的粗细、疏密等易于分辨的信息之间相差不大时,通常的纹理特征很难准确地反映出人的视觉感觉不同纹理之间的差别。

(3)形状特征。形状特征是图像或图像区域所对应另一重要的特征。但不同于颜色或纹理等底层特征,形状特征的表达必须以对图像中物体或区域的划分为基础。由于当前的技术无法做到准确而鲁棒的自动图像分割,图像检索中的形状特征只能用于某些特殊应用,在这些应用中图像包含的物体或区域可以直接获得。另外,由于人们对物体形状的变换、旋转和缩放主观上不太敏感,合适的形状特征必须满足与该图像的变换、旋转和缩放无关,这对形状相似度的计算也带来了难度。通常来说,形状特征有两种表示方法:一种是轮廓特征的;另一种是区域特征的。前者只用到物体的外边界,而后者则关系到整个形状区域。

2) 常用的形状特征提取方法

(1) 边界特征法。该方法通过对边界特征的描述来获取图像的形状参数。其中,Hough 变换检测平行直线方法和边界方向直方图方法是经典方法。Hough 变换是利用图像全局特性而将边缘像素连接起来组成区域封闭边界的一种方法,其基本思想是点-线的对偶性;边界方向直方图法首先微分图像求得图像边缘;其次,做出关于边缘大小和方向的直方图,通常的方法是构造图像灰度梯度方向矩阵。

(2) 傅里叶形状描述符(Fourier Shape Descriptors)法。傅里叶形状描述符基本思想是用物体边界的傅里叶变换作为形状描述,利用区域边界的封闭性和周期性,将二维问题转化为一维问题。由边界点导出三种形状表达,分别是曲率函数、质心距离和复坐标函数。

(3) 几何参数法。形状的表达和匹配采用更为简单的区域特征描述方法,如采用有关形状定量测度(如矩、面积、周长等)的形状参数法(Shape Factor)。需要说明的是,形状参数的提取,必须以图像处理及图像分割为前提,参数的准确性必然受到分割效果的影响,对分割效果很差的图像,形状参数甚至无法提取。

(4) 形状不变矩法。形状不变矩分为 Hu 不变矩和仿射不变矩。

Hu 不变矩:在图像目标的识别算法中,最关键的是要得到具有不变性的目标特征,Hu 不变矩是其中广泛应用的形状特征之一,一些最基本的二维形状特征都与矩有直接的关系。Hu 不变矩是图像的统计特性,满足平移、伸缩、旋转均不变的特性。Hu 不变矩已经广泛地应用于模式识别,如飞机识别、文本分类等相关领域。

仿射不变矩:Hu 不变矩仅仅针对目标在旋转、平移和尺度变化条件下有效,在实际三维空间中,由于受到视角的影响,目标的成像会发生变形(仿射变换)。于是,在提取目标特征时还需要引入仿射不变矩。

8.2.3.2 基于可见光图像的识别技术

空间目标的形态特征是判断和识别目标类型、功能的主要依据,通过可见光图像获取空间目标的形态特征。其基本原理如下:首先需要获取高质量的原始图像。现在获取空间图像的最常用手段为地基光学系统进行探测,在获取空间目标图像的过程中会受到地球大气层状况的影响导致图像模糊,其最主要原因是大气湍流所造成的不规则光学变化。所以在进行特征提取识别前,需要解决图像模糊问题。目前,解决图像模糊的技术途径主要包括两类:一是在分析卫星运动的基础上对图像进行图像复原;二是针对大气干扰、设备干扰,对所采集图像进行图像去噪。相对于需考虑众多自然因素的图像复原方法,用得最多的是图像去噪方法,并且取得了较显著的效果。其中,主要的代表方法包括经典正则化方法和非线性正则化方法两大类。经典正则化方法以伪逆滤波,约束最小二乘方法和Wiener滤波等常用方法为主。非线性正则化方法以极大后验概率估计方法、以先验概率密度函数为先验条件的贝叶斯方法以及以集合理论为基础的凸集投影方法。

由于空间目标的可见光图像具有丰富的几何信息,要进行可见光图像的轮廓识别,首先要提取图像中的目标边缘。对于边缘的预处理,已发展了一系列图像边缘特征提取算法,基本原理是利用图像边缘特征提取算子,进行边缘特征的提取,如Sobel、Laplician、Log、Canny算子等都能够较好地实现图像边缘线的提取。为了使提取边缘特征更为精确,随后发展了边缘线细化算法,使其便于矢量化和精处理。精处理的目的主要是将瑕疵边缘线进行剔除,同时连接相应的目标轮廓线。通过对目标内部的边缘线进行筛选保留,使边缘线的算法进一步加强,可见光图像中目标的几何特征更加明显,边缘线更加清晰。在此基础上,有关学者基于线跟踪的思想提出了矢量化边缘线的方法,可以在精处理的结果上进一步得到空间图像目标轮廓边缘的矢量图形。近年来,支持向量机、人工神经网络、学习子空间等新方法不断涌现并获得了很大的成功,可见光图像的识别已经超过了传统识别方法的水平。

轮廓识别一直是基于可见光图像目标识别的研究热点,而且研究大多在数据点处理、识别准确率的提高和综合各类方法的方向上展开。从降低参数空间维数和减少计算量的角度来看,基于模糊理论与随机Hough变换(Randomized Hough Transformation,RHT)相结合的方法是一种较好的识别方法,不仅可以处理较强的背景噪声,对于边缘破损的图像也具有较高的轮廓识别率,若在上述方法中融入识别轮廓的特征,可在点的选择上避免全图遍历,从而在保证鲁棒性和准确率的前提下大大提高轮廓识别的速度。以圆轮廓识别为例,下面介绍该方法的基本原理。

该方法主要利用圆周上任意两点的不平行切线的交点与该两点弦中点的连线与圆相交点和圆心相对位置的几何性质进行圆轮廓识别。通过在图像中随机选取曲线上3~5点进行计算,在避免全图遍历的情况下提高了算法效率,在延续占有内存小及检测性能好等特点的基础上进一步缩短了消耗时间,并且在圆边缘模糊以及圆不完整的情况下也可以较准确地检测出圆。具体的原理可简述如下。

二次曲线可以表示为

$$Ax^2 + 2Bxy + Cy^2 + 2Dx + 2Ey + F = 0 \tag{8-59}$$

式中，(x,y) 为图像空间坐标；A、B、C、D、E、F 是二次曲线的参数，其中 5 个是自由参数，若 A、B、C 满足

$$B^2 - 4AC < 0 \tag{8-60}$$

则二次曲线为椭圆。

另外，二次曲线也可以通过极和极线来定义，如图 8-4 所示。

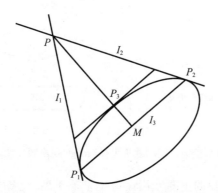

图 8-4 二次曲线的极和极线的定义

二次曲线上两点 p_1、p_2 处的切线为 l_1、l_2，M 是弦 $\overline{p_1p_2}$ 的中点。若 l_1、l_2 不互相平行，则它们将交于一点 P，则 P 为二次曲线的极。过 p_1、p_2 的弦 $\overline{p_1p_2}$ 称为二次曲线的极线。设直线 l_1、l_2 和弦 $\overline{p_1p_2}$ 所在直线 l_3 的参数方程为

$$\begin{cases} l_1(x,y): u_1x + v_1y + w_1 = 0 \\ l_2(x,y): u_2x + v_2y + w_2 = 0 \\ l_3(x,y): u_3x + v_3y + w_3 = 0 \end{cases} \tag{8-61}$$

式中，u、v 和 w 是直线的参数。则过 p_1、p_2 两点的二次曲线簇为

$$\lambda l_3^2(x,y) + l_1(x,y)l_2(x,y) = 0 \tag{8-62}$$

式中，λ 为任意常数，在曲线上任取一点进行参数比较即可确定 λ，通过比较两种定义下的参数，就可全部获得二次曲线的参数。

根据数学定义，取 M 为线段 $\overline{p_1p_2}$ 的中点，那么线段 $\overline{PM}$ 和该二次曲线的交点为 p_3。当交点 p_3 与 P 接近时，曲线可判断为双曲线；当靠近 M 时，曲线则为椭圆。除此之外，交点 p_3 处的切线平行于直线 p_1p_2。算法原理过程如图 8-5 所示。

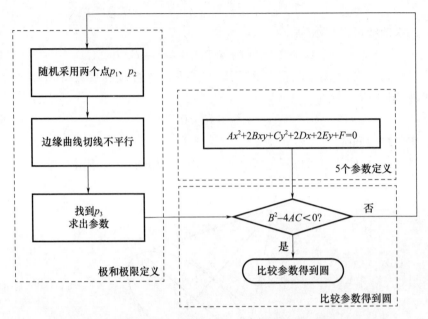

图 8-5 基于圆特征的随机采样 Hough 变换圆识别算法原理

美国空间目标监视的主要专用设备位于毛伊岛,设备主体为包括两台并联安装的 1.22m 卡塞格伦望远镜的毛伊光学跟踪识别设施(MOTIF),代号 TEAL-BLUE。目前,安装有 1.22m 卡塞格伦望远镜的毛伊光学跟踪识别设施(MOTIF),能够对轨道高度≤4800km 的近地轨道和深空的空间目标,通过测量其反射特性进行可见光图像的识别,而且还能够通过测量其热辐射特性实现长波红外图像的识别。截至 20 世纪末,跟踪到的大小空间目标已达到 1.8 万个。此后,美军空军先后使用激光照明、强激光束照射、相干激光束照射等进行探测,针对低轨卫星进行多次主动跟踪实验,取得了较理想的实验效果。1994 年 5 月,美国在新墨西哥州柯特兰空军基地星火光学靶场,建成了 3.5m 口径望远镜系统,该系统能够在 800nm 波段对 800km 轨道高度的 SEA-SAT 人造卫星进行跟踪并对其进行自适应光学成像,分辨率达到 30cm,能够清楚地分辨图像中卫星的结构细节,为在可见光图像中识别卫星的细节轮廓提供了丰富的参考和图像数据。

8.2.3.3 基于光谱图像的识别技术

光谱图像最大的特点是蕴含光谱信息。在高光谱成像探测技术出现以前,图像识别和分类只能依靠高空间分辨率的可见光图像目标的色彩、纹理结构、边缘轮廓等二维空间信息,或者是单纯利用目标在某个或某几个波段的特性进行识别。光谱图像将传统的图像数据拉伸到三维空间,形成一个三维高光谱图像立方体,在一定的波长范围内,光谱图像可以记录同一个目标位置处在各个不同波段的反射值变化,因此具有很高的光谱分辨率,能够精细地描述目标的光谱特性,为二维图像所不能尽善的目标识别提供强有力的依据。光谱图像"图谱合一"的特性能够在目标识别中把二维空间信息和光谱信息结合起来,提高目标识别精度,尤其是利用光谱信息的"指纹"效应,能非常精确地识别目标。到20世纪末,高光谱技术已经成为遥感目标探测领域的研究热点,并且成为空间目标监测与识别的重要手段之一。

基于光谱信息的目标识别方法是利用目标光谱的"指纹效应",通过计算两个光谱(通常是目标光谱和参考光谱)曲线的相似程度来判别目标的一种识别方法。其基本原理是将高光谱图像中提取的光谱矢量与目标光谱数据库中的光谱矢量进行定量分析,通过比对波形特征或者光谱的特征参数达到识别目标的目的。

联合高光谱图像的空间细节信息和光谱信息进行空间目标识别是目前的主流思想,已经发展了很多成熟的算法。但从识别原理来看,目前基于光谱信息的目标识别方法主要包括基于光谱特征参数的匹配和基于光谱波形的匹配两大类。其中,基于光谱特征参数的匹配有光谱微分技术法和光谱吸收指数法两种,前者计算光谱曲线不同阶数的微分值,从中提取不同的光谱参数,后者利用光谱曲线谷峰和谷底的反射强度之比作为光谱参数进行匹配。两种方法具有较高的识别精度,但是都对光谱曲线的细节变化信息有很高的要求。基于光谱波形匹配主要有光谱相关性法(SC)、欧几里得距离法(ED)、光谱角匹配法(SAM)和光谱信息散度法(SID)等。其中,光谱相关性法能够较好地反映光谱相对于其均值的变化情况,但是忽略了光谱曲线相邻值之间的变化情况,当相邻值的变化较为剧烈时会导致误判的情况。光谱角匹配法(SAM)通过计算目标光谱和参考光谱波形间的夹角实现对目标光谱的识别,因此,光谱夹角 θ 越小意味着目标光谱越接近参考光谱,该方法对于波形变换剧烈的光谱矢量比较敏感,但对于光谱矢量比较平缓的情况会导致误判。光谱信息散度法(SID)将信息理论中"分歧"的概念引用到光谱的统计算法,是一种基于信息统计概率理论的光谱相似度辨别算法。该方法表征的是两个光谱矢量间信息的差异,因此,SID 数值越小表示两个光谱相似度越高。由于该方法能够从整体上对两个光谱信息进行比较,识别效果优于光谱角匹配法。

基于光谱信息的目标识别方法的基本思想都是计算目标光谱和参考光谱的相似性,同时在高光谱图像中尽可能精确地找到与参考光谱相似的所有目标光谱,通过设定门限值等方法判断所找到的光谱是否为目标。基于光谱信息的目标识别流程如图8-6所示。

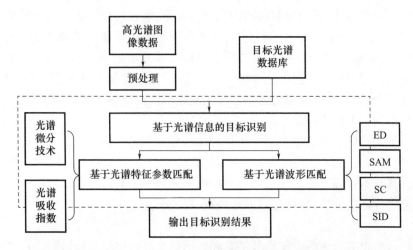

图 8-6 基于光谱信息的目标识别流程

基于光谱匹配的目标识别方法之所以受到关注,主要是因为其具有较高的识别精度以及较强的鲁棒性。从 20 世纪 90 年代开始,美国加大了基于光谱图像的空间目标识别技术研究力度,首先从基本辐射理论出发,针对空间目标收集每个短波段范围内的可用信息,将信噪比作为准则进行评估,验证了基于高光谱信息进行空间目标识别的可行性和优越性。其次,飞利浦实验室开发处理 TASAT(Time Domain Analysis Simulation for Advanced Tracking)软件实现了针对不同卫星的高光谱数据仿真,并基于人工网络实现了对典型卫星的仿真与识别。而且对于高轨目标,基于独立成分分析,求取独立成分的高阶矩实现对空间目标的识别。目前,在已获取的空间目标光谱数据的基础上,实现了空间目标分类。

我国关于基于高光谱的目标识别技术起步较晚,且主要集中在对地遥感领域。由于我国地基空间目标监视系统目前尚无高光谱成像探测能力,导致了基于光谱图像的空间目标识别技术研究仅仅停留在一些理论分析和初步仿真层面。

8.2.3.4 基于可见光与光谱融合图像的识别技术

从现有空间图像的精度和各种图像在识别方面性能的角度来看,仅靠单一传感器提供的信息难以实现对空间目标及其典型部件的准确识别。由于多源图像融合蕴含着丰富的目标信息,将多源图像所含信息科学地结合在一起的图像融合技术,对于增强图像对目标的描述能力具有重要的意义。

仅就目标识别而言,多源图像融合识别与单一可见光图像或者单一光谱图像的识别技术是相通的,所以对于多源图像融合的目标识别技术关键在于融合技术。用于单一信息源图像的目标识别技术都可以用于融合图像的目标识别,而且往往会有更好的效果,因为目标的信息量比单一信息源图像大,而且能形成信息互补。为此,本节将重点介绍面向目标识别的可见光图像和光谱图像的融合技术。

传统单一的成像系统所获取的图像在细节纹理信息、色彩信息、光谱信息和分辨率等方面存在不同程度的局限性。随着硬件技术的快速发展,不同平台、不同时相以及不同波长信息的图像应运而生,多源图像信息融合的思想逐步得到关注。信息融合是指利用多源成像系统对相同的目标或者场景所采集的图像经过一定的处理后将需要的信息综合在一幅图像中,有利于提升多重信息分析和目标识别能力。具体而言,目标可见光图像和光谱图像的信息融合应该实现以下目标:

(1)提高图像的空间分辨率:在尽可能保留光谱信息的前提下提高每个波段图像的空间分辨率。

(2)增强目标特征:通过增强图像中目标或者场景的细节特征,从而提高图像的解译精度,改善对目标探测和识别效果。

(3)实现区域监测:通过对不同时相的图像进行融合,能为特定区域的分时信息监测提供数据支持。

(4)提高目标识别精度:基于多源图像信息具有较强的互补性,准确提取目标特征信息。

1. 图像信息融合的分级

根据 IEEE 对图像融合的数据级融合、特征级融合和决策级融合三个分类,学术界通常将图像融合划分为像素层、特征层和决策层三个层次。对于不同层次的图像融合对数据源的要求、像素对准精度和算法设计都有不同的侧重点,表 8-1 总结了不同融合层次的特点。

表 8-1 不同融合层次的特点

融合层次	信息源类型	对准精度级别	融合方法	性能改善
像素级融合	多源图像	高	图像变换或像素重新组合	提升图像处理任务效果
特征级融合	图像中的特征	中	几何(时域)的对应关系,特征属性重新组合	减少计算量,增加附加特征
决策级融合	决策中使用的符号系统等	低	逻辑(统计)推理	提高处理的正确率、智能化

1)像素级融合

像素级融合面向图像的像素值,将多源图像采用某些算法合成一幅信息更加丰富的图像。像素级融合可以认为是最底层的操作,因为其处理对象是多源图像的像元,即对各传感器获取图像等原始数据进行直接的操作。对于高光谱图像和高空间分辨率可见光图像的融合,理论上应使原高光谱图像的光谱特性不发生变化,从而保持高光谱数据的光谱可分离性,有利于后续的图像判读和解译。像素级融合的优点在于能最大限度地保留原始细节信息,对提高图像的空间分辨率有重要意义。像素级融合在整个图像范围内对每个像素进行运算,不涉及特征提取和分类,如现在应用效果较好的基于彩色空间分量替换的融合方法和基于多分辨率分析的融合方法等都属于像素级融合算法。

2)特征级融合

特征级融合是介于像素级和决策级之间的融合层次,这类融合在图像融合之前需要首先对图像进行特征提取,得到边缘、形状和方向等特征矢量信息,而后基于特征矢量对图像进行融合处理。特征级融合的核心技术是特征的关联和融合特征的描述,优点是在保留信息的同时还进行数据的压缩。

3)决策级融合

决策级融合属于顶层分析融合,对多源图像数据源形成局部决策并进行推演分析,根据设定条件准则和相关的可信度对数据做出最终决策。决策级融合的方法主要有专家决策法、贝叶斯法、广义证据推理理论等,其主要优势在于拥有一定程度的容错能力,但需要建立庞大的数据库资源和科学的决策系统,就目前的研究现状而言其实用性还有待提高。

像素级、特征级和决策级融合不仅可以是相互独立的融合层次,而且互相之间可以关联起来,形成新的融合思想,如模糊集理论和自适应神经网络融合方法就是目前较为成熟的特征级和决策级融合关联方法。在实际应用中,可以依据具体的条件和需求分析合理选择融合算法。

2. 可见光与光谱图像融合

多分辨率分析融合方法能将图像的特征信息分解到不同的尺度空间,然后在不同的尺度空间内进行数据融合,最终通过重构得到融合图像。目前,基于多分辨率分析的融合技术已经成为图像融合的主流,像素级多分辨率图像融合方法研究已经取得了很多成果,如基于金字塔变换、小波变换、多尺度几何变换(如 Curvelet 变换、Contourlet 变换和 Bandelet 变换)等融合方法。其中,小波变换和组合滤波的方法可以很好地保持光谱信息,然而却会让全色图像的空间分辨率降低,一个最近发展起来的多尺度分析工具 Bandelet 变换及其第二代形式却能很好地解决这个问题。

Bandelet 是一种多尺度分析工具,能够自动追寻几何正则方向以及选择图像最佳边缘的特征,在最大限度上保留图像的纹理细节信息。第一代 Bandelet 具有正交性,但是引入了边界效应,而且计算量非常大。第二代 Bandelet 变换是在第一代 Bandelet 变换的基础上提出来的一种正交多尺度变换,在保留了第一代 Bandelet 优点的同时,直接从离散形式出发,解决了边界效应问题,而且降低了计算量。为了简化叙述,在下面的章节中所说的 Bandelet 变换如无特殊说明都是指第二代 Bandelet 变换。基于 Bandelet 变换的高光谱图像和高空间分辨率图像融合方法的基本思想如下:首先对高光谱数据的每个波段和高分辨率图像进行 Bandelet 变换,得到其几何流和 Bandelet 系数;其次用蕴含丰富空间细节信息的高分辨率图像的几何流信息代替高光谱图像的几何流主成分数据,同时对源图像的 Bandelet 系数进行重新组合;最后利用 Bandelet 逆变换对高光谱图像进行重构。具体流程如图 8-7 所示。

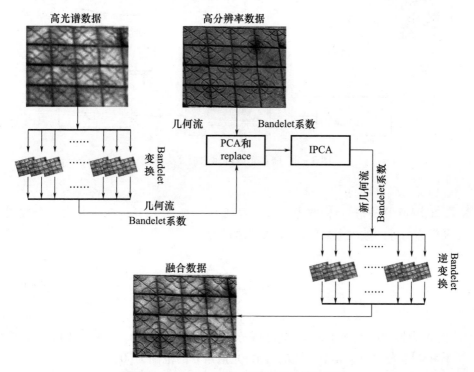

图 8-7 基于 Bandelet 变换的融合算法流程

3. 基于联合光谱的融合高光谱图像目标识别

根据融合后高光谱图像的特点,以作者研究的联合光谱识别方法(Combined Spectrum Recognition Algorithm,CSRA)为例,介绍可将光图像和光谱图像融合目标识别的基本原理。由于是针对融合后的高光谱图像,因此目标光谱指的是融合后高光谱图像中的光谱信息,而参考光谱为原高光谱图像的光谱信息。

CSRA 的基本思想如下:首先,融合处理虽然能很好地保存图像的光谱特征,但是也有可能会改变像素的 DN(Digital Number)值,因此,需要将目标光谱和参考光谱进行归一化处理；其次，对归一化后的光谱分别进行 SAM 法和 SID 计算；再次，将目标光谱和参考光谱的 SAM 数值和 SID 数值作为该方法的输入数据，同时引入两个权重因子 p' 和 q'；最后得到两个光谱的 CSRA 值，根据设定的门限值判断两个光谱数据是否为同一个目标的光谱。联合光谱目标识别算法原理如图 8-8 所示。

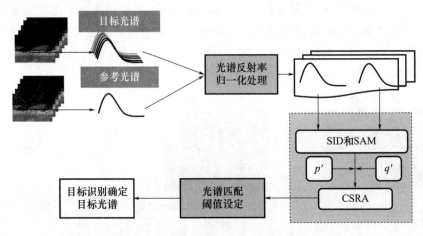

图 8-8 联合光谱目标识别算法原理

1) 光谱角 θ 计算

在 SAM 算法中，目标的光谱数据表现为一个一维矢量，矢量元素的个数就是高光谱图像的波段数。SAM 函数表达式为

$$\theta = \arccos \frac{\sum_{k=1}^{N} x_k \cdot y_k}{\sqrt{\sum_{k=1}^{N} x_k^2} \cdot \sqrt{\sum_{k=1}^{N} y_k^2}} \qquad (8-63)$$

式中，N 为矢量的元素个数，也就是高光谱图像的波段数；x_k 和 y_k 分别表示目标光谱和参考光谱中第 k 个波段的数值；光谱角 θ 的范围为 $[0, \pi/2]$。

在光谱角匹配法中，光谱夹角 θ 越小意味着目标光谱越接近参考光谱。图为光谱角匹配识别示意图，假设光谱 B 为参考光谱，其中 Angle2 大于 Angle1，这就意味着光谱 A 比光谱 C 更接近于光谱 B，所以 A 更有可能是需要识别的目标。SAM 算法的识别过程示意图如图 8-9 所示。

2) 光谱信息散度 SID 计算

设融合后的高光谱图像和原高光谱图像像素的光谱矢量分别为

$$\begin{cases} \boldsymbol{x} = (x_1, x_2, \cdots, x_k, \cdots, x_N)^{\mathrm{T}} \\ \boldsymbol{y} = (y_1, y_2, \cdots, y_k, \cdots, y_N)^{\mathrm{T}} \end{cases} \qquad (8-64)$$

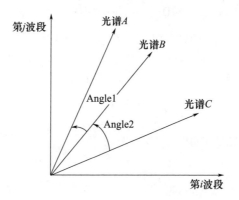

图8-9 SAM算法的识别过程示意图

式中,x_k和y_k分别表示不同波段图像中的像素值;x和y则分别是融合高光谱图像和原高光谱图像中的光谱信息;N为高光谱图像的波段数。需要强调的是x_k和y_k的值都是非负值,因为根据辐射原理,x_k和y_k代表的是目标光谱反射值。

为了 SID 算法的后续计算,需要将 x 和 y 进行归一化处理,光谱矢量归一化可以表示为

$$\begin{cases} px_k = \dfrac{x_k}{\sum\limits_{k=1}^{N} x_k} \\ py_k = \dfrac{y_k}{\sum\limits_{k=1}^{N} y_k} \end{cases} \quad (8-65)$$

式中,px_k和py_k表示归一化处理后的光谱矢量;N为波段数。

光谱信息散度法 SID 的表达式为

$$\mathrm{SID}(x,y) = D(x\parallel y) + D(y\parallel x) \quad (8-66)$$

式中,$D(x\parallel y)$和$D(y\parallel x)$可以表示为

$$\begin{cases} D(x\parallel y) = \sum\limits_{k=1}^{N} px_k \log\left(\dfrac{px_k}{py_k}\right) \\ D(y\parallel x) = \sum\limits_{k=1}^{N} py_k \log\left(\dfrac{py_k}{px_k}\right) \end{cases} \quad (8-67)$$

式中,$D(x\parallel y)$和$D(y\parallel x)$表示x和y之间的相对熵,也称 Kullack-Leibler 信息或交叉熵。

3)联合光谱识别方法 CSRA 值计算

设来自原始高光谱图像的参考光谱为y,待识别的融合光谱为$c_1,c_2,\cdots,c_n$,则 SID 和 SAM 的输出为

$$\begin{cases} \mathrm{SID}(c_1,y), \mathrm{SID}(c_2,y), \cdots, \mathrm{SID}(c_N,y), \text{输出 SID} \\ \theta(c_1,y), \theta(c_2,y), \cdots, \theta(c_N,y), \text{输出 SAM} \end{cases} \quad (8-68)$$

式中，N 为高光谱图像的波段数。

为了简化公式的书写，将 SID 和 SAM 的计算定义为

$$\begin{cases} \mathrm{SID}_i = \mathrm{SID}(c_i,y) \\ \theta_i = \theta(c_i,y) \end{cases} \quad (8-69)$$

联合光谱识别算法 CSRA 可表示为

$$\mathrm{CSRA}(k) = \mathrm{Normalize}\left(\frac{p' \cdot \dfrac{\mathrm{SID}_k}{|\max(\mathrm{SID}_1,\mathrm{SID}_2\cdots,\mathrm{SID}_N)|}}{q' \cdot \exp\left(\dfrac{\theta_k}{|\max(\theta_1,\theta_2\cdots,\theta_N)|}\right)} \right) \quad (8-70)$$

式中，p' 和 q' 为 CSRA 算法的两个权重因子，分别是光谱曲线的几何特征权重因子和随机变量权重因子，且 $p'+q'=1$。如果取 $p'>q'$，表示倾向于分析光谱曲线的几何特征，并以光谱曲线几何特征作为相似度的判别依据，取 $p'<q'$ 则表示更倾向于把光谱曲线当作一个随机变量一维矢量，然后进行统计概率分析。在本实验中 p' 和 q' 均取值 0.5。

CSRA 的值即为目标识别的最终依据，CSRA 的最大值为 1，越接近 1 代表两个光谱相似度越接近。

8.2.4 其他识别方法

除了利用光学与雷达特征进行目标识别方法，还包括以下几种主要方法。

1. 轨道目标识别

依据空间目标的轨道高度、轨道形状和轨道位置信息，可以对空间目标的类型进行初步的识别，因为空间目标的轨道特征和它所进行的活动通常是紧密联系的。

轨道目标识别是利用获取的目标轨道根数来确定目标用途、轨道周期和使用寿命。由于目标的轨道与目标有对应关系，可采用情报资料与实测轨道根数相结合的方法，研究不同类型目标的轨道特性，分析轨道运行规律及其变化特征、提取运动特征、识别目标类型和国际编号。一般地，卫星轨道参数的选择，很大程度上取决于卫星的任务。而轨道参数和运动特性的变化还能反映工作状态的变化。根据卫星的轨道参数和运动特性及其变化可识别卫星的类型和工作状态。轨道特征识别是空间目标识别的基本方法和基础。

轨道特征识别有两个层次的识别：一是对新捕获的目标是否为在轨目标的识别；二是对不明目标的类型和国别的识别。通过雷达、光电和无线电等监测设备对空间目标的跟踪测量和对测量数据的计算分析，可获得空间目标的轨道参数和运动特性及其变化信息。

例如,对于侦察卫星来说,为了提高侦察分辨率,它通常处于低轨道,为了对特定区域进行侦察通常采用轨道倾角接近 90°的圆形极轨道;对导航卫星而言,既要保证与地面通信站正常的数据传输,又要保证全球覆盖,因此通常采用轨道高度为 20000km 左右的中轨道;对于空间碎片而言,由于近地空间航天活动频繁,因此空间碎片主要分布在近地空间轨道周围。最新的空间碎片观测显示,分布在近地空间轨道周围的空间碎片占空间碎片总量的 70%。

2. 综合识别技术

综合识别是在完全没有或仅有部分先验信息的情况下,综合利用雷达、无线电、光学与其他渠道信息,对空间目标身份属性、状态特性等实现个体认知的过程。换言之,就是以上述多种手段处理结果为基础,并辅以平面媒体、广播、电视等途径获得空间目标的相关信息,再经过融合处理完成目标识别。

3. 模式识别技术

尽管已经拥有了上述多种识别方法,人们还是希望通过分析目标的唯一特征实现目标识别,这也是目前世界各国都在加强研究,但多数尚未进入实际应用的前沿技术。具有代表性的是模式识别(Pattern Recognition)技术。

模式识别技术是通过数学模型,模拟人类对目标类别识别的技术。它是人们在工程技术领域中对于人脑智能识别的学习和模仿,是与现代电子技术特别是计算机技术、人工智能技术密切相关的一种高新技术。

模式识别的过程是:被识别目标描述,包括所有与空间活动有关的领域内目标的全体描述,形成标准特征模式数据库;由各传感器采集大量来自未知目标的信号、数据;经过预处理,从相关数据中提取具有表征的特征数据;利用已有特征数据库,使用适当算法和判决准则,对信号进行分类处理,推断目标类别;估计识别概率、识别置信度等;将识别结果放入识别数据库以备用。模式识别技术主要分为以模式的特征矢量表述为基础的统计模式识别技术,以模式的图形基元和链语言表述为基础的句法结构模式识别技术,以模式的目标间关系的框架或语义网络表述为基础的人工智能模式识别技术和以模糊数学为基础的模糊模式识别技术。其中,统计模式识别技术、句法结构模式识别技术、模糊模式识别技术已达到实用程度,应用于信息获取设备中。目前,在雷达探测中已运用模式识别。

随着大数据 + AI 的日益普及,空间目标识别在传统方法、技术的基础上,正在向基于数据驱动的道路上快速发展,值得大家关注。

8.3 空间碎片碰撞预警模块

空间碎片是人类在空间活动的产物,过多的空间碎片会造成近地轨道的拥挤,严重影响在轨运行航天器的安全状态。当空间碎片与航天器猛烈碰撞时,其平均相对速度可能高于10km/s,不但严重损伤航天器的表面,而且更严重的可能引发航天器飞行故障。地球外围的危险垃圾带不断膨胀,高动能的空间碎片碰撞会产生巨大的能量,并且当空间碎片累积到一定临界密度时,会造成碎片间链式碰撞,从而引发更大的太空破坏。

近年来,空间碎片碰撞事件频频发生,迫切使得人类必须掌握空间碎片的活动状态和性质,并且进行碰撞预警。

空间碎片碰撞预警就是首先利用轨道预报得到的轨道状态和误差协方差信息进行碰撞风险评估,以得到各种碰撞风险参数;其次根据一定的准则判断风险参数是否处在危险区域,如果在危险区域则发出碰撞预警,并采取相应的措施。因此,碰撞预警实质上是一个判别分析问题,核心是风险评估。

8.3.1 空间碎片碰撞预警程序

为了能够在世界范围内协作开展空间碰撞预警,共同维护空间安全,空间碎片碰撞预警流程和风险判断准则的制定应具有较强的规范性。目前公布的碰撞预警相关标准中对碰撞预警流程、碰撞风险评估、交互数据信息等进行了规范。

成立于1982年的国际空间数据系统咨询委员会(CCSDS)ISO是国际标准制定与发布组织ISO的TC20/SC13分技术委员会,负责讨论航天数据系统的开发与运营问题,以及制定空间数据与信息传输系统相关标准。目前,与空间碎片相关的国际标准包括ISO于2011年发布的ISO 24113《空间碎片减缓需求》、2013年发布的《在轨目标碰撞规避》、CCSDS发布的《交会数据信息》(CDM)标准。其中,《在轨目标碰撞规避》是在ISO 16158《在轨目标碰撞规避》技术报告基础上形成的,主要规范了碰撞风险评估及规避的流程与主要技术方法。ISO 16158《在轨目标碰撞规避》给出的碰撞预警的顶层流程主要包括信息输入、初始筛选、近距离交会筛选、碰撞概率计算与生存概率计算等。流程的输入是交会分析的综合信息,主要包括轨道根数信息、轨道质量信息、卫星属性信息等,由卫星运营机构、观测机构提供或通过互联网获取。

1. 危险交会筛选

危险交会筛选的核心是输入轨道数据与数据筛选、初始筛选。输入轨道数据与数据筛选主要是针对轨道数据和轨道中的不确定性问题。因为轨道预报中,随着预报期的增加,预报精度下降,交会计算前,应剔除掉预报期超过7天的轨道根数数据。初始筛选目的是剔除两颗卫星之间的重复交会计算、排除不可能的交会(如两颗同步卫星经度相差180°),并建议采用直接筛选法、环形筛选法和体筛选法。

2. 碰撞风险评估

初始筛选结果不足以作为碰撞风险判断依据,必须综合考虑目标尺寸、碰撞后果、定轨与预报精度等信息,进一步判断危险交会是否是近距离交会。碰撞风险评估实质上就是把筛选预报得到的接近参数转化为可以在工程中应用的风险信息,对风险进行定量分析,并确定该定量的风险有多大的置信度,主要包括近距离交会分析、碰撞预警计算、生存概率计算等过程,涉及空间目标监视和轨道理论、空间目标接近分析方法、轨道误差协方差分析方法、碰撞概率计算方法、碰撞风险的综合评估等理论方法。

1)近距离交会分析

近距离交会分析实际上就是进行危险区域分析。危险区域是指由运控方提供的目标周围的区域,该区域的范围及形状与目标的尺寸、碰撞后果、轨道确定和预报误差有关,一般分为对称区域和非对称区域两种。

2)碰撞概率计算

碰撞概率是指交会的两个空间目标发生碰撞的概率密度函数在空间目标尺寸上的积分,计算要素包括交会距离、目标尺寸、轨道误差协方差矩阵。碰撞概率计算时,首先将协方差椭球归算到球形空间,其次再投影到二维交会平面上,最后带入碰撞概率计算公式。

空间目标轨道误差包括系统误差和测量误差,由 3×3 协方差位置矩阵表示。两个目标相对速度较大时,可将交会的相对运动近似为直线运动;若交会速率远远小于相对速度,则将交会路径近似为曲线(如 GEO 轨道目标的交会)。

需要说明的是,由于碰撞概率计算的目标外部结构、姿态、瞬时轨道、轨道协方差等要素信息并不完整,而且统计定轨所采用的模型、样本量、采样频率等不可能完全匹配,必然导致轨道协方差计算不准确。因此,为了减小碰撞概率计算误差,在计算要素信息不完整时采用最大概率代替碰撞概率。

3)概率计算中的危险区域分析

计算要素信息不完整导致的碰撞概率计算不准确问题,除了以计算最大碰撞概率,还可以通过分析危险区域进一步改善。概率中的卫星区域分析就是分析危险区域的尺寸与性状,使危险区域能够包含尽可能多的大概率交会事件。旋转大且保守的危险区域,计算得到的大碰撞概率事件多,虚警率高;但若危险区域选择过小,虽然虚警率低,但包含的大碰撞概率事件少。为了避免漏警,建议采用保守的危险区域。

危险区域分析中,可以通过危险交会变化趋势分析、累计碰撞概率计算、贝叶斯估计等进行指定时间段内安全概率即生存概率计算,辅助规避决策。其中危险交会变化趋势分析就是分析在指定时间内目标主要交会参数的变化情况。最近距离降低,则碰撞概率增大,是危险交会的典型特点。但若在整个交会过程中,仅依赖一次小距离大概率交会结果预报危险交会可信度低,甚至是不可能发生所预报的交会,需要进一步分析目标在指定时间内所受到的碰撞威胁的总和,即进行累计碰撞概率分析。因为,即便单次危险交会不会超过门限值,但累计多次交会很可能超过门限值。贝叶斯估计因其能够利用条件概率系统地评估多因素事件概率的优势得到广泛应用。碰撞事件受交会距离、指定时间内的最大概率、轨道误差,以及目标是否具有机动能力、碰撞后果、剩余燃料等因素影响,是典型的多因素事件。贝叶斯估计碰撞概率模型与统计方法结合,能够确定影响因素与发生碰撞的概率之间的关系,评估多因素条件下的碰撞风险,从而能够分析目标经常发生近距离交会但不会发生碰撞的情况。其物理含义不明确,不能明确揭示碰撞风险原因,不能给出风险减缓的建议。

4)其他需要考虑的因素

在碰撞风险评估过程中,除了需要进行近距离交会分析、碰撞概率计算以及概率计算中危险区域分析,还需要考虑目标的目标几何特性、目标姿态运动特性、目标轨道运动特性、机动运动特性等。由于大型航天器一般配置有大型太阳帆板、光学或无线电载荷,帆板及载荷的天线使得目标表面存在很多间隙,计算碰撞概率时,不仅需要尺寸、形状等几何特性以及姿态调整能力等信息,而且在目标横截面积计算中考虑间隙的面积。由第 3 章目标轨道运动特性分析可知,不同轨道数据的数据质量不同,即便是利用相同来源的数据,也会因观测设备、观测频率的不同造成观测数据质量的差异。轨道数据质量会直接影响碰撞概率的置信度,因此在基于轨道数据进行碰撞概率计算时需要同时提供相应的轨道数据质量信息。

8.3.2 危险交会筛选方法

危险交会时间是指目标间相对距离小于安全距离的时间段。在整个预警过程中,危险交会筛选是最关键的环节之一。目标与碎片交会的筛选首先要求不能发生遗漏,即检测到所有的威胁。在此基础上期望检测到的交会尽量少,以减少虚警率,降低后期预警、监视的工作压力。

1. 近地点 – 远地点筛选

交会时间筛选需要对所有超过 20000 个空间碎片分别与重点目标逐个对比计算,计算量相当巨大。为了提高效率,在进行检测时一般首先对轨道高度的近地点 – 远地点进行筛选,筛选示意图如图 8 – 10 所示。

图 8 – 10 中,假设需要检测的重点目标 S 的近地点矢径长度为 r_p,远地点为 r_a,那么远地点矢径长度小于 r_p 的碎片,或者近地点矢径长度大于 r_a 的碎片显然不可能与 S 交会,因此,可得剔除条件为

$$r_{a1} < r_p - D \text{ 或 } r_{p2} > r_a + D \tag{8-71}$$

式中,D 为预警门限值,应当由轨道预报模型的误差情况确定。

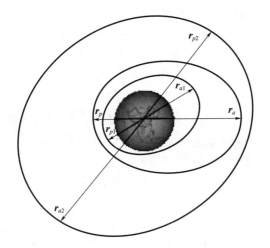

图 8-10 近地点-远地点筛选示意图

2. 基于步长数值搜索的交会分析方法

基于步长数值搜索的交会分析方法是危险交会筛选分析的最直接方法,无论两个目标的轨道关系如何,都能给出正确的结果。基于步长数值搜索的交会分析方法基本步骤如下:首先按照给定的步长搜索相对距离的极小值点,其次分别在极小值点两侧进行进出点搜索计算。

1) 极小值点计算

由目标交会的含义可知,交会时间必然位于两空间目标相对距离的一个极小值点附近,因此危险交会分析首先需要计算该极小值点。

将两个空间目标的相对距离以矢量形式表示为

$$r_{\text{rel}}^2 = \boldsymbol{r}_R \cdot \boldsymbol{r}_R + \boldsymbol{r}_T \cdot \boldsymbol{r}_T - 2\boldsymbol{r}_R \cdot \boldsymbol{r}_T \tag{8-72}$$

式中,$\boldsymbol{r}$ 为空间目标的地心距矢量。将式(8-72)对时间 t 求导,可得其变化率为

$$R = \boldsymbol{r}_R \cdot \dot{\boldsymbol{r}}_R + \boldsymbol{r}_T \cdot \dot{\boldsymbol{r}}_T - \boldsymbol{r}_R \cdot \dot{\boldsymbol{r}}_T - \boldsymbol{r}_T \cdot \dot{\boldsymbol{r}}_R \tag{8-73}$$

在相对距离的极小值点,显然有 $R=0$,若知道一个极小值点的概率值 t^*,则可由牛顿迭代求解极小值点,迭代公式为

$$t_{k+1} = t_k - \frac{R}{\dot{R}} \tag{8-74}$$

函数 R 的时间变化率为

$$\dot{R} = \dot{\boldsymbol{r}}_R \cdot \dot{\boldsymbol{r}}_R + \boldsymbol{r}_R \cdot \ddot{\boldsymbol{r}}_R + \dot{\boldsymbol{r}}_T \cdot \dot{\boldsymbol{r}}_T + \boldsymbol{r}_T \cdot \ddot{\boldsymbol{r}}_T - \boldsymbol{r}_R \cdot \ddot{\boldsymbol{r}}_T - \boldsymbol{r}_T \cdot \ddot{\boldsymbol{r}}_R - 2\dot{\boldsymbol{r}}_R \cdot \dot{\boldsymbol{r}}_T \tag{8-75}$$

$$\ddot{\boldsymbol{r}} = \frac{\mu}{r^3}\boldsymbol{r} \tag{8-76}$$

此时核心问题即为相对距离极小值点合适的概率值 t^* 的计算。由上述分析可知,极小值点是相对距离变化率 R 由负变正的点,因此,可以按照步长数值搜索法进行计算,但必须首先确定一个合适的步长。由前述分析可知,相对距离变化包含多个周期振荡,其中主要的振荡项为长周期项和短周期项,短周期项的变化周期大于两个交会空间目标中较小的轨道周期的一半。扰动项虽然在近圆轨道条件下振荡幅度很小,但当偏心率较大时也会导致相对距离变化曲线的起伏,扰动项的周期一般小于较小轨道周期的 1/3,因此搜索补偿应该小于该时间长度。实际计算过程中一般取较小轨道周期的 1/5 作为搜索步长。

设 R 在时间段 $[t, t + \Delta t]$ 内由负变正,则相对距离极小值点的牛顿迭代初值可取为

$$t^* = t + \frac{\Delta t}{2} \tag{8-77}$$

2)进出点计算

若两空间目标之间的相对距离在通过式(8-72)迭代求得的时间点上小于给定的相对距离门限值 D,则两空间目标在该极小值点处交会,在其两侧存在进出点。进出点计算就是计算下面等式的零点:

$$H = r_{\text{rel}}^2 - D^2 \tag{8-78}$$

显然 $\dot{H} = 2R$,则进出点的迭代公式为

$$t_{k+1} = t_k - \frac{H}{2R} \tag{8-79}$$

迭代初值分别为相对距离极小值点前后几分钟。

3. 基于解析几何法的相对距离极小值点计算

由基于解析几何法进行目标间交会的基本步骤可知,首先利用几何方法分别计算两个空间目标过轨道面交点附近由相对距离门限值 D 决定的一个邻域的时间段,生成分别对应于两个空间目标的过交点时间段序列;其次在这两个时间段序列的交叉时间段内进行牛顿迭代,求取相对距离的极小值点。

两个目标在空间的轨迹形成两个椭圆,而它们之间的交会位置只能在这两个椭圆轨道的交点附近。为不失一般性,如图 8-11 所示,设空间目标 S_T 当前位置到航天器 S_R 轨道面的距离为 z^*。

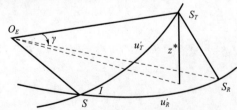

图 8-11 空间目标间可接近相位角近似求解示意图

由图 8-11 可知，$z^* \leqslant r_{rel}$，则可用 z^* 作为相对距离 r_{rel} 的保守估计。利用几何关系不难得

$$z^* = r_T \sin I \sin u'_T \tag{8-80}$$

由于在交会时间的进出点有 $D = r_{rel}$，则以 z^* 代替 r_{rel} 后，有

$$D = \frac{a(1-e^2)\sin I \sin u'}{1+e\cos(u'-\omega+\delta)} = \frac{\kappa \sin u'}{1+a_x\cos u' + a_y\sin u'} \tag{8-81}$$

式中，$\kappa = a(1-e^2)\sin I, a_x = e\cos(\omega-\delta), a_y = e\sin(\omega-\delta)$。

求解式(8-81)得

$$\cos u' = \frac{-D^2 a_x \pm (\kappa - D a_y) Q^{\frac{1}{2}}}{\kappa(\kappa - 2Da_y) + D^2 e^2} \tag{8-82}$$

其中

$$Q = \kappa(\kappa - 2Da_y) - (1-e^2)D^2 \tag{8-83}$$

如果 Q 为负或式(8-82)右侧数值的绝对值大于1，则表示两个空间目标的轨道面过于接近，需要按照步长数值搜索法进行相对距离极小值点概率值 t^* 的解算。

通过求解式(8-82)，可以得到两个相位角 $\hat{u}'_1$、$\hat{u}'_2$，设 $0 < \hat{u}'_1 < \hat{u}'_2 < \pi$，则可得到图 8-12 所示的两个相位窗口 $[u'_1, u'_2]$、$[u'_3, u'_4]$，其中：$u'_1 = \hat{u}'_2 - \pi, u'_2 = \hat{u}'_1$，$u'_3 = \hat{u}'_2, u'_4 = \pi + \hat{u}'_1$。

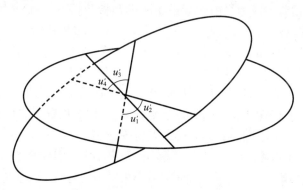

图 8-12 相位角窗口示意图

利用开普勒方程可以将上面的相位角窗口转化为两个时间窗口，这两个时间窗口就是计算时间点附近目标经过两卫星轨道面交点附近的时间段。分别将这两个时间窗口按周期递推，则可得到一个时间窗口序列。考虑摄动力影响时的递推周期为

$$P_K = P_{DF}\left[1 - \frac{2\pi}{n_0}\frac{\dot{n}_0}{n_0}K\right], P_{DF} = \frac{2\pi}{n_0 + \dot{M}_0 + \dot{\omega}_0 + \dot{\delta}_0} \tag{8-84}$$

对两航天器分别进行以上计算得到两个时间窗口序列,求取这两个窗口序列的交集即得到两航天器同时经过交点附近区域的时间窗口序列。在最后得到的时间窗口序列的每个时间窗口内,以时间中点为初值迭代求取相对距离的极小值点,然后利用牛顿迭代求取进出点。

需要说明的是,由于该方法在时间窗口的递推过程中使用的是近似周期,且递推过程本身也是时间误差积累的过程。一般情况下,两个空间目标的接近时间很短,时间误差的积累很快超出时间窗口的容纳范围并导致时间窗口计算错误,从而使得对接近时间的预测有明显的遗漏现象,难以满足碰撞预警的要求。因此,为了消除方法自身误差导致的漏警问题,应该在时间窗口递推一个周期后再进行一次轨道计算来修正时间窗口。

8.3.3 碰撞概率计算方法

空间目标碰撞风险评估广泛采用两种方法:一是以最小接近距离为评价指标的碰撞预警的区域方法,简称 Box 方法;二是以碰撞概率为评价指标的碰撞概率方法,简称 P 方法。Box 方法一般过于保守,误报警率较高。由于碰撞概率不仅与最接近时刻航天器与危险目标的最小距离有关,还与两目标交会时的位置速度几何关系以及航天器与危险目标位置速度的不确定性有关,因此碰撞概率的 P 方法具有较高的精度,而且据此发出规避机动指令较少。基于碰撞概率的空间目标碰撞预警已成为当前国际最主要的预警分析方法,碰撞概率计算是空间碎片碰撞风险评估和机动规避决策的关键环节与重要基础。

对于相对运动较低的空间目标碰撞概率计算,通常基于以下假设:①已知两目标相遇期间某时刻在惯性系中的位置速度矢量,两空间目标均等效为半径已知的球体;②在相遇期间两目标的运动都是匀速直线运动,并且没有速度不确定性,故位置误差椭球在相遇期间保持不变;③两目标的位置误差均服从三维正态分布,可以由分布中心和位置误差协方差矩阵描述。

可见,在上述假设条件下,当两目标间的距离小于它们等效半径之和时发生碰撞,因此,将碰撞概率定义为两目标间的最小距离小于它们等效半径之和的概率。

由上述假设条件可知,目标在最接近时的相对位置矢量与相对速度矢量垂直,两目标处于垂直于相对速度的平面上。为分析方便,定义该平面为相遇平面,并以此为基准平面、以相对速度矢量为基准方向定义相遇坐标系。假设两目标的位置误差协方差矩阵互不相关,因此,可联合两目标的位置误差形成联合误差椭球,将等效半径联合形成联合球体,并将其投影到相遇平面上分别为联合误差椭圆和联合圆域。则经过上述误差投影后,将计算碰撞概率的问题转化为计算二维概率密度函数(PDF)在圆域内的积分问题,求解决碰撞概率的关键是寻找一种精度高、速度快的积分计算方法。

1. 相遇坐标系与计算坐标系定义

为了定义相遇坐标系,将第3章中介绍的空间目标轨道坐标系描述为RSW坐标系(Radial,Along – Track or Transverse,Cross – Track),其原点位于目标质心,R轴由地心沿目标矢径方向指向目标,S轴在轨道平面内与矢径方向垂直,指向运动方向,W轴垂直于轨道平面,与其他两轴构成右手坐标系,如图8 – 13所示。

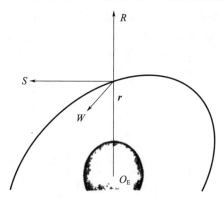

图8 – 13 RSW坐标系

在地心惯性坐标系ECI(J2000.0)中,设三个坐标轴的单位矢量分别为$\hat{R}$、$\hat{S}$、$\hat{W}$,则有$\hat{R} = \frac{r}{|r|}$,$\hat{W} = \frac{r \times v}{|r \times v|}$,$\hat{S} = \hat{W} \times \hat{R}$。设地心惯性坐标系ECI到RSW坐标系的转换矩阵为

$$M_{ECI \to RSW} = [\hat{R} \vdots \hat{S} \vdots \hat{W}]^T \quad (8-85)$$

则通过$r_{RSW} = M_{ECI \to RSW} \cdot r_{ECI}$和$v_{RSW} = M_{ECI \to RSW} \cdot v_{ECI}$将ECI坐标系的位置、速度矢量转换到RSW坐标系中。

此外,还需要定义另外一种空间目标基准坐标系UNW,其原点位于目标质心,U轴与轨道相切指向速度方向,N轴在轨道平面内垂直于速度方向向上,W轴垂直于轨道平面,如图8 – 14所示。

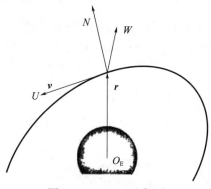

图8 – 14 UNW坐标系

设地心惯性坐标系 ECI 到 UNW 坐标系的转换矩阵为：$M_{\text{ECI}\rightarrow\text{UNW}} = [\hat{U} \vdots \hat{N} \vdots \hat{W}]^{\text{T}}$，则通过 $r_{\text{UNW}} = M_{\text{ECI}\rightarrow\text{UNW}} \cdot r_{\text{ECI}}$ 和 $v_{\text{UNW}} = M_{\text{ECI}\rightarrow\text{UNW}} \cdot v_{\text{ECI}}$ 将 ECI 坐标系的位置、速度矢量转换到 UNW 坐标系中。

设在相遇期间的某时刻，两空间目标在 J2000.0 地心惯性系（ECI）中的中心位置矢量分别为 r_{1o} 和 r_{2o}，速度矢量分别为 v_1 和 v_2，两目标等效半径分别为 R_1 和 R_2，两目标在相遇过程中发生碰撞的概率为 P_c。在 UNW 坐标系中描述两个目标位置误差，位置误差协方差矩阵为

$$\begin{cases} \text{var}(\boldsymbol{r}_1) = \begin{bmatrix} \sigma_{u1}^2 & 0 & 0 \\ 0 & \sigma_{n1}^2 & 0 \\ 0 & 0 & \sigma_{w1}^2 \end{bmatrix} \\ \text{var}(\boldsymbol{r}_2) = \begin{bmatrix} \sigma_{u2}^2 & 0 & 0 \\ 0 & \sigma_{n2}^2 & 0 \\ 0 & 0 & \sigma_{w2}^2 \end{bmatrix} \end{cases} \quad (8-86)$$

根据碰撞概率的定义，碰撞概率可表示为 $P_c = P(\boldsymbol{\rho} < R = R_1 + R_2)$，两个目标间的距离为 $\boldsymbol{\rho} = |\boldsymbol{\rho}| = |\boldsymbol{r}_1 - \boldsymbol{r}_2|$，两个目标的实际位置矢量 r_1 和 r_2 应为带有随机误差的两目标的分布中心矢量，即 $r_1 = r_{1o} + e_1, r_2 = r_{2o} + e_2$，如图 8-15 所示。

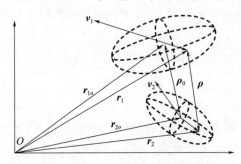

图 8-15 两个空间目标相遇时位置速度的几何关系

令当前时刻为 $t_0 = 0$，则任意时刻 t 两个目标间的相对位置矢量为

$$\boldsymbol{\rho}(t) = \boldsymbol{r}_1(t) - \boldsymbol{r}_2(t) = \boldsymbol{r}_1 + \boldsymbol{v}_1 t - \boldsymbol{r}_2 - \boldsymbol{v}_2 t = \boldsymbol{\rho} + \boldsymbol{v}_r t \quad (8-87)$$

将两目标距离的平方对时间求导，并令导数为零，则有

$$\frac{\text{d}}{\text{d}t}[\boldsymbol{\rho}^2(t)] = \frac{\text{d}}{\text{d}t}[(\boldsymbol{\rho} + \boldsymbol{v}_r t) \cdot \boldsymbol{\rho} + \boldsymbol{v}_r t] = 2\boldsymbol{\rho} \cdot \boldsymbol{v}_r + 2\boldsymbol{v}_r \cdot \boldsymbol{v}_r t = 0 \quad (8-88)$$

则可得两个目标间最小距离的时刻，即达到最接近点（Closest Point of Approach, CPA）的时刻：

$$t_{\text{cpa}} = \frac{\boldsymbol{\rho} \cdot \boldsymbol{v}_r}{\boldsymbol{v}_r \cdot \boldsymbol{v}_r} \quad (8-89)$$

此时,两个目标的相对位置矢量为

$$\boldsymbol{\rho}(t_{\mathrm{cpa}}) = \boldsymbol{\rho} + \boldsymbol{v}_r t_{\mathrm{cpa}} = \boldsymbol{\rho} + \left[-\frac{\boldsymbol{\rho} \cdot \boldsymbol{v}_r}{\boldsymbol{v}_r \cdot \boldsymbol{v}_r}\right] \boldsymbol{v}_r \quad (8-90)$$

式(8-90)两边点乘相对速度矢量 $\boldsymbol{v}_r$,可得

$$\boldsymbol{\rho}(t_{\mathrm{cpa}}) \cdot \boldsymbol{v}_r = \boldsymbol{\rho} \cdot \boldsymbol{v}_r - \boldsymbol{\rho} \cdot \boldsymbol{v}_r = 0 \quad (8-91)$$

由式(8-91)可知,当两目标距离达到最小时,相对位置矢量 $\boldsymbol{\rho}(t_{\mathrm{cpa}})$ 和相对速度矢量 $\boldsymbol{v}_r$ 的点乘为 0,两矢量互相垂直。这表明当两目标间的距离最近时,它们处在与相对速度矢量 $\boldsymbol{v}_r$ 垂直的平面内,则将该平面定义为相遇平面(Encounter Plane, EP)。通过相遇平面可以将两目标的位置不确定性投影到平面内,从而将三维问题转化为二维问题。

定义相遇坐标系 $O-x_e y_e z_e$,原点在目标 2 的分布中心 O_2,z_e 轴指向相对速度方向 $\boldsymbol{v}_r$,x_e 轴和 y_e 轴在相遇平面内,x_e 轴指向目标 1 的分布中心在相遇平面内的投影点,y_e 轴在相遇平面内与 x_e 轴垂直,如图 8-16 所示。

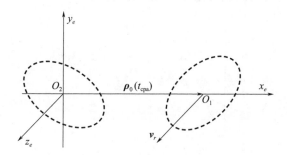

图 8-16 相遇坐标系

则 $O-x_e y_e z_e$ 三轴单位矢量分别为

$$\hat{\boldsymbol{i}}_e = \frac{\boldsymbol{\rho}_0(t_{\mathrm{cpa}})}{|\boldsymbol{\rho}_0(t_{\mathrm{cpa}})|}, \hat{\boldsymbol{k}}_e = \frac{\boldsymbol{v}_r}{|\boldsymbol{v}_r|}, \hat{\boldsymbol{j}}_e = \hat{\boldsymbol{k}}_e \times \hat{\boldsymbol{i}}_e \quad (8-92)$$

式中,$\boldsymbol{\rho}_0(t_{\mathrm{cpa}}) = \boldsymbol{\rho}_0 + \left(-\dfrac{\boldsymbol{\rho}_0 \cdot \boldsymbol{v}_r}{\boldsymbol{v}_r \cdot \boldsymbol{v}_r}\right) \cdot \boldsymbol{v}_r$ 是两目标最接近时分布中心的相对位置矢量,则 ECI 坐标系到相遇坐标系的转移矩阵为

$$\boldsymbol{M}_e = [\hat{\boldsymbol{i}}_e \vdots \hat{\boldsymbol{j}}_e \vdots \hat{\boldsymbol{k}}_e]^{\mathrm{T}} \quad (8-93)$$

设两个目标的 UNW 坐标系分别为 $O_1-u_1 n_1 w_1$ 和 $O_2-u_2 n_2 w_2$,ECI 坐标系到这两个 UNW 坐标系的坐标转移矩阵分别为 $\boldsymbol{M}_{1E}$ 和 $\boldsymbol{M}_{2E}$。由相遇坐标系的定义可知,设在 ECI 坐标系下的某一矢量 $\boldsymbol{r}$ 在相遇坐标系下为 $\boldsymbol{r}_e$,在两目标 UNW 坐标系 $O_1-u_1 n_1 w_1$、$O_2-u_2 n_2 w_2$ 中分别为 $\boldsymbol{r}_1$、$\boldsymbol{r}_2$,则有

$$\begin{cases} \boldsymbol{r}_e = \boldsymbol{M}_e \boldsymbol{r} = \boldsymbol{M}_e \boldsymbol{M}_{1E}^{\mathrm{T}} \boldsymbol{r}_1 \\ \boldsymbol{r}_e = \boldsymbol{M}_e \boldsymbol{r} = \boldsymbol{M}_e \boldsymbol{M}_{2E}^{\mathrm{T}} \boldsymbol{r}_2 \end{cases}, \quad (8-94)$$

$O_1 - u_1 n_1 w_1$、$O_2 - u_2 n_2 w_2$ 到相遇坐标系的转换矩阵为

$$\boldsymbol{M}_{e1} = \boldsymbol{M}_e \boldsymbol{M}_{1E}^{\mathrm{T}}, \boldsymbol{M}_{e2} = \boldsymbol{M}_e \boldsymbol{M}_{2E}^{\mathrm{T}} \qquad (8-95)$$

2. 位置误差投影

由坐标系定义及其相互关系可知

$$\mathrm{var}(\boldsymbol{X}_{e1}) = \boldsymbol{M}_{e1} \mathrm{var}(\boldsymbol{X}_1) \boldsymbol{M}_{e1}^{\mathrm{T}} \qquad (8-96)$$

$$\mathrm{var}(\boldsymbol{X}_{e2}) = \boldsymbol{M}_{e2} \mathrm{var}(\boldsymbol{X}_2) \boldsymbol{M}_{e2}^{\mathrm{T}} \qquad (8-97)$$

式中,$\mathrm{var}(\cdot) = E\{[\boldsymbol{X} - E(\boldsymbol{X})][\boldsymbol{X} - E(\boldsymbol{X})]^{\mathrm{T}}\}$,$\boldsymbol{X}_1$、$\mathrm{var}(\boldsymbol{X}_1)$ 分别为在 $O_1 - u_1 n_1 w_1$ 坐标系中某一矢量及其位置误差协方差,$\boldsymbol{X}_2$、$\mathrm{var}(\boldsymbol{X}_2)$ 分别为在 $O_2 - u_2 n_2 w_2$ 坐标系中某一矢量及其位置误差协方差,$\boldsymbol{X}_{e1}$、$\mathrm{var}(\boldsymbol{X}_{e1})$,$\boldsymbol{X}_{e2}$、$\mathrm{var}(\boldsymbol{X}_{e2})$ 为其在相遇坐标系下表示的位置及其协方差。通过式(8-96)、式(8-97)即可将星基坐标系 UNW 中表示的位置误差协方差阵转化为在相遇坐标系中表示的形式,消去该协方差阵中与 y_e 有关的项后得到的二阶矩阵,就将位置误差投影到了相遇平面上,将三维问题简化为了二维问题,如图 8-17 所示。

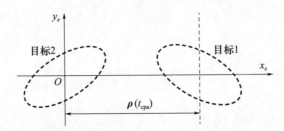

图 8-17 位置误差在相遇平面的投影示意图

由图 8-17 可知,两个三维随机矢量投影到相遇平面后,两目标在相遇平面内的位置矢量服从二维正态分布,分布中心分别为 $(0,0)$ 和 $(\boldsymbol{\rho}_{\mathrm{cpa}}, 0)$,协方差阵分别为 $\mathrm{var}(\boldsymbol{X}_1)$、$\mathrm{var}(\boldsymbol{X}_2)$。由于两目标的位置随机矢量相互独立,故相对位置矢量 $\boldsymbol{X} = \boldsymbol{X}_1 - \boldsymbol{X}_2$ 也是正态随机矢量,且有 $\mathrm{var}(\boldsymbol{X}) = \mathrm{var}(\boldsymbol{X}_1) + \mathrm{var}(\boldsymbol{X}_2)$。

由于两目标发生碰撞的概率就是其相对位置矢量的长度小于等效半径之和的概率,可以理解为是相对位置矢量落入以 $R = R_1 + R_2$ 为半径的圆域的概率。因此,可以把两目标的大小联合到物体 2 上形成联合球体,把两目标的位置误差椭圆联合到目标 1 上形成联合误差椭圆,如图 8-18 所示。

由图 8-18 可知,相遇坐标系的坐标轴与 $\boldsymbol{X}$ 的误差椭圆主轴方向并不一致,这是因为一般情况下,$\boldsymbol{X}$ 的方差阵 $\mathrm{var}(\boldsymbol{X})$ 不是对角阵。为了便于计算,且与后面的计算概率密度积分相一致,需要将相遇坐标系转动一个角度,使转动后的 x_e 轴指向误差椭圆短半轴方向,构成计算坐标系,如图 8-19 所示。

由图 8-19 可知,计算坐标系 $O - x_c y_c$ 的原点在与相遇坐标系的原点重合,x_c 轴指向投影在相遇平面内的联合误差椭圆的短轴方向,y_c 轴指向长轴方向。

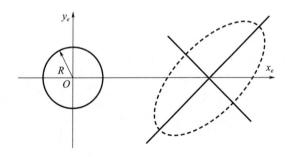

图 8 – 18　联合误差椭圆和联合圆域示意图

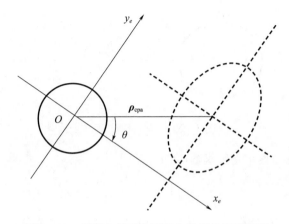

图 8 – 19　相遇坐标系与计算坐标系关系示意图

设在相遇坐标系中 X 的方差阵为

$$\mathrm{var}(X) = \begin{bmatrix} \sigma_x^2 & \kappa\sigma_x\sigma_y \\ \kappa\sigma_x\sigma_y & \sigma_y^2 \end{bmatrix} \qquad (8-98)$$

式中,κ 为相关系数。在计算坐标系 $O-x_c y_c$ 中,随机矢量 X 的方差矩阵 $\mathrm{var}(X)_c$ 是对角阵:

$$\mathrm{var}(X)_e = \begin{bmatrix} \sigma_x'^2 & 0 \\ 0 & \sigma_y'^2 \end{bmatrix} \qquad (8-99)$$

$$\mathrm{var}(X)_e = M(\theta)\mathrm{var}(X)M^{\mathrm{T}}(\theta) \qquad (8-100)$$

$M(\theta)$ 为相遇坐标系到积分计算坐标系的坐标转移矩阵:

$$M(\theta) = \begin{bmatrix} \cos\theta & \sin\theta \\ -\sin\theta & \cos\theta \end{bmatrix} \qquad (8-101)$$

在积分计算坐标系中误差的分布参数为

$$\begin{cases} \mu_x = \rho_{\text{cpa}}\cos\theta', \mu_y = \rho_{\text{cpa}}\sin\theta' \\ \sigma'^2_x = \sigma^2_x \cos^2\theta + \kappa\sigma_x\sigma_y\sin2\theta + \sigma^2_y \sin^2\theta \\ \sigma'^2_y = \sigma^2_x \sin^2\theta - \kappa\sigma_x\sigma_y\sin2\theta + \sigma^2_y \cos^2\theta \end{cases} \quad (8-102)$$

相遇坐标系转动角度为 θ_c，则分布中心在计算坐标系中的幅角应为 $\theta' = -\theta$，如图 8-20 所示。

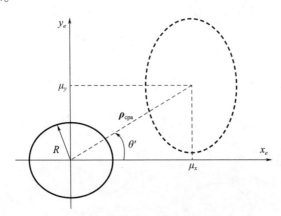

图 8-20 积分计算坐标系

二维正态分布概率密度函数（PDF）为

$$f(x,y) = \frac{1}{2\pi\sigma'_x\sigma'_y}\exp\left[-\frac{1}{2}\left(\frac{(x-\mu_x)^2}{\sigma'^2_x} + \frac{(y-\mu_y)^2}{\sigma'^2_y}\right)\right] \quad (8-103)$$

式中，$\sigma'_x = \sigma'_y$，则碰撞概率 P_c 可表示为 PDF 在圆域内的积分：

$$P_c = \iint\limits_{x^2+y^2 \leq R^2} f(x,y)\mathrm{d}x\mathrm{d}y \quad (8-104)$$

经过上述变化，即将计算概率的问题化为求概率密度函数在圆域内的积分问题。

3. 概率积分的计算方法

通过对相关文献分析可知，目前的碰撞概率求解方法不同之处体现在相遇平面内二重积分的求解上，主要有解析法和数值法两大类。解析法由于采用解析表达式计算，速度最快，适合于碰撞概率的快速计算。国际空间数据系统咨询委员会（CCSDS）的交会数据信息（CDM）标准中推荐的碰撞概率4种计算方法中就有一种是该方法，基本思想是基于具有代表性的实际接近和误差参数，利用等效面积的概念，将二维高斯分布概率密度函数转化为一维 Rician 概率密度函数，推导得到二重积分的近似解析表达式。该方法对参数的限制最为严格。数值法的基本思想是通过坐标变换，将计算简化并进行数值求解。例如，通过在相遇平面内进行极坐标变换，将关于笛卡儿坐标的二重积分化为关于极坐标的二重积分,然后按照一定的步长进行数值求解,虽然计算速度慢,但可以通过增加步长进行提速。还可以基于一种等效的数值积分模型,通过坐标旋转变化和极坐标变换将二维面积分转化为围绕积分区域周长进行的一维曲线积分,不仅计算结果精度较高,且无须假设两目标为球形,且能对任意不规则形状的目标进行精确概率计算。此外,还可以通过推导基于误差函数和指数函数表示的级数表达式,得到最小级数项数的表达式,能够根据不同的计算实例确定级数的项数,适合于在规避机动决策时精确计算碰撞概率。国际空间数据系统咨询委员会(CCSDS)的交会数据信息(CDM)标准中推荐的4种碰撞概率计算方法中,有3种都是上述数值方法。

通过上述分析可知,空间目标的碰撞概率计算可以转化一个二维正态分布概率密度函数在圆域内的积分问题。对于二重积分要得到高精度的数值积分结果,需要大量的计算时间。对于航天器与单个空间目标的交会问题,计算时间并不十分重要,但对于航天发射窗口安全性分析、在轨碰撞预警而言,需要对大量的空间目标进行计算,计算时间就成为重要的因素。此外,数值结果不能反映出各因素对碰撞概率的影响作用,也无法为基于碰撞概率的规避机动提供指导。因此,解决航天器与空间目标碰撞概率问题的关键之一就是找到一种精度高、速度快的碰撞概率积分计算方法。本节介绍白显宗在其硕士论文中研究的化为一重积分的概率积分计算方法。该方法在计算之前需要先将概率密度函数等方差化。

1)压缩空间将不等方差 PDF 化为等方差 PDF

在不等方差 PDF 中,定义压缩系数为 $k = \dfrac{\sigma'_x}{\sigma'_y}$,不失一般性,有 $0 < k < 1$(总可以旋转坐标系使得 x 轴指向误差椭圆短轴方向)。求该 PDF 在半径为 R 的圆域 $C: x^2 + y^2 \leq R^2$ 内的积分。
采用空间压缩的方法,令

$$x' = x, y' = \frac{\sigma'_x}{\sigma'_y} y = ky, \mu'_x = \mu_x, \mu'_y = \frac{\sigma'_x}{\sigma'_y} \mu_y = k\mu_y \qquad (8-105)$$

将式(8-105)代入式(8-103),经过整理,可得

$$\begin{aligned}
f(x,y) &= \frac{1}{2\pi\sigma'_x \sigma'_y} \exp\left[-\frac{1}{2}\left(\frac{(x'-\mu'_x)^2}{\sigma'^2_x} + \frac{\left(\dfrac{\sigma'_y}{\sigma'_x} y' - \dfrac{\sigma'_y}{\sigma'_x}\mu'_y\right)^2}{\sigma'^2_y} \right) \right] \\
&= k\frac{1}{2\pi\sigma'^2_x} \exp\left[-\frac{((x'-\mu'_x)^2 + (y'-\mu'_y)^2)}{2\sigma'^2_x} \right] = f_1(x',y')
\end{aligned}$$

$$(8-106)$$

将式(8-105)代入圆域 C,得到空间压缩后椭圆积分区域,椭圆方程的标准

形式为

$$E: \frac{x'^2}{R^2} + \frac{y'^2}{(kR)^2} \leq 1 \tag{8-107}$$

积分式(8-105)可化为

$$P_c = \iint_E \frac{1}{k} f_1(x',y') \mathrm{d}x'\mathrm{d}y' = \iint_E \frac{1}{2\pi\sigma_x'^2} \exp\left[-\frac{((x'-\mu_x')^2 + (y'-\mu_y')^2)}{2\sigma_x'^2}\right] \mathrm{d}x'\mathrm{d}y'$$

$$= \iint_E f_2(x',y') \mathrm{d}x'\mathrm{d}y' \tag{8-108}$$

可见,通过压缩空间的方法将不等方差 PDF 在圆域内的积分式(8-104)化为等方差 PDF 在椭圆域 E 内的积分,压缩空间后的积分函数和区域如图 8-21 所示。

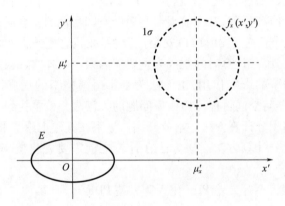

图 8-21 压缩空间后的积分函数和区域

令式(8-107)中椭圆长半轴 $R = a$,短半轴 $kR = b$,即得到压缩空间后的被积函数和积分区域:

$$\begin{cases} f_2(x',y') = \frac{1}{2\pi\sigma_x'^2} \exp\left[-\frac{((x'-\mu_x')^2 + (y'-\mu_y')^2)}{2\sigma_x'^2}\right] \\ E: \frac{x'^2}{a^2} + \frac{y'^2}{b^2} \leq 1 \end{cases} \tag{8-109}$$

2) 基于极坐标变换化为一重积分

由椭圆几何关系可知转化后的椭圆积分区域 E 的半通径为 $P = \frac{b^2}{a} = kR^2$,偏心率为 $e = \sqrt{1-k^2}$,椭圆中心至焦点的距离即焦距为 $c = R\sqrt{1-k^2}$。

为了便于在极坐标中计算,把坐标原点移至椭圆靠近分布中心的一个焦点上,如图 8-22 所示。

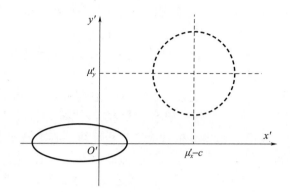

图 8-22 平移坐标轴使原点与椭圆焦点重合

则 PDF 和积分区间分别化为

$$\begin{cases} f_3(x',y') = \dfrac{1}{2\pi\sigma'^2_x}\exp\left[-\dfrac{(x'-(\mu'_x-c))^2+(y'-\mu'_y)^2}{2\sigma'^2_x}\right] \\ E: 0 \leqslant r \leqslant \dfrac{P}{1+e\cos\theta}, 0 \leqslant \theta \leqslant 2\pi \end{cases} \quad (8-110)$$

则碰撞概率表示为

$$P_c = \iint_C f(x,y)\mathrm{d}x\mathrm{d}y = \iint_E f_3(x',y')\mathrm{d}x'\mathrm{d}y' \quad (8-111)$$

对于等方差 PDF $f_3(x',y')$ 进行极坐标变换：

$$\begin{cases} x' = r\cos\theta \\ y' = r\sin\theta \end{cases}, \begin{cases} \mu'_x - c = \mu_r\cos\mu_\theta \\ \mu'_y = \mu_r\sin\mu_\theta \end{cases} \quad (8-112)$$

令 $\sigma'_x = \sigma$，则积分式可用极坐标表示为

$$P_c = \iint_E f_3(x',y')\mathrm{d}x'\mathrm{d}y' = \dfrac{1}{2\pi\sigma^2}\int_0^{2\pi}\int_0^{\frac{P}{1+e\cos\theta}}\exp\left[-\dfrac{r^2+\mu_r^2-2\mu_r r\cos(\theta-\mu_\theta)}{2\sigma^2}\right]r\mathrm{d}r\mathrm{d}\theta$$

$$(8-113)$$

令 $I^*(\theta) = \int_0^{\frac{P}{1+e\cos\theta}}\exp\left[-\dfrac{r^2+\mu_r^2-2\mu_r r\cos(\theta-\mu_\theta)}{2\sigma^2}\right]r\mathrm{d}r$，则

$$P_c = \dfrac{1}{2\pi\sigma^2}\int_0^{2\pi} I^*(\theta)\mathrm{d}\theta \quad (8-114)$$

可见，通过上述变换即可将概率积分由二重积分化为一重积分表达式，大大简化了计算过程。

需要说明的是，上述方法适用于两空间目标的相对速度较大、相遇期间两目标的运动都是匀速直线运动的情况。但在大多数航天器与碎片的交会情况下，由于轨道面不同，两目标的相对速度是很大的。分析表明，当相对速度大于

0.2km/s时,相对运动线性假设是合理的。但当两空间目标的相对速度较小,或者说它们速度矢量的夹角较小时,相遇时刻它们的速度大小与方向都很接近,当相对速度小于0.2km/s时,通过交会几何关系难以计算得到准确的最近距离,且计算碰撞概率时的匀速直线化假设不再成立,上述碰撞概率计算方法将不再适用,无法得到稳定、正确的碰撞概率。必须将相遇时间段内的相对运动看作非线性的,特别是非线性特性非常强(如交会对接的绕飞等)时,线性运动假设导致的计算误差将不可忽略。非线性相对运动与线性轨迹有本质差别,碰撞概率计算方法较线性情况下复杂。在接近期间碰撞概率是变化的,这与线性相对运动情况碰撞概率保持不变不同,而且不能将问题转化为二维积分,需要研究碰撞危险性的描述指标和计算方法。

此外,碰撞概率无法全面反映空间目标接近过程中的风险大小,因此仅仅依靠碰撞概率难以对碰撞风险大小进行总体评估,不能确定真实的碰撞风险,必须在碰撞概率计算的基础上,综合考虑交会几何关系、演化和趋势、轨道确定品质等多个方面,将碰撞概率、最小接近距离等不同类型指标,以及影响指标计算结果的轨道观测与预报品质因子等信息进行综合精炼,进行碰撞风险的综合评估,得到易于理解和决策使用的碰撞风险评估指标。其中,碰撞概率、接近距离等参数是描述风险大小的量,称为风险评估参数;轨道预报时间、误差协方差等参数是描述预报接近事件的轨道确定精度的量,称为品质评估参数。

综上所述,空间目标和空间态势信息处理能力是空间态势感知能力的核心能力之一,该分系统是空间态势感知系统的重要组成部分,是空间态势感知系统的大脑,包含内容十分丰富,如过空间目标的筛选、空间态势估计等都是非常重要的模块,但限于篇幅,本章不可能包罗万象,本书也不是空间态势感知信息处理的专门著作,因此,本章重点阐述了轨道确定、目标识别与空间碎片碰撞预警等。

第9章 空间态势感知信息管理系统

根据空间态势感知的定义,其感知空间的过程可以理解为:通过"感"的相关设备和手段,获取空间环境及其空间目标的有关要素,"知"道空间当前状态、预测空间下一步的趋势,生成人们所需要的信息产品,服务于不同层次的信息应用者。从信息流的角度来说,分别对应信息获取、信息处理、态势认知与信息产品生成,与这个过程相对应的包括前端的任务规划、中间过程的信息变换存储、末端的信息分发等信息管理。空间态势感知流程如图9-1所示。

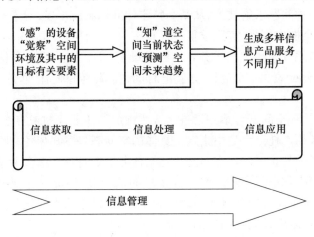

图9-1 空间态势感知流程

实际上,空间态势感知贯穿于航天器全寿命、全流程之中:某个航天器在其任务分析与设计阶段,在轨道选择、结构设计、材料选择等方面需要考虑是否与别国航天器冲突、轨道上是否有碎片,以及其运行的空间环境及其效应问题等;发射入轨阶段,需要考虑入轨点的自然环境与人为环境问题;在轨运行管理阶段,需要为该航天器提供安全性分析;在废弃不用阶段,需要考虑其陨落的时间、地点与方式,或者定期预报其位置,使得其他国家航天器免遭碰撞等。以上过程均需要空间态势的历史数据、仿真数据、预测数据等信息支持,而这些信息从源头、中间过程到信息产品需要统筹起来才能够在正确时间将正确信息送到正确的用户手中,因此,就涉及空间态势感知的信息管理技术及其系统。

既然管理是为了实现某种目的进行的决策、计划、组织、指导、实施、控制的

过程,那么管理技术是支持管理活动的各项技术,所以空间态势感知系统自然需要任务规划管理信息获取、存储技术管理中间过程信息、分发技术管理信息产品等。因此,下面将按照第8章信息处理系统的体例,从上述任务规划、信息存储、信息分发等方面,论述空间态势感知信息管理分系统的有关模块。需要说明的是,本书所区分的信息处理与信息管理,是从专业类别的角度划分的,与现实中的空间目标监视中心下的子系统划分并不是完全的一一对应关系。

9.1 任务规划模块

9.1.1 概述

1. 空间态势感知任务规划的概念

规划是一种问题求解技术,从某个特定的问题状态出发,寻求一系列行为动作,并建立一个操作序列,直到求得目标状态为止。任务规划(Mission Planning)是指在综合考虑资源能力和任务要求的基础上,生成能达成任务使命的行动计划,为各行动分配资源,确定行动起止时间,排除资源使用冲突,最大化行动效益。

一般情况下,空间态势感知设备是按照预定的任务计划来实施目标探测、跟踪与识别任务的。任务计划中指定了具体的空间态势感知装备和将要执行的任务与执行任务的起止时间。空间态势感知任务规划是指在综合考虑空间态势感知装备资源能力和空间态势感知任务要求的基础上,将资源分配给相互竞争的多个任务,并确定任务中各具体活动的起止时间,以排除不同任务之间的资源使用冲突,并最大限度地满足用户的需求。

空间态势感知任务规划的内容主要包括资源分配和任务编排。随着在轨航天器数量的日益增加以及空间环境的日趋复杂,对空间态势感知系统的任务需求日益增多,而空间态势感知装备资源有限,用户的需求不一定全部得到满足。空间态势感知任务规划的目标就是合理分配空间态势感知设备资源,科学进行任务编排,最大限度满足用户需求。

2. 空间态势感知任务规划的需求

1)是保障专用与兼用、可用设备有效协同的重要手段

空间目标监视装备资源包括专用空间目标监视装备、兼用空间目标监视装备和可用空间目标监视装备三种。空间目标监视装备的管理和使用单位不同,协同计划是保障三类空间目标监视装备相互配合、共同完成任务的重要手段。因此,需要科学合理的任务规划,以制订有效的协同计划,才能够既不会浪费资源,也不会使任务完成情况不尽如人意。

2)是提高空间目标监视任务效率的重要途径

空间目标监视的范围广、监视对象种类多、数量大,可用的目标监视装备资源有限而且各种监视装备的性能各异,合理的任务规划并进行任务分配,是提高空间目标监视任务效率、完成空间态势感知任务的关键。其主要包括地基设备与天基监视卫星观测任务规划、光学与雷达观测任务规划、尺度信息测量设备与特性信息测量设备的任务规划,以及立足空间目标监视网的任务规划等。

3)是提高单台设备观测能力的重要方法

在空间目标监视网任务规划、编排完成后,还有单台设备负责区域的任务规划与优化问题。其主要包括搜索策略、搜索区域与搜索模式设置,跟踪策略、跟踪目标选择,多功能设备的搜索、跟踪与特性测量的策略组合,以及搜索转跟踪的信号策略与带宽策略等。

9.1.2 空间态势感知任务规划建模

任务规划模型主要包括数学规划模型、约束满足问题模型和图论模型。其中,约束满足问题模型是最常用的任务规划模型。

1. 约束满足问题的定义

约束满足问题是把一个规划问题映射到一个已有有效算法或过程的著名问题,并从新问题的解中提取一个规划。其中,一种经典技术是把规划问题编码为约束满足问题(Constraint Satisfaction Problem,CSP)。

定义9.1:约束满足问题(CSP)。

一个 CSP 实例 P 定义为一个三元组 $P = <V,D,C>$,其中:

$V = \{x_1,\cdots,x_n\}$ 是 P 中所有变量的集合;

$D = \{D_1,\cdots,D_n\}$ 是 V 中各变量的值域的集合,D_i 表示 x_i 的值域;

$C = \{c(x_{i1},\cdots,x_{ik})\}$ 是 V 上的约束集合。

一个复合赋值(赋值)V 可行的条件是其满足 C 中的每一个约束。一个可行复合赋值称作 P 的一个局部解,一个可行完全赋值称为 P 的一个解,本书定义 $F(P)$ 为所有的可行完全赋值(解)集合。CSP 求解的目标就是找到一个解 $S \in F(P)$ 或者证明 P 没有解。

定义9.2:部分约束满足问题。

部分约束满足问题(Partial Constraint Satisfaction Problem,PCSP)是一个解不存在或问题规模太大时要求得到局部解的约束满足问题。在局部解中,允许违反一些约束,或者一些变量没有赋值。这种情况经常在规划调度问题中资源不能满足需求时发生。在这类情况下,局部解是可以接受的,但是约束求解程序必须找到一个使目标函数值取得局部极小(极大)的局部解。在下面定义中,仅仅考虑最小化目标函数的情况,这是因为最大化情况可以通过相反变化来实现。

一个 PCSP 实例 P 定义为一个四元组 $P = <V,D,C,Z>$，其中：

$V = \{x_1,\cdots,x_n\}$ 是 P 中所有变量的集合；

$D = \{D_1,\cdots,D_n\}$ 是 V 中各变量的值域的集合，D_i 表示 x_i 的值域；

$C = \{C(x_{i1},\cdots,x_{ik})\}$ 是 V 上的约束集合；

Z 是一个目标函数，定义为映射 $Z:D(x_{i1})\cdots D(x_{ik})\to \mathbf{R}$，其中 $\mathbf{R}$ 为实数集，将每一个复合赋值同一个值对应起来。

2. 约束满足问题建模

约束满足问题建模的核心是分析问题的影响因素及其对任务的影响，从而确定约束满足问题的变量及各变量的值域与约束。空间态势感知任务规划的影响因素主要包括以下三类。

1）空间目标

空间目标以地球质心为中心，在地外空间沿椭圆形的轨道运行。作为固定在地面的测量设备，当空间目标经过本测量设备上空并满足一定跟踪条件时，该测量设备就可以对空间目标进行跟踪测量，获得跟踪测量数据。任务中心利用这些测量数据，计算空间目标轨道，引导测量设备完成后期预定的跟踪，多个周期的持续将使得空间目标测量网能够保持对特定空间目标的监视。

空间态势感知任务规划必将受空间目标集合自身的属性，以及因处于不同监测阶段而生成的附加属性的影响。

(1) 轨道特性。轨道特性对空间目标监测的影响主要体现在以下两个方面：

一方面，空间目标再捕获所允许的位置误差。空间目标测量，除了初始捕获，是一种基于轨道预报的再捕获过程，空间目标监测主要是保证这种再捕获的实现，这个过程和轨道预报的精度、测量设备捕获能力相关。

对于已知轨道的空间目标，为了测站能够进行再捕获，需要计算实现再捕获空间目标位置误差允许范围。结合基于一定精度轨道根数的预报模型，能确定保证捕获的空间目标跟踪周期。设目标 S 轨道高度为 h(单位:km)，捕获最低仰角为 α，跟踪设备 T 波束宽度为 β，地球半径为 R_0，如图 9-2 所示，则可以计算保证再次捕获空间目标所允许的位置误差。

S_1, S_2 之间的距离为

$$S_1S_2^2 = TS_1^2 + TS_2^2 - 2TS_1TS_2\cos\beta \qquad (9-1)$$

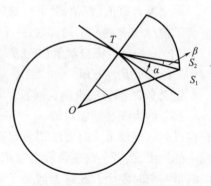

图 9-2 观测站探测波束覆盖范围示意图

另一方面,典型高度空间目标轨道确定和预报所需测量数据数量。为便于分析,引入测量弧段的概念,一个测量弧段为某特定测量设备对绕地球飞行空间目标的连续跟踪时段。根据长期定轨经验,轨道高度 300~500km,500~800km,800~2000km 的空间目标具有典型代表性。预报误差根据高度不同而不同。对于 300km 高度的卫星,每隔 7 天左右定轨 1 次,可以满足再捕获要求;500km 高度,间隔可定为 10 天;800km 以上可定为 14 天。

(2) 目标辐射特性。设雷达反射式跟踪能力为:对 RCS 为 $1m^2$ 的目标,最大作用距离为 R。根据雷达方程式(反射式工作)得到雷达跟踪距离约束条件 $R_{max} = \sigma^{1/4} \times R \times$ 经验值,其中,σ 为目标 RCS 均值,经验值根据实际跟踪效果调整。

(3) 目标分类及任务需求。根据监测任务需求,通常可将空间目标分为普查目标、潜在危险目标和重点目标三类,具体目标区分和任务需求如表 9-1 所示。

表 9-1 监测目标分类及任务需求

目标分类	任务需求
普查目标	进行轨道特性、跟踪特性分析,有粗略轨道
潜在危险目标	事后精密定轨预报,有精度要求
重点目标	准实时精密定轨预报,有高精度要求

2) 探测资源

空间态势感知任务规划的重要内容是合理分配探测资源。测量设备的能力是空间态势感知任务规划问题的关键影响因素。探测设备的主要能力要素可划分为 6 个部分:一是跟踪能力,指探测设备可同时跟踪空间目标的数量;二是捕获能力,指探测设备在何种条件下能够捕获空间目标;三是测量要素,指探测设备提供的测量结果种类、多少;四是测量精度,即对于提供的轨道测量要素能达到何种测量精度,对于提供的目标识别要素能达到何种分辨率等;五是跟踪约束,主要指测量设备在何种情况下能够正常跟踪;六是目标转换能力,主要指探测设备从跟踪一个空间目标转换到跟踪另一个目标所需要的时间。

(1) 单套测量设备几何日跟踪能力。

在近地空间目标绕地球运行 1 圈内,由于星下点轨迹距离测量设备的远近不同,一个测量设备的跟踪弧段一般为几分钟到十几分钟。实际上,为了方便,可以按最长时间段来安排测站跟踪。假定测站能够在间隔 Δt 后进行下一个卫星的跟踪,则测站每天跟踪时长可以确定为

$$T = \sum_{i=1}^{n} (\Delta T^i + \Delta t) \qquad (9-2)$$

式中，ΔT^i为测站对第i个目标的最大跟踪时长。

（2）测量网规划调度修正因素。测量网由地理分布不同、测量能力各异的多种测量设备组成。测量网资源规划调度对于某个空间目标就是在特定时段内生成一个测量设备组合，实施跟踪测量。测量设备组合对跟踪测量的影响可以分为以下三个部分：

首先，测量设备地理位置组合的影响。对于轨道测量，地理分布越分散的多个测量设备，较地理位置集中的多个测量设备，数据对于轨道计算有利；而地理分布相同或相近的多个识别设备跟踪，较地理分布分散的多个识别设备跟踪，数据对于空间目标综合识别有利。

其次，测量设备测量时间组合的影响。对于地理位置相同或相近的多个测量设备，测量同一个空间目标，测量时段间隔长，数据对于轨道计算有利；而地理分布相同或相近的多个识别设备跟踪在同一个跟踪时段内进行，有利于综合识别。

最后，测量设备种类组合的影响。不同测量设备在跟踪能力、捕获能力、测量要素、测量精度、跟踪约束、目标转换能力各方面存在差异，因此，对同一空间目标分配不同种类的测量设备，为不同空间目标组合分配不同测量设备组合，对于轨道计算、综合识别有一定的影响。

设定空间目标监视网中单脉冲雷达为标准测量站，按照6个要素进行分析，其他测量设备和标准测量设备关系如表9-2所示。

表9-2 各类设备能力要素和单脉冲雷达的比较

能力要素	单脉冲雷达	相控阵雷达	光电望远镜
跟踪能力	单目标，能力系数1	N目标，能力系数N	单目标，能力系数1
捕获能力	A度锥角，能力系数1	$L \times W$度范围，能力系数$L \times W/A^2$	B度锥角，能力系数$(B/A)^2$
测量要素	测距、测角，能力系数1	测距、测角能力系数1	测距、测角能力系数0.5
测量精度	测距精度Cm，能力系数1；测角精度Dmrad，能力系数1	测距精度Em，能力系数C/E，测角精度Fmrad，能力系数D/F	测角精度Gmrad，能力系数D/G
跟踪约束	全天候，能力系数1	全天候，能力系数1	天光地影约束能力系数0.25，天候约束能力系数0.6
目标转换	Tmin 目标转换时间，能力系数1	T_1min 目标转换时间，能力系数T/T_1	T_2min 目标转换时间，能力系数T/T_2

3）外部事件约束

外部事件约束主要是指特殊的时间窗（时间限制），即确定的、无条件的外部事件。确定是指事件一定会发生；无条件是指无须任何条件触发该事件。例如,卫星与地面监测站的可见时间窗口就是一种外部事件约束。卫星在轨运行期间,与地面监测站可见的时间窗口不受卫星自身能力控制,是确定的,也无须任何条件触发的事件。

9.1.3 空间态势感知任务规划算法

目前,针对任务规划问题的求解算法很多,但本质上可以分为完全搜索算法、基于规则的启发式算法和智能优化算法三类。

1. 完全搜索算法

任务规划问题与背包问题类似,同为非确定性多项式问题(NP – hard),难以求解。而且,问题的指数爆炸特征十分明显。由于空间态势感知任务规划问题的复杂性,完全搜索算法只能用来解决较小规模的任务规划问题。

2. 基于规则的启发式算法

启发式算法通常称为调度规则,它针对调度问题的 NP 特性,并不企图在多项式时间内求得问题的最优解,而是在计算时间和调度效果之间进行折中,以较小的计算量来得到近优解或满意解。调度规则一般分为三大类,即优先级规则(包括简单的优先级规则、简单优先级规则的组合和加权优先级规则)、启发式调度规则、其他规则。

基于规则的启发式算法具有简单、直观、实现效率高的优点,是现有任务规划调度系统中应用较多的算法。最常见的为基于优先级的规则,即优先安排高优先级的任务,并选择较早的时间窗口。

3. 智能优化算法

智能优化算法主要包括贪婪算法、禁忌搜索算法、模拟退火算法、遗传算法、蚁群算法等。

1) 贪婪算法

贪婪算法采用逐步构造最优解的思想,在求解问题的每一个阶段,都做出一个在一定标准下看上去最优的决策;决策一旦做出,就不可更改。制定决策的依据称为贪婪准则。其具体过程为:随意选取一个可行解作为当前解,在当前解的邻域内进行搜索,如果找到比当前解更优的邻域解,则用找到的邻域解替换当前解,重新在当前解的邻域内进行搜索,直至找不到更优邻域解,当前解即为最优解。贪婪算法的寻优能力取决于第一个可行解的选取,并易陷入局部最优解,无法全局寻优。

2) 禁忌搜索算法

禁忌搜索算法是对局部邻域搜索的一种扩展,是对人类智力过程的一种模拟。禁忌搜索采用禁忌列表记录最近到达过的点。搜索中尽量避开这些点,以跳出局部最优;同时又通过破禁策略,在一定的时间后使某些禁忌失效,以跳离局部最优,搜索更广域空间,最终达到全局优化的目的。

禁忌搜索算法的基本思想是:给定一个当前解(初始解)和一种邻域,然后在当前解的邻域中确定若干候选解;若最佳候选解对应的目标值优于目前最优解,则忽视其禁忌特性,用其替代当前解和目前最优解,并将相应的对象加入禁忌表,同时修改禁忌表中各对象的任期;若不存在上述候选解,则选择在候选解中选择非禁忌的最佳解为新的当前解,而无视它与当前解的优劣,同时将相应的对象加入禁忌表,并修改禁忌表中各对象的任期;如此重复上述迭代搜索过程,直至满足停止准则。禁忌搜索算法具有求解效率高、能克服早熟等优点。但该算法的求解易陷入局部最优解,全局寻优能力不佳。

3) 模拟退火算法

模拟退火算法在搜索策略上与传统的随机搜索算法不同,它不仅引入了适当的随机因素,而且还引入了物理系统退火过程的自然机理。这种自然机理的引入使模拟退火算法在迭代过程中不仅接受使优化目标变好的试探点,还能够以一定的概率接受使优化目标变差的试探点,接受概率随温度的下降逐渐减小。模拟退火算法的搜索策略有利于避免搜索过程因陷入局部最优而无法自拔的弊端,有利于求得最优解。

模拟退火算法的基本思想是:在当前解的邻域内进行搜索,若找到的解优于当前解,则用该值替换当前解;否则以一定的概率替换当前解。重复上述过程,直至算法结束。该算法的主要缺点是求解效率不高,并且易陷入局部最优解。

4) 遗传算法

遗传算法是一种基于生物进化过程中适者生存并体现物种遗传思想的搜索算法。它是一种高效的近似算法,具有隐含并行性、对先验知识要求少等特点,而且其邻域搜索的特性可以在任意时刻终止算法,得到问题的近似解集。

遗传算法的具体步骤为:①设置种群规模、个体编码方案、交叉概率、变异概率等控制参数;②利用选择、交叉和变异三种操作,对当前个体进行繁殖以产生新个体;③淘汰父代中适应度比较低的个体,并将适应度较高的个体与由父代中保留下来的个体重组为新种群;④若达到要求的计算精度或超过预设的进化代数,则结束计算,否则返回②。该算法的缺点是求解效率不高,且算法易早熟。

5) 蚁群算法

蚁群算法来源于对自然界蚂蚁寻找从蚁巢到食物的最短路径并找到回巢路径方法的研究,是一种分布式、启发式搜索方法,具有正反馈、较强的鲁棒性、分布式的特点。但是作为一种拟生态算法,蚁群算法在执行过程中存在一定的随机性。而且算法本身很复杂,一般需要较长的搜索时间,容易出现停滞现象,即搜索进行到一定程度后,所有个体所发现的解完全一致,不能对解空间进一步进行搜索,不利于发现更好的解。

6) 智能优化算法特点

智能优化算法的特点有：①搜索是随机的；②方法是近似的，不能保证找到最优解；③具有爬山特性，即偶尔允许接收较差的解；④算法相对容易实现；⑤算法具有较强的通用性，适于求解任意类型的组合优化问题；⑥算法搜索到的子空间质量很大程度上依赖于使用的启发式知识；⑦算法的收敛速度依赖于所选择的参数。

根据上述分析可知，在空间态势感知任务规划中，需要观测的目标数量多、观测任务需求复杂，完全搜索技术将不再适用，而启发式算法具有快速的特点，在实际工程应用中，出于效率和可靠性的考虑，被许多卫星任务规划系统采用，但得到的解与最优解往往存在一定差距。智能优化算法表现出良好的综合性能，特别是在搜索过程中，结合问题特征加入一定启发式指导搜索，能够加快搜索过程。当问题规模较小时采用完全搜索算法可以在较短的时间内得到一个最优解。但当问题规模较大时，采用完全搜索算法不可行，而启发式算法和智能优化算法可以在合理时间内得到问题的满意解，因此，下面给出基于启发式调度规则算法的空间目标跟踪任务规划的步骤：

(1) 读入空间目标跟踪需求表，转换为最长周期弧段需求表。

(2) 读入可用测量设备表和空间目标对应，计算可跟踪弧段。

(3) 初始化 $t=t_0$，t_0 为最早进入测量弧段的任务开始时间，初始化测量设备状态集合 Z_1 和 Z_2。

(4) 判断当前弧段测量开始时间和结束时间之间有无弧段重叠（两个时间点之间还有其他弧段的测量开始时间，就表明有弧段重叠），如果无，则转步骤(7)；判断 t 时刻空闲设备数量是否满足 t 时刻各测量弧段测量要求，满足，则转步骤(7)。

(5) 空闲设备数是否等于总设备数，若是，则转步骤(7)。

(6) 根据空间目标相继过境时的调度策略分配设备，转步骤(10)。

(7) 计算第 j 个空间目标的第 k 个弧段的优先级。

(8) 计算测量弧段的测量紧迫性，根据冲突排除原则排除冲突，并按优先级顺序确定各测量弧段的测量设备数量。

(9) 计算测量设备负荷，把测量设备负荷值小的空闲设备分配给各测量弧段。

(10) 记录并更新升降测量弧段的已测量圈数。

(11) 判断之前所涉及的弧段是否满足测量需求的最后一个弧段，如果是最后一个弧段，则程序结束；否则把当前时刻设置为下一个将要涉及的测量弧段的测量开始时间，并更新测量设备状态集合 Z_1 和 Z_2，并转至步骤(4)。

空间态势感知

9.2 信息存储管理模块

狭义的信息存储管理模块亦即空间态势感知数据库,是存储、管理空间态势感知数据的专用功能模块。空间态势数据库从大类上可分为基础信息数据库和专题信息数据库两种。基础信息数据库包含空间目标数据库、空间环境数据库、空间碎片数据库、航天器载荷数据库等基本态势数据库。专题信息数据库包括探测目标、任务规划、轨道机动、空间天气事件、空间电磁环境等专题信息。数据库结构包括空间态势信息基本表、控制表和动态创建表三个部分。基本表描述的是数据库中有哪些类型的专题数据,每个专题数据所包含的属性信息以及各个专题数据之间的关系;控制表描述的是用户信息和用户权限信息,达到对数据库访问控制的目的;动态创建表描述的是如何存储真实空间态势实体数据、索引数据、关系数据和历史数据等。

9.2.1 数据库设计

数据库设计是指对于一个给定的应用环境,构造(设计)优化的数据库逻辑模式和物理结构,并据此建立数据库及其应用系统,使之能够有效地存储和管理数据,满足各种用户的应用需求(信息要求和处理要求)。

数据库设计分为逻辑设计和物理设计两个方面。逻辑设计的任务是创建数据库模式并使其能支持所有用户的数据处理,能从模式中导出子模式供应用程序使用;物理设计的任务是选择存储结构,实现数据存取。

数据库设计的步骤主要包括以下6步:一是需求分析,通过收集和分析得到数据字典描述的数据需求和数据流图描述的处理需求;二是概念结构设计,通过对用户需求进行综合、归纳与抽象,形成一个独立于具体数据库管理系统(DataBase Management System,DBMS)的概念模型,可以用 E – R 图表示;三是逻辑结构设计,将概念结构转换为某个 DBMS 所支持的数据模型(如关系模型),并对其进行优化;四是物理结构设计,为逻辑数据模型选取一个最适合应用环境的物理结构(包括存储结构和存取方法);五是数据库实施,运用 DBMS 提供的数据语言(如 SQL)及其宿主语言(如 C),根据逻辑设计和物理设计的结果建立数据库,编制与调试应用程序,组织数据入库,并进行试运行;六是数据库运行和维护,数据库应用系统经过试运行后即可投入正式运行。在数据库系统运行过程中必须不断地对其进行评价、调整与修改。

1. 态势信息基本表设计

从数据库角度讲,空间态势信息基本表就是要知道当前数据库中有哪些数据表,每个数据库表的结构是什么。数据库最上层有一个全局唯一的态势目标类别(种类)表存储态势数据库的元数据信息,它是整个态势数据库的入口。对于每一类态势目标,或者说数据结构相同的目标对象的集合,数据库中都要存储该类型目标的数据字典,也就是目标类型的元数据信息。在元数据信息的链接下,设计基本信息表的具体内容。

2. 态势信息控制表设计

控制表包括用户表和权限表等,通过它们实现用户分组(级),不同级别的用户组具有不同的权限,这就为态势数据库的安全控制提供了保障。可以根据系统需求,划分合适数量的用户组和权限级别。通过权限控制,可以支持多用户并发访问。例如,对于某个层级单位自身的态势数据,它具有编辑权限,而其他单位对该部分数据只有读取权限,所以不会发生写冲突而导致数据库的不一致。

3. 态势信息动态创建表设计

之所以称为动态创建表,因为这些表不在数据库建库或初始化时创建,只有当首次输入某类具体的态势目标数据时才根据基本表信息动态生成对应种类的几何表、索引表、历史表、多媒体表、属性表。动态目标的信息随时间而变化。为了保证数据库结构的通用性和一致性,必须设计一种能以相同的几何表结构存储它们的解决方案,达到物理数据模型的统一。动态目标的数据组织,总体上可以分为以时刻为主线和以对象为主线两种方式。几何数据表主要记录对象的标识、对象外接矩形和具体的几何数据。对于静态目标,它的几何数据通常只有一个定位点,而动态目标的几何数据则是以时间为基准的空间位置和状态的记录序列,是轨迹数据,但是利用数据库系统的大二进制类型(如 Oracle 的 Blob 类型)可以将其作为普通的空间数据存入,这就实现了静态目标和动态目标在物理模型上的统一。

4. 空间态势信息检索

空间态势信息一般数据量大,结构复杂,必须建立高效的空间索引。空间索引的建立根据数据类型有不同的方法。对矢量类型数据,一般按区域划分格网,建立空间格网索引,提高检索效率。对栅格型数据,如覆盖范围,按照分辨率建立金字塔结构,能按照显示范围检索适应的影像层次数据。空间数据引擎是根据空间数据索引,建立快速检索空间数据和其他相关属性数据的一组接口,空间数据访问引擎还需要构建维护检索结果数据模型,满足数据互操作的要求。

9.2.2 数据库实现

数据库的实现主要有面向对象数据库方式和对象关系型数据库方式两种。面向对象数据库系统(Object Oriented Data Base System,OODBS)是数据库技术与面向对象程序设计方法相结合的产物,是为了满足新的数据库应用需要而产生的新一代数据库系统。首先它是数据库系统,其次它也是面向对象系统。它将对象的数据以及操作封装在一起,由对象数据库统一管理,并支持对象的嵌套、信息的继承和聚集。但目前该技术尚不成熟,特别是查询优化较为困难。对象关系型数据库综合了关系数据库和面向对象数据库的优点,能够直接支持复杂对象的存储和管理。直接在对象关系数据库中定义数据类型、操作、索引等,可方便地完成数据管理的多用户并发、安全、一致性/完整性、事务管理、数据库恢复、信息无缝管理等操作,较为适合于空间态势信息数据库。

空间态势数据库的设计流程一般分为数据标准设计、数据库建设与数据库管理三步。空间态势数据库组成示意图如图9-3所示。

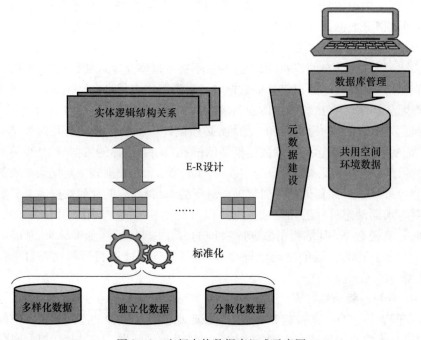

图9-3 空间态势数据库组成示意图

1. 数据标准设计

数据库是整个软件应用的根基,是软件设计的起点,它起着决定性的质变作用,因此良好的数据库设计对于一个高性能的应用程序非常重要,同时,除了性能,数据库也应该易于维护。针对空间环境数据来源多样化、建设独立化、管理分散化的问题,共用空间环境数据资源系统的数据库设计主要包括:

(1)数据标准制定:数据管理工作中,数据标准化是对数据进行有效管理的重要途径,数据标准是数据管理的基础,没有有效的数据管理,就没有成功高效的数据处理,更建立不起卓越的计算机信息系统。空间态势数据库的标准制定用于空间态势数据分类体系规则、空间态势数据库表命名规则、空间态势数据库分类数据项设计规则、空间态势数据字典表数据项设计规则,完成后数据可以共享,数据维护和使用过程得到了统一的规划设计机构,数据存储管理集中,容易实现科学化管理。

(2)E-R设计(结构化数据/非结构化数据):如果要将数据模型中的要素可视化地展现出来,需要借助一些专门的符号。空间态势数据库中采用E-R模型设计(实体-联系图标记符号模型),由于E-R设计关系到逻辑结构设计,同时逻辑结构设计直接关系到数据库的实现以及各种对象间的关系。

(3)元数据标准:某一特定领域或专业团体为了使用元数据来管理、描述和保存丰富多样的资源,根据自身特殊的、多样的需求专门制定的标准,其目标旨在规范和统一本领域的元数据应用与管理,提高本领域的数据共享程度,便于相关信息资源的充分利用。

2. 数据库建设

(1)物理建库:按照空间目标数据、空间环境数据、空间碎片数据、航天器载荷数据等基本态势数据和专题信息数据包括作战目标、任务规划、轨道机动、空间天气事件、空间电磁等进行建库操作。

(2)数据采集:ETL通过数据源管理来适配多源异构的数据源,通过JDBC、ODBC、自定义接口等方式来屏蔽异构数据的差异实现数据的统一访问,通过数据抽取模块实现快速地将分布在不同地点的各种数据源中的数据抽取出来。

(3)数据交换:实现各数据平台和各信息系统的有机结合,在用户接入端实现数据的自动提取与转换。

(4)数据转换:从数据源中抽取的数据不一定完全满足目的库的要求,如数据格式的不一致、数据输入错误、数据不完整等,因此有必要对抽取出的数据进行数据转换和加工。数据的转换和加工可以在ETL引擎中进行,也可以在数据抽取过程中利用关系数据库的特性同时进行。

(5)数据入库:ETL通过数据库JDBC接口,实现数据的批量加载。

3. 数据库管理

(1)基础数据管理:涵盖从采集、数据处理、数据管理及数据利用各个环节,有效提高数据处理能力和整体可靠性,为管理信息系统提供基础数据,为下一步实现经营集约化、管理信息化、决策智能化奠定基础。

(2)元数据管理:对各分类内数据资源的信息元素(元数据)的维护,元数据管理内容要求清晰描述数据资源自身的含义,同时明确数据资源的来源、存储方式等。

(3)数据分类管理:对各类数据资源信息元素进行分类管理,分类从多角度进行,如按基础信息、业务信息、服务对象等,每种分类及具体信息均按一定规则编制成目录形式,且在整个目录中均有唯一的ID标识。

(4)数据质量管理:数据的质量将直接影响相关分析判断,进而可能造成错误决策,因此数据质量管理是数据管控体系建设的重要内容之一,是数据可信度的重要保障,同时也能对数据资源是否符合数据标准进行评估,保障数据标准执行的重要手段。

(5)数据管控:建立统一基础数据标准体系,整合掌握的数据资源并进行统一管理,提高对数据的管理水平;建立数据资源共享共用机制,最大限度地发挥数据的价值,提高对数据的利用水平;建立统一的安全机制,对数据资源进行统一安全管控,提高对数据的安全管理水平;建立集约化数据中心,对相关资源进行统一管理和集约配置,降低基础设施资金投入;建立健全相关管理体制与机制,提高面向信息化战争的管理能力。

9.3 信息分发模块

空间态势信息分发是指空间态势信息的生产者通过各种方式,将空间态势信息分发到空间态势信息用户的过程。信息分发可以通过多种方式进行,随着计算机网络技术的普及,基于网络的信息分发方式正日益成为信息分发的趋势。通过计算机网络,用户可以更加方便地了解各种信息,更加便捷地获取信息。为了提升空间态势信息分发的时效性,通过网络进行信息分发是空间态势信息分发的重要途径。网络化条件下态势信息分发所要达成的目标就是,在合适的时间,把合适的态势信息分发给合适的用户。

下面重点介绍信息分发网络架构、信息分发模式和发布/订阅(Pub/Sub)通信范型与信息分发密切相关的内容。

9.3.1 信息分发网络架构

信息分发网络架构主要包括客户/服务器(Client/Server)架构、对等网络(Peer-to-Peer,P2P)架构、基于网格的信息分发架构。

1. Client/Server 架构

Client/Server 模式根据功能的不同把集中在一起的应用划分成两个部分,分别在不同的计算机上运行,其中发出请求的一方称为客户系统,用来向服务器提出分发请求和要求某种服务。而接收和处理请求的一方称为服务器系统,提供固定的服务并响应客户系统的请求,通过它们的分工合作来实现一个完整的信息分发功能。一个基本的 Client/Server 架构如图 9-4 所示,首先 Client 端从 Server 端查找自己所需的资源,找到后向 Server 端发出一个信息分发请求,Server 端在接收到分发请求后,将所得的结果返回给 Client 端。要注意的是,如果 Client 端不提出资源分发请求,Server 端是不能主动将资源分发到某个 Client

端的,也就是说 Server 端只能应答。从上述介绍可以看出 Client/Server 模型,其实质就是"请求驱动"。Client/Server 模型最终可归结为一种"请求/应答"关系。

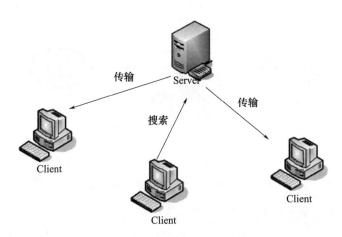

图 9-4　Client/Server 架构示意图

2. 对等网络架构

鉴于传统 C/S 模式的不足之处,对等网络(P2P)开始迅速成为计算机界关注的焦点,并被看作影响 Internet 未来的重要科技之一。目前,P2P 技术在文件分发、分布式计算、基于 Internet 通信等多个领域中的应用已经取得了很大的成功。P2P 的特征可以归纳为:P2P 是一个平等、自治的分布式网络,由若干协作的计算机互联构成,网络的参与者共享他们所拥有的一部分硬件资源(处理能力、存储能力、网络连接能力、打印机等),这些共享资源需要由网络提供服务和内容,能被其他对等节点(Peer)直接访问而无须经过中间实体。在此网络中的参与者既是资源(服务和内容)提供者(Server),又是资源(服务和内容)获取者(Client),即在 P2P 网络中的每个节点的地位都是对等的。每个节点既是服务器又是客户端,既可以作为服务器为其他节点提供服务,也可以是客户端向其他节点请求服务,系统应用的用户能够意识到彼此的存在,构成一个虚拟或实际的群体。

图 9-5 所示为一个基于 P2P 模式的信息分发系统,通过中央服务器,客户端之间能够直接传输文件。通过此图可以看出,客户 A 向中央服务器发出分发请求,中央服务器收到请求后,将拥有请求资源的客户名单返回给客户 A。之后,客户 A 就能够直接与拥有请求资源的客户端进行连接从而得到文件。例如,此图中,客户 D 给客户 A 传输所需的文件。

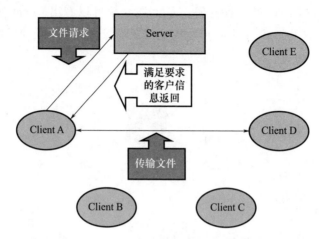

图9-5 基于P2P模式信息分发示意图

P2P技术具有以下特点：

（1）非中心化：网络中的资源和服务分散在所有节点上，信息的传输和服务的实现都直接通过节点进行，无须经过服务器，避免了受服务器的性能限制。

（2）可扩展性：在P2P网络中，各个节点的地位都是对等的，因此系统可以很容易地加入新的节点，理论上可以实现无限的系统扩展。随着用户节点的加入，不仅服务的需求增加了，系统整体的资源和服务能力也在同步地扩充。

（3）健壮性：P2P网络是一个自组织网络，节点之间通过互联来实现文件的分发，一个节点或几个节点的失效不会对整个网络的文件传输造成毁灭性的打击，因此具有耐攻击、高容错的优点。

（4）高性能/价格比：在P2P网络中可以将计算任务或存储资料分布到各个节点上，充分利用网络中的闲置节点，将几十个或几百个节点的计算能力或存储空间叠加起来就可以实现高性能的计算和海量存储。在开销成本上，通过节点能力的叠加利用来提高计算和存储能力比通过硬件改进的方法要少很多。

3. 基于网格的信息分发架构

网格技术（Grid）是20世纪90年代出现的概念，是继Internet之后又一次重大的科技进步。网格是一个集成资源环境，利用高速互联网把分布于不同地理位置的计算机、数据库、存储器和软件等资源连成整体，就像一台超级计算机一样为用户提供一体化信息服务，其核心思想是"整个Internet就是一台计算机"，使计算资源、共享资源等充分实现共享，具有成本低、效率高、使用更加方便等优点。

在传统的信息分发中，当某个用户想要拥有某个资源时，它将搜索整个分发网络，直到在某个服务器中找到这个资源。一旦服务器和用户互联成功，服务器提供分发服务而客户端进行信息的接收,在这里采用的是一对一的方案,而基于网格技术的信息分发则体现了多对一的方案:针对客户端提出的分发请求,在整个系统中进行搜索匹配,搜索的结果可能列出多个服务器来为一个客户端提供分发服务,因此保证信息分发更迅速更强壮。

9.3.2 信息分发模式

信息分发模式主要包括强制推送(Compulsively Push)、智能推送(Smart Push)、发布/订阅(Pub/Sub)、信息检索(Information Retrieval)4种。

1. 强制推送

强制推送分发模式是指由分发管理人员(位于分发管理中心上)决定该信息应发送给谁,随后通知信息提供者发送信息。这种模式适用于分发因作战任务需要临时推送的一些信息。这种分发方式下,信息提供者需要进行发布信息、发送信息等操作;分发管理中心负责策略管理,即强制推送关系建立。其具体的分发流程如图9-6所示:①信息提供者发布自己能提供的信息;②信息分发管理中心确定强制推送关系,并通知信息提供者;③信息提供者将信息发送给信息使用者。

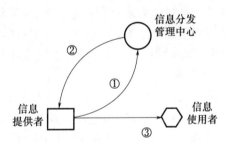

图9-6 强制推送模式信息分发流程

2. 智能推送

智能推送是信息分发中的最高级模式,是指信息用户在不参考信息产品列表情况下,根据自己的信息需求,利用编辑工具填写信息需求描述文件并发给分发管理中心,由分发管理中心根据目前的信息情况组织具体的信息产品,再通知提供这些产品的信息提供者发送给该用户。美军在其几代信息分发系统上都提到这种模式,认为它是信息按需分发最好的体现方式。

智能推送模式既针对未来产生的信息,又可能是历史信息;但都是以主动方式提供给用户。因此,这种分发方式下,信息提供者需要进行发布信息、访问历史信息、发送信息等操作;分发管理中心负责需求文件的解析,判别该需求由哪些信息提供者提供;信息用户需要编辑并发送其需求文件。智能推送模式信息分发流程如图9-7所示：①信息提供者发布自己能提供的信息；②信息使用者编辑需求文件并发送给信息分发管理中心；③信息分发管理中心解析信息需求文件，确定并通知能提供产品的信息提供者；④信息提供者将信息发送给信息使用者。

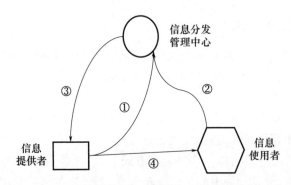

图9-7　智能推送模式信息分发流程

3. 发布/订阅

发布/订阅分发模式以发布/订阅形式进行信息分发，是指信息发布者发布信息产品，信息用户基于产品目录列表进行信息订阅，分发管理中心完成信息匹配，并通知信息提供者。当信息产生后，信息提供者就发送给信息用户。这种模式可看作由信息用户端主动"拉取"信息的过程，比较适合未来产生的信息的分发，包括实时情报信息、图片等。

发布/订阅模式信息分发流程如图9-8所示：①信息提供者发布信息；②信息分发管理中心将信息产品目录发送给信息使用者，供订阅使用；③信息使用者订阅信息；④信息分发管理中心进行信息匹配，并通知能提供产品的信息提供者；⑤信息提供者将信息发送给信息使用者。

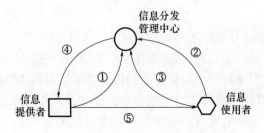

图9-8　发布/订阅模式信息分发流程

4. 信息检索

信息检索是指信息使用者以检索方式进行信息获取，检索主要针对信息产品的历史信息（如数据库中信息或者历史文件信息），是一种由信息使用者发起的信息"拉取"方式。

信息检索模式和信息发布/订阅模式基本类似,不同之处在于信息提供者需要进行历史信息访问操作,信息用户将信息订阅操作改为信息检索操作。具体的分发流程如图9-9所示。

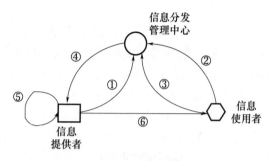

图9-9 信息检索模式信息分发流程

9.3.3 Pub/Sub 通信范型

Pub/Sub 通信范型作为一种异步通信机制,在时间、空间和控制流上完全解耦,同时具有匿名通信、一对多通信等特性,适合于进行态势信息的分发共享。

用 Pub/Sub 来进行态势信息分发,就是按态势信息订阅来进行分发。态势信息根据一定的方法、准则、条件,从态势信息拥有者到达态势信息的需求者。这里的方法、准则、条件就是一个订阅或多个订阅的集合。而订阅是对态势信息用户所需要或感兴趣的信息做一个规约,Pub/Sub 系统根据各用户的偏好将适当的态势信息分发给该用户。态势信息 Pub/Sub 要在综合分析态势信息用户的权限级别和时效性、安全性、带宽等方面特征要求的基础上,根据态势信息用户的定制要求和约束来确定分发给态势信息用户的态势信息的内容、格式以及数据转换方式。

在 Pub/Sub 系统中,订阅者通常只对特殊的事件感兴趣,而不是对所有的事件感兴趣,对感兴趣事件的不同描述方法产生了不同的态势信息订阅方式。最常用的订阅方式有以下4种。

1. 基于通道的 Pub/Sub

发布者与订阅者都侦听一个通道,发布者产生的事件发送给侦听该通道的所有订阅者。通道的抽象类似于邮件列表或者 IP 组播地址。订阅者接收所有发布到渠道中的事件,事件的接收与事件的内容无关。基于通道的(Channel - based)系统在功能上等同于在通道和多播地址之间进行一对一映射的可靠多播。

2. 基于主题的 Pub/Sub

通过属性信息表明所属的主题,从而进行基于主题的(Topic - based)发布与订阅。最早的 Pub/Sub 模式就是基于主题的,并且该模式在许多工业方案中已经得到了实现,技术也比较成熟。在引入通道概念后,通道可绑定通信的双方,并可分类描述事件的内容,参与者可以发布事件,或者按关键字标识的主题来订阅事件。主题相类似的组,可用来进行组通信。

3. 基于内容的 Pub/Sub

基于内容的(Content - based) Pub/Sub 通过引进基于相关时间的实际内容的订阅模式,对主题进行改进,即事件不是依据预定义的外部标准来分类的,而是根据事件本身的特性,这些特性可以是承载事件的数据结构的内部属性,也可以是关联于时间的元数据。消费者通过使用订阅语言描述的过滤器来订阅可选的事件。过滤器通常以具有一定属性值对和基本的比较操作的形式定义限制条件。这些条件可以通过逻辑组合来组成复杂的订阅模式,订阅模式用来标识给定的订阅者感兴趣的事件,并传播相应的事件。

4. 基于类型的 Pub/Sub

类型是主题和内容的一种结合。基于类型的(Type - based) Pub/Sub 系统会定义很多类型对象,用户订阅时,通过实例化被封装的抽象类型来表达其感兴趣的事件对象。

第 10 章 空间目标监视网

自从 20 世纪 50 年代后期,美国、苏联便开始了基于非合作方式(Non-cooperative)的空间目标监视,经过几十年的建设和发展,空间目标监视网的功能不断扩大、能力不断增强、应用日益广泛。因此,作为轨道目标、弹道目标与临近空间目标均适用的综合探测体系,空间目标监视网已经成为国家战略预警体系的重要组成部分。

前文已经给出了空间监视的原理,其本质上也就是空间目标监视网的探测原理,因此,本章将进一步阐述空间目标监视网的任务、组成与典型监视网,以便从系统的角度深入理解空间监视与空间目标编目管理的原理,并且提出空间目标监视网的典型应用与发展方向,为空间目标监视网的发展趋势提供前瞻性的研究。

10.1 空间目标监视网的任务与组成

如果说空间目标监视网的任务是空间监视网设计的输入,那么其组成就是空间目标监视网基本框架需要考虑的元素,因此,在介绍典型空间目标监视网前,首先理解空间目标监视网的任务与组成。

10.1.1 空间目标监视网任务

空间目标监视的任务决定了空间目标监视网设计的基本要求。按照美国空间态势感知的任务,空间目标监视网的任务可以分为以下 4 类:

(1)空间目标编目,新发射目标发现、在轨目标的轨道机动、陨落及解体情况监视等。

(2)空间目标识别,评估任务载荷、威胁程度分析等。

(3)空间控制支持,空间有关条约执行情况的监督、在轨卫星遭到攻击的预警与反卫星支持服务等。

(4)对重要航天器提供碰撞规避支持。

在上述 4 类任务中,维持空间目标编目是空间监视网的基本任务,因此,空间目标监视网需要具备空间目标轨道(弹道)数据采集能力,为轨道确定提供必需的观测数据。换言之,空间目标监视网需完成的任务,决定了空间目标监视网

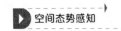

需具备的基本条件。因此,从空间目标编目维持的任务入手,就能够反推出空间目标监视网的基本要求。

空间目标编目维持包含3方面的任务:一是编目目标轨道根数的更新;二是及时发现新的目标,既包括进入空间的目标,也包括经过空间的目标;三是及时发现已有在轨目标的变轨、陨落、解体等事件。这三方面的任务意味着要求空间目标监视网,具有对一定区域内、满足一定尺寸的所有目标进行主动式、高可靠、周期性的数据采集能力。对空间目标监视网的基本要求包括:

(1)完全性好。能够覆盖一定区域内、某一尺寸以上的所有目标。

(2)精确性够。所提供空间目标的尺度数据精度高、特性信息准确。

(3)时效性高。对新发现的空间目标编目及时,编目库的空间目标轨道根数更新快速。

(4)可用性强。所提供的数据数量可用,数据格式通用性强,使用方便。

其中,从测度空间的角度来说,完全性也称为完备性,是指空间目标监视网对一定区域内、满足一定尺寸的所有目标能够进行数据采集,这是空间目标监视网的基本要求。对于仅仅拥有若干台设备、在一定的先验信息支撑下,通过对部分感兴趣目标局部轨道弧段观测,能够实现测轨编目的系统,只能称其为具有一定的空间目标监视能力的空间目标监视设备,而构不成空间目标监视网。这是因为这些空间目标监视设备不具备对一定区域内、满足一定尺寸的所有目标的测轨编目能力,并且在目标进行较大机动变轨后难以再次可靠地捕获目标,当然,对独立发现新发射目标的发现能力也较弱,需要足够的先验信息引导。

10.1.2 空间目标监视网组成

进入21世纪的空间目标监视网,一般主要由地基探测系统、天基探测系统,以及信息处理与信息管理分系统构成的空间目标监视中心组成,用以对进入空间、在空间运行、离开空间与经过空间目标进行搜索发现与识别跟踪,结合空间目标的其他相关信息和数据,经过综合处理,获取目标的结构、尺寸、材质、功能与状态等信息,并进行编目管理以掌握空间态势,向军用、民用和商业航天活动提供空间目标信息和空间态势信息。鉴于空间目标监视中心主要是以软件和通用硬件设备为主,因此,下面重点介绍用于信息获取的地基空间目标监视系统和天基空间目标监视系统。

地基空间目标监视系统主要是由地基雷达、光学设备、无线电侦测设备等,遵循空间监视原理、按照一定的时空覆盖规则和设备位置、数量与指向等约束条件组成的空间监视网。地面观测设备特点是技术成熟、不受设备体积和质量限制,可以采用大口径技术来获得较高的空间分辨率,以及较远的观测距离,目前仍然是空间碎片观测的有力武器。地基探测的局限性在于,除了受设备本身探测距离与分辨率等限制,观测过程中还受到大气传播抖动、电离层闪烁等因素的影响,使得较小尺寸的目标观测效果并不理想。因此,这些雷达、光学设备和电磁侦收设备组网工作,就可以利用不同体制、不同频(谱)段的高低配置、功能互补,增强对空间目标的探测能力。

天基空间目标监视系统主要包括部署在不同轨道上的空间目标监视卫星对空间目标进行观测。空间目标监视的天基化已经成为空间监视发展的重要趋势,有效弥补了地基空间目标监视系统的不足,有效地减少了对空间目标观测的盲区。尽管天基空间目标监视系统受发射能力限制,不能携带大型的观测设备,但因其部署在轨道上,其能见性具有地基设备无法比拟的优势:天基探测不受设备部署地理位置和气象条件的限制,在地球轨道上可以监视的空间更广、监视时效性更高、可探测的目标更小。当然,也存在费效比、维护维修困难等问题。

地基空间目标监视系统与天基空间目标监视系统综合使用,形成天地一体的空间目标监视网,使得空间目标监视能力得到了空前的提高。随着更多民商企业加入空间目标探测的领域,以及空间目标数据的共享化与商业化,人类对空间监视的能力将会进一步增强,更好地服务于人类的空间探索。

10.2 典型空间目标监视网

理论上能够探测到空间目标,且其数据能够接入空间目标监视中心的所有设备、设施,均为空间目标监视网的组成部分,因此,空间目标监视网是一个大系统。称其为"大",是因为在空间态势感知登上历史舞台早期,人们为了简便地区分"航天测控"与"空间态势感知",而笼统将它们称为"看自己目标的系统"和"看别人目标的系统",但实际情况是空间态势感知不仅包含"看别人目标的系统",也包含"看自己目标的系统",因为空间态势决定了必须也要同时知道自己的目标在哪里;不仅包括看轨道目标的系统,也包括看弹道目标的系统,因为弹道目标会扰乱轨道目标的编目;不仅包括看空间目标的系统,还包括看空间环境的系统,因为空间环境会影响看空间目标的系统。故此,空间目标监视网称其为大系统才更加合适。

10.2.1 美国空间目标监视网

美国空间监视网(Space Surveillance Network,SSN)对各种围绕地球运动的空间目标进行探测、跟踪、定轨编目和识别,包括卫星、火箭箭体以及众多的空间碎片等,提供空间目标的相关信息,包括轨道参数、来源关系、尺寸形状,以及其他相关特性。美国的空间目标监视起步于海军研究实验室于1960年6月开始研制的海军空间监视系统,并首次提出"电子篱笆"的概念,1961年10月1日就已经记录了在轨目标110个,目前SSN能够对尺寸大于10cm的近地轨道(LEO)和尺寸大于1m的地球同步轨道(GEO)目标进行常规监测,当前编目的最小目标直径约5cm。

美国的空间监视网除了空间目标监视中心,空间目标信息获取系统主要包括三大系统:以人造卫星为目标对象的空间目标监视系统;以弹道导弹与航天飞行器为目标对象的弹道导弹预警系统;以弹道导弹防御研制试验为主要对象的弹道导弹靶场测量和监视系统,三大系统既分工又合作。其中,信息获取系统的设备既可以按照工作性质和设备隶属部门划分为专用设备、兼用设备与可用设备,也可以按照传感器的性质划分为光学设备与无线电设备,还可以按照部署位置划分为地基部分和天基部分,本节将从系统的角度阐述空间目标监视的信息获取设备。鉴于本节所关注的是空间目标监视,因此,对于空间环境监测设备不予讨论。

1. 空间目标监视中心

美国在建设空间目标监视中心时充分考虑了其生存能力的因素,所以建有位于科罗拉多州夏延山地下的主中心和位于弗吉尼亚州的备份中心,负责接收各类探测器的跟踪测量数据,进行目标轨道确定和预报,维持关于所有可确认目标的数据库,并为各作战司令部、国家航空航天局、国家海洋与大气局等提供各种例行的日常报告和专题报告。其中,夏延山地下主中心是北美航空航天防御司令部和美国太空司令部共用的数据处理与监视警戒中心。空间目标监视中心通过通信卫星、微波中继线路和光缆等多种通信链路与外界交换信息。它能接收来自军用卫星系统、民用卫星系统、空中预警网和地面预警网等各种探测与监测手段提供的数据,还可以通过热线与五角大楼、白宫、美国太空司令部、加拿大武装司令部,以及分布在全球各地的美国主要军事基地保持密切联系。

2. 空间目标监视网的信息获取系统

美国空间监视网(SSN)的观测设备遍布全球,按照工作性质和设备隶属部门,分为专用设备(Dedicated,首要任务是空间目标监视)、兼用设备(Collateral,兼职承担空间监视任务)和可用设备(Contributing)三类。SSN拥有多种类型的传感器设备,包括机械式跟踪雷达、无线电干涉雷达(电子篱笆)、电扫相控阵雷达、光电望远镜等设备。

1) 空间目标监视系统

空间目标监视系统主要由三大部分组成:第一部分是光学系统,即全球范围内分布在不同经度上的"地基光电深空空间监视系统",共3套9台,分别部署在美国新墨西哥州的索科里、夏威夷的毛伊岛、印度洋的迪戈加西亚岛(英属),20世纪80年代初启用,口径1m,主要用于高轨空间目标监视。"毛伊岛空间监视系统"望远镜3台,部署在夏威夷空军毛伊岛光学站,口径分别为3.67m、1.6m、1.2m,

主要用于空间目标高分辨成像识别。"莫隆光学监视系统"望远镜1台,部署在西班牙莫隆空军基地,1998年启用,口径0.6m,主要用于高轨空间目标监视。第二部分是微波/超高频探测、跟踪、识别系统,它们是隶属麻省理工学院(MIT)管理、使用、研制的具有极强科学研究性质的"磨石山"(Millstone Hill)深空雷达、"干草堆"(Haystack)宽带成像雷达,以及AN/FPS-85相控阵雷达。其中,"磨石山"雷达3部,1957年启用,工作在L频段,天线口径26m;"干草堆"雷达,1963年启用,工作在X频段,目前已增加了"干草堆"雷达W频段测量能力,天线口径37m;"干草堆"辅助雷达,1993年启用,工作在Ku频段,天线口径12m,3部雷达均部署在美国马萨诸塞州磨石山。第三部分是甚高频多普勒无线电干涉仪系统,即早期由美国海军转隶给空军的电子篱笆,以及如前所述的2018年后投入使用的太空篱笆。

空间目标监视卫星类型很多,主要包括:"天基空间监视系统"卫星,2010年9月发射,运行在高度630km的太阳同步轨道,其30cm口径望远镜,主要用于对地球同步轨道目标进行搜索,每天对整个同步带扫描1次;"地球同步轨道太空态势感知计划"(GSSAP)卫星,2014年7月28日发射,运行在GEO区域附近,能对GEO区域空间目标进行动态监视和抵近成像观测,计划多颗卫星组网工作;"先进技术风险降低"(ATRR)卫星,2009年5月发射,运行在低轨太阳同步轨道上。此外,还有加拿大空军"蓝宝石"空间监视卫星、"近地物体监视卫星",2013年2月25日发射,运行在低轨区域,用于GEO目标观测,可支持美国的空间目标监视。

2)弹道导弹预警系统

美国弹道导弹预警系统由两大部分组成:第一部分是6把扇子的地面雷达预警系统,原称为BMEWS,现升为UEWRS,其预警范围覆盖了美国全部本土,主要包括1977年启用的"丹麦眼镜蛇"雷达(AN/FPS-108)1部,部署在美国阿拉斯加州谢米亚岛艾瑞克森航空站,雷达采用单面阵,监视空域方位120°,工作在L频段,作用距离4600km,可承担战略预警和空间目标监视任务。1975年启用的"环形目标指示雷达与攻击特征描述系统"1部,部署在美国北达科他州卡瓦列航空站,原属"卫兵"反导系统的一部分,雷达采用单面阵,监视空域方位140°,俯仰2°~95°,工作在UHF频段(420~550MHz),作用距离2800km,主要用于潜射弹道导弹、洲际弹道导弹攻击预警,同时承担空间目标监视任务。1980年启用的"铺路爪"雷达(AN/FPS-115)2部,分别部署在美国马萨诸塞州科德角航空站、加利福尼亚州比尔空军基地,雷达采用双面阵,监视空域方位240°,俯仰3°~85°,工作在UHF频段(420~450MHz),作用距离5500km,主要用于探测从太平洋和大西洋来袭的潜射弹道导弹,同时承担洲际弹道导弹预警和空间目标监视任务,并且在后续进行了多次升级,最新编号为AN/FPS-132。先后于

1961年和1964年启用的"弹道导弹预警系统"雷达3部,分别部署在丹麦格陵兰岛图勒空军基地、英国北约克郡菲林戴尔斯皇家航空站、美国阿拉斯加州科利尔航空站,并分别于1987年、1992年、2001年升级为固态相控阵雷达。其中,图勒、克利尔雷达为双面阵,监视空域方位240°、俯仰3°~85°;菲林戴尔斯为三面阵,监视空域方位360°、俯仰3°~85°,雷达工作在UHF频段(420~450MHz),作用距离4800km,主要用于探测袭击美国本土、加拿大南部地区、英国及美驻欧部队的导弹,同时承担空间目标监视任务。

第二部分是导弹预警卫星,在地球同步轨道、大椭圆轨道和低轨道上均有部署。"国防支援计划"系列卫星,位于地球同步轨道,目前4颗在用,分别部署在大西洋(西经37°、0°)、印度洋(东经69°、103°)上空,其红外探测器(2.7μm、4.3μm两个谱段)可发现约地面10km以上高度、处于主动段飞行的导弹或火箭,定位精度3~5km,探测器镜头以6r/min的速度绕星体轴线旋转,使得红外探测器可每10s对目标重访1次。4颗卫星组网对地球进行连续扫描,可及时发现全球范围内的发射活动。

"天基红外系统"系列卫星,计划部署10颗,包括6颗地球同步轨道卫星和4个大椭圆轨道载荷,将替代"国防支援计划"系列卫星。2006年、2008年先后搭载发射了2个大椭圆轨道载荷;2011年5月发射了1颗地球同步轨道卫星,目前定点于太平洋东部(西经97°)上空。地球同步轨道卫星主要用于探测发现主动段飞行的导弹或火箭,大椭圆轨道载荷主要用于加强对北极地区的预警能力。

"空间跟踪与监视系统"系列卫星,即"天基红外系统"早期计划的低轨道部分,计划在高度1300~1600km的低轨道上部署24颗。卫星装有宽视场扫描型短波红外捕获探测器和窄视场凝视型多光谱跟踪探测器,前者用于观测主动段飞行导弹或火箭的尾焰,后者用于跟踪中段、再入段导弹目标,并用于真假弹头识别。通过星间通信链路,多颗卫星可对目标进行协同、接力探测,提高跟踪精度。

3) 弹道导弹靶场测量和监视系统

美国弹道导弹靶场测量和监视系统由三部分组成:第一部分是西靶场测量系统,包括夸贾林岛和瓦胡岛反导试验和突防试验(主要目标特征测量);第二部分是东靶场测量系统,包括安提瓜岛、阿森松岛的导弹、卫星发射和轨道测量;第三部分是弹道导弹监视系统,包括在土耳其的皮林奇利克基地和阿拉斯加谢米亚基地。

1971年启用、部署于大西洋中部的阿森松岛(英属)的雷达。工作在C频段,天线口径12m,作用距离3000km,主要用于靶场测量,同时承担空间目标监视任务;部署在太平洋夸贾林导弹靶场的洛依-纳慕尔岛的雷达4部,其中"阿泰尔"雷达工作在VHF、UHF频段,天线口径46m;"目标分辨与识别试验"雷达工作在 L、S 频段，天线口径 26m；"阿尔柯"雷达工作在 C 频段，天线口径 12m；"毫米波"雷达工作在 Ka、W 频段，天线口径 14m，主要用于靶场测量，同时承担空间目标监视任务。此外，还有一部升级后 1999 年启用的"地球仪-2"（GLOBUS-2）雷达，部署在挪威北部的瓦尔多。

实际上，美国空间态势感知系统已经形成了全球部署、天地结合、高低搭配的目标监视网和主备两个处理中心，具备了较强的探测、跟踪、编目和识别的能力。此外，美国可用的空间目标监视设备还有很多，如 2006 年 3 月投入使用的 SBX 雷达、40 余艘宙斯盾舰载雷达的 AN/SPY-1（1969 年研制的 S 频段无源相控阵）、AN/SPY-2 与 AN/SPY-3（X 波段雷达）等，并且继 2013 年实现卫星直接引导雷达系统组网后，正在推进早期预警网与 X 波段雷达网双网合一，空间目标监视能力将进一步增强。未来美国空间目标监视信息获取系统将着重升级现有系统、发展天基监视系统，提高对空间目标监视的实时性、精确性和目标识别的准确性，空间目标的编目服务能力得到进一步提升。尤其是自从 2019 年美国空军将部分空间态势感知数据移交商务部以来，至 2022 年 10 月，美国太空军司令部再次计划将空间目标跟踪任务移交给商务部，这些举动充分展示了其空间态势感知能力已经发展到了一个新阶段，表明了其空间态势感知的理念达到了新高度。实际上，美国不仅在空间态势感知领域，在空间力量增强方面同样如此，如截至 2021 年 12 月，其军用在轨侦察卫星只有 43 颗，数量与 10 年前相比基本没有变化，但其侦察能力并没有降低，说明其在民商航天信息共享、共治方面走得很早、很远。

10.2.2 其他国家空间目标监视网

1. 俄罗斯空间目标监视系统

俄罗斯空间目标监视系统（SSS）继承于苏联，几经发展变化逐渐形成了今天的局面。目前，俄罗斯的空间监视网每天生产约 5 万条的观测数据，由于缺乏低纬度传感器与设备探测能力有限等问题，维持不足 10000 个目标的编目能力，且大部分为低轨目标。

1964 年，苏联成立了空间防御司令部，负责空间和导弹防御，隶属国土防空军。1993 年，俄罗斯国防部开始筹建空间作战、空间预警和侦察系统。1997 年 8 月 27 日，俄罗斯完成了战略火箭军、军事航天部队和导弹防御部队的合并工作，实现了各军兵种作战指挥系统的一体化。2001 年，俄罗斯决定把军事航天部队和导弹防御部队从战略火箭军中独立出来，当年 6 月 1 日，俄罗斯航天兵正式宣告成立。俄罗斯"天军"部队编制约 6 万人。由航天部队和空间防御部队组成，主要担负航天发射、导弹防御等任务。2011 年 12 月 1 日，俄罗斯组建以原航天兵和空军空天防御部队为主的空天防御军。

在2001年编制调整后,俄罗斯航天力量设有航天司令部和导弹防御司令部两个司令部单位。航天司令部下编成有宇宙空间监视总中心、导弹袭击预警中心等,同时编成有宇宙空间监视总中心,从总体上管理和协调空间监视任务。导弹防御司令部下编成有导弹袭击预警部队、空间监视与防御部队、导弹防御部队,其中,空间监视与防御部队就是负责管理空间监视雷达、光电设备的主体单位。2011年编制调整后情况有所变化,2015年4月据澳大利亚网站报道,俄罗斯成立了太空监视部队(AMF)。

1)宇宙空间监视总中心

宇宙空间监视总中心负责空间监视任务总体管理和协调,负责组织搜索空间目标,探测跟踪各种航天器,测定卫星轨道参数,向俄罗斯武装力量各军种、军区发送空间态势信息通报,支持俄空天防御力量的各类作战任务。

2)空间目标监视系统

(1)俄罗斯的导弹预警卫星:主要分为大椭圆轨道预警卫星(眼睛卫星系列)和地球同步轨道预警卫星两个互为补充的系列。眼睛预警卫星为大椭圆轨道卫星(HEO),在其12h轨道周期中大部分时间逗留在北半球的欧洲和美国上空,以红外传感器监视地面弹道导弹发射;预报用预警卫星采用地球静止轨道卫星(GEO)。目前,眼睛卫星与预报卫星相互补充,配合工作;预计未来俄罗斯将逐步倚重用3~4颗GEO预报卫星构成预警卫星星座,HEO预警卫星星座可能会逐步淘汰。

(2)空间目标监视雷达网:主要利用导弹预警系统部署的经度覆盖范围极广的多套导弹预警雷达。俄罗斯目前可用于空间目标监视的预警雷达系统,一是多部相控阵雷达系统,有旧的伏尔加河雷达及其新型改进型号,也有新型的沃罗涅日DM雷达,分别设在圣彼得堡、伯朝拉、利亚基、萨雷沙甘、阿巴拉科沃和白俄罗斯巴拉诺维奇市附近,用于预警弹道导弹;二是10余部远程预警雷达,其中大部分是"鸡"系列(如"鸡笼"雷达,探测距离6000km)。

(3)空间目标监视光电探测网:主要包括部署在塔吉克斯坦和俄罗斯北高加索的光电系统——"天窗"光电探测系统、"树冠"光电探测系统。"天窗"光电探测系统架设在塔吉克斯坦杜尚别以南海拔2200km的桑格劳克山上,主要用于搜索、测量地球同步轨道和大椭圆轨道的空间目标,该系统主要由4个光电搜索站、2个光电跟踪站和指挥处理中心组成。

"树冠"系统是苏联20世纪发展项目,包括侦察监视设施和打击装备两部分。前者主要通过光学望远镜、射频雷达和激光雷达对空间目标进行监视,是雷达与光电一体的复合监视系统,主要用于探测LEO空间目标。位于俄罗斯北高加索地区,由2个大型光学望远镜、1个激光定位雷达、1个大型分米波VHF射频雷达和1个厘米波UHF射频雷达组成。其中,UHF射频雷达有5个可交替的抛物面天线,用于基础干涉测量,可对空间目标进行探测定轨、特征描述与识别。目前,树冠系统经过深度改造后,能够发现40000km轨道高度上的空间目标,并具有一定的空间目标特征测量能力。

2. 欧洲空间目标监视系统

进入21世纪以来,欧洲多国对空间目标监视的重视程度与日俱增,2002年由法国航天研究所牵头,欧空局(ESA)组织实施了"欧洲空间监视系统"项目,欧盟各国专家会聚参与了该系统研究与设计,这就是欧盟早期的低轨目标格拉芙(GRAVES)概念的雷达系统,该雷达也是欧洲唯一不配属美国空间目标监视网的设备。2006年,欧空局提出建设未来的空间监视系统(ESSS),并最终构建欧盟的"空间态势感知系统"(SASS),经过近两年的论证,该计划于2008年11月26日获得欧洲议会的批准,其长期目标是使欧洲具备自主空间探测和侦察能力,能够及时、准确提供完整空间态势感知产品,确保航天飞行活动安全和可持续,确保在轨飞行器再入和返回的安全,以及对国际空间条约执行情况进行监督。

欧盟的建设方案从地基LEO目标、MEO目标、GEO目标探测监视方案,到天基敏感器监视方案等角度,规划了欧洲未来的空间监视系统,其目标是定义一个模块化的欧洲空间监视系统,并且将由已经验证过的、低风险技术的各分系统组成。欧洲各国认为应将现有的独立系统通过组网的方式,建立起较为完善的空间监视网络系统。这样能够充分利用现有的空间监视资源,迅速组建欧洲相对独立的空间系统。同时,欧洲还将该系统定义为一个不仅能够观测轨道碎片,而且同时能够监视通过欧洲领土上空卫星的双重功能系统。此外,欧洲国家为维护自身战略利益,重视强化空间领域战略优势,采取一系列措施,加快航天战略产业发展,谋求建设强大的航天工业与技术基础来确保空间优势,推进航天领域可持续发展。

目前,除了上述法国的格拉芙雷达,雷达设备主要包括:德国跟踪和成像雷达(TIRA)系统,法国船载ARMOR雷达系统,英国Fylingdales雷达和Chilbolton雷达,挪威、瑞典与芬兰共同建设的EISCAT雷达,挪威的Globus-II雷达,以及德国航空航天中心(DLR)研制的德国试验监视与跟踪雷达(GESTRA)等。光学观测设备主要包括:法国瞬态目标速动望远镜(TAROT)与天空观测系统(SPOC),瑞士ZIMLAT望远镜、ESA空间碎片望远镜,德国灵巧网(SMARTnet),英国无源成像测量传感器(PIMS)望远镜等。天基空间目标监视卫星主要包括:德国Asteroid Finder卫星是德国宇航中心(German Aerospace Center,DLR)研制的低轨监视卫星,于2014年发射升空,主要应用于验证厘米级空间碎片监视。编目的可行性和近地小行星观测;意大利UNISAT-5(University Satellite-5)卫星,是由意大利高斯公司设计和制造的第六颗卫星,作为一颗民用科学微型卫

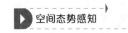

星,其主要任务是测试研究人员在太空条件下自制的设备,为后续任务提供经验和数据,并为来自不同大学的学生提供实践经验和培训,不过该卫星具备空间目标监视能力。

综上所述,目前只有美国建成了全球天地综合空间目标监视网,其他国家和地区要么因为设备布设地域限制,要么因为探测设备数量限制,要么因为设备对中高轨目标的探测能力限制,尤其是对地球同步轨道目标的监视能力限制,都不具备全球监视能力。因此,俄罗斯空间目标监视系统虽然自称"系统",但具备了空间目标监视网的基本特点,却又因其全球布站存在不足,因此称其为"空间目标区域监视网"更为恰当,而美国的空间目标监视网应该称为"空间目标全球监视网"。当然,欧盟尚不完全具备"空间目标监视网"的功能,称为"空间目标监视系统"更合适。

10.3　空间目标监视网应用的新形态

本节实际上是讨论空间态势感知应用的深化问题。之所以采用"新形态"而没有采用"新方向""新领域"或"新技术"等来表达空间态势感知自身的发展问题,是因为虽然这些名词都能够表达"新"的含义,但新方向侧重于纵向"线"的延长、新领域侧重于横向"面"的扩大、新技术侧重于"点"的增多,而形态是指事物的样貌,或者在一定条件下可把握、可感知、可理解的表现形式,且范围从思维到语言、从语言到社会、从意识到科学、从工程到技术等极其广泛,因此,具有点、线、面综合于一体的表达能力,而本节所包含的"太空交通管理""地月空间态势感知""智能空间态势感知""深度空间态势感知"等恰恰需要这种综合的表达能力,因此,采用了"新形态"这个名称。

"空间目标监视网及应用的新形态",既包括"空间目标监视网的新形态",如智能空间态势感知与地月空间态势感知等;也包括"空间目标监视网应用的新形态",如太空交通管理与深度空间态势感知等。

10.3.1　太空交通管理

2022年12月7日,联合国大会通过了美国提交的"禁止直升式反卫武器试验的决议",此举标志着人类为减少空间碎片迈出了重要的一步,也标志着太空交通安全管理逐步走向了实施。太空交通安全必然需要太空交通管理,虽然说太空交通管理不等于空间态势感知,但太空交通管理离不开空间态势感知,不但离不开空间态势感知,而且是太空交通管理的基础。因此,将太空交通管理纳入空间态势感知新形态来阐述,就成了顺理成章的事情。

如前所述,"太空"是指距离地球表面100km以上的区域,"空间"是指距离地球表面20km以上的区域,亦即20~100km的临近空间与100km以上太空的总和。本章研究的是100km以上的太空目标轨道运行的安全问题,因此这里采用"太空"一词。但涉及国际、国内有关标准规范或法规等使用"空间"一词的情况,仍然使用"空间",这与本章的"太空"并不矛盾,况且"太空"本身就是"空间"的组成部分。

1. 太空交通安全产生背景

1)太空物体日益增多

所有利用太空的活动均离不开航天器,于是航天器越来越多,尤其是世界各国对商业航天的扶持与支持,使得卫星数量短时间内呈现爆发式增长,如"星链"一个星座就计划在中低轨布设42000颗卫星。据预测,2023年一年的航天发射预计就将达到690余次。与此同时,航天器增多、太空活动必然也多,于是航天活动丢弃的废弃物就成了太空垃圾。航天器增多、太空垃圾增多,那么彼此发生碰撞的概率和次数就会增多,空间碎片的增多进一步增大了新的碰撞概率和次数,于是产生了更多的空间碎片,如此循环往复。

无论是航天器还是空间碎片,它们都要占用太空轨道,甚至是占用了人类高价值的轨道,可是轨道资源又是有限的。

2)轨道可用资源有限

人们知道,太空轨道是指物体质心在太空中运行的路线,又称轨迹,简称轨道,包括发射轨道、运行轨道和再入轨道。由于航天器的空间任务要求、观测几何、运行高度、空间环境、轨道动力学乃至有效载荷性能的设计,都与航天器的轨道有关,因此,轨道设计就成了航天器设计的关键问题之一。

实际上,自第一颗人造卫星上天后,人类一直在探索航天任务与航天器轨道之间的关系,并且取得了重大成就。回归轨道、太阳同步轨道、冻结轨道、逗留轨道与地球同步轨道等在通信、导航、遥感、气象等航天任务中得到了广泛应用,这些轨道独特的优势经过无数航天任务的检验,已经得到了普遍认可,并且称为典型轨道或经典轨道。除了经典轨道,由于太空新型空间任务的需求,经典轨道无法满足这些特殊需求,因此,具有太空轨道特殊特性的特殊轨道出现了。这些特殊轨道主要包括悬停轨道、交会轨道、极地驻留轨道与巡游轨道等。

既然无论是经典轨道还是特殊轨道,都是围绕航天器任务来设计的,尤其是遥感、导航、气象等对地航天器,它们所执行任务的对象位置是固定的,有效载荷的性能在一定时期内是固定的,航天器所处的可用太空环境也是相对固定的,太阳与照射目标和太阳与航天器之间关系周期性还是固定的,这就决定了太空轨道这种特殊的资源是有限的。换言之,太空虽然无垠,但适合航天器运行轨道的空间却是有限的,就像太空虽然广阔,但空中航线有限一样。

有限的东西总是珍贵的,从太空轨道资源有限性的角度来说需要太空轨道交通管理。但有限的太空轨道又不太平，造成了太空事件频发。

3）太空事件日益频发

空间碎片作为无动力的太空物体，在一定的轨道上环绕地球高速飞行，速度为6~16km/s，形成一条危险的垃圾带。从空间碎片随高度的分布来看，在2000km以下区域、地球同步轨道高度和半同步轨道高度上有三个明显的峰值；从空间碎片能量的角度来看，李子大小的空间碎片相当于37kg TNT炸药的能量；从数量上来看，目前能够编目的空间碎片达到近两万个，直径在厘米级以下的数量难以统计。空间碎片作为人类空间活动对太空环境的污染，已经对航天器的安全构成了严重威胁。例如，1996年7月，法国cerise卫星被"阿里安"火箭的一块碎片撞中了重力梯度杆，其上半部分截断，严重影响了姿控系统，使得该卫星功能和寿命均受到极大影响；2021年12月，一块卫星残骸碎片与韩国"阿里郎3号"卫星的距离一度只有62m，二者相对速度高达14.7km/s，最终由于紧急升高轨道才避免这场太空灾难发生。自2021年底以来，我国空间站也两次采取紧急规避措施规避其他国家卫星。

日益增多的太空物体、频发的太空事件，促使人们寻求观测和预防的手段，空间态势感知等就给人类安全利用太空带来了希望之光。

4）技水平日益提高

目前，在世界航天大国不断发展对地观测能力的同时，以空间态势感知为代表的对天观测能力也得到了大力发展。在信息获取方面，从频段划分角度来说，包含雷达、光学、信号等探测装备；从位置角度来说既有地基探测装备，也有天基探测装备；从信息类型来说既有太空物体尺度信息测量装备，也有目标特性测量装备。在信息处理方面，既有经典的信息处理方法，也有智能信息处理技术。在信息应用方面，既可以空间目标编目管理，也可以进行轨道精确预报，还可以进行碰撞预警等。可以说，空间态势感知具备了从信息获取到信息应用全流程的感知太空的能力。此外，轨道保持技术已经非常成熟，为轨道资源精确划分奠定了技术基础，空间碎片减缓技术不断发展，为轨道可持续性使用提供了保障。

概言之，太空轨道交通管理技术手段的丰富和发展，增强了人类实施太空轨道交通管理的信心和能力。

5）太空交通管理迫在眉睫

太空轨道危机事件的端倪与严重后果，促使人类不得不直面这一问题。实际上，太空轨道交通管理的雏形最早可追溯到空间态势感知中的碰撞预警，进入21世纪以来，太空交通、太空交通管理等词汇层出不穷，大量的学术论文、研究报告等见诸报端，一些国际组织、区域组织、国家政府与专家学者等，从不同角度、不同立场、不同理解定义了太空交通管理。这些针对太空轨道安全的学术活动、国际组织与政府行为,使得发展太空轨道交通管理的时机日渐成熟。

概言之,世界各国利用太空的利益自保为太空轨道交通管理的产生提供了牵引力,世界各国感知太空能力的提升为太空轨道交通管理的产生提供了推动力,世界各国利用太空的利益受损为太空轨道交通管理的产生提供了契机,即客观上有需求、主观上有动力、现实上有后果,从而促使太空轨道交通管理进入了人类的视野。

2. 太空交通管理的概念内涵

按照目前空间目标运行管理的现状来说,太空轨道交通安全问题应该称为"太空轨道交通管理",按照空间目标运行管理存在的问题来说,应该采用"太空轨道交通治理"来描述。然而,"管理"是指采用计划、组织、领导和控制等活动来协调所有资源,设计一种公共性的环境以维持既定的安全秩序;"治理"的含义是运用治权采用服务的方式来管理某种行为,以维持公共性事务的正常秩序。太空具有无国界性,使得"治权"难以界定,因此,借鉴陆、海、空交通管理这一术语,以及人们近几年在这一领域的习惯称谓,本书使用"太空轨道交通管理"这一术语。

为了定义"太空轨道交通管理",本节先来定义"太空轨道交通"的概念内涵。到目前为止,众多文献资料给出的都是"太空交通"的概念,其中,得到比较一致认可的是美国宇航局2001年版的报告《应对新的里程碑的挑战》。报告认为:太空交通涵盖了太空物体生命从发射到处置的所有阶段,既包括在短时期内防止损害的活动(在轨避免碰撞、从太空的再入协调),也包括必须采取的措施以减少对未来造成长期损害的潜在的可能性(使卫星远离轨道或拖入坟墓轨道)。

这个概念包含三个关键词:太空物体、生命全周期、正常运行与主被动机动的活动。这三个关键词都指向一个问题:太空轨道。太空物体在太空自由运动中都遵循开普勒定律,并运行在某条轨道上,在外力作用下会打破这一规律,但外力消失仍然遵循开普勒定律。因此,本书将"太空轨道交通"定义为:是指太空物体在其太空生命周期内,遵循开普勒运动定律的无动力活动,以及遵循牛顿运动定律的有动力活动的总和,其中,太空物体是指进入距离地球表面100km以上区域的物体,太空生命周期是指物体自进入太空区域记为太空生命始、离开太空记为太空生命止的时间总和,太空轨道交通简称为太空交通。

定义了太空轨道交通,接下来分析现有太空交通管理的定义。

目前,由于界定太空交通管理的视角不同、利益不同、理解不同,太空交通管理的定义也不同。下面分析以下几种典型的定义。

2006年,国际宇航科学院作为全球性的国际组织,发布了《太空交通管理研究报告》,定义太空交通管理为:包括进入空间、在轨运行、再入过程中确保航天

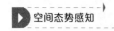

器安全及不受干扰的科学技术和法律政策的总称。其目的是通过一定的科学方法进行可持续的太空活动,以遵守1967年达成共识的《外空条约》中规定的世界各国公平、自由使用太空的要求。

2017年,欧盟作为区域性国际组织,由德国航天中心代表欧盟发布了《实施欧洲太空交通管理系统》的报告,将太空交通管理定义为:为确保载人和无人轨道航天器在近地轨道空间和航空领域的飞行安全,结合现有欧洲空中交通管理系统和设施,执行必要的太空交通管理与监控安保工作。

2018年,作为航天强国的美国,以国家名义发布《国家太空交通政策》,该文件称:太空交通管理是指为了提升在太空环境中各类活动的安全性、稳定性与可持续性,所进行的规划、协调及其在轨不同的工作。2022年初,我国政府发布第5版航天白皮书,即《2021中国的航天》。其中指出:未来5年,中国将统筹推进空间环境治理体系建设。加强太空交通管理,建设完善空间碎片监测设施体系、编目数据库和预警服务系统,统筹做好航天器在轨维护、碰撞规避控制、空间碎片减缓等工作,确保太空系统安全稳定有序运行。全面加强防护力量建设,提高容灾备份、抗毁生存、信息防护能力,维护国家太空活动、资产和其他利益的安全。

除了国际组织、主权国家定义太空交通管理,一些航天组织、公司与大学等个人也对太空交通管理进行了界定。例如,国际电信联盟的伊冯·亨利(Yvonne Henry)的定义为:太空交通管理提供了进入太空、在太空运行和返回的安全方法。美国航空航天公司的威廉·艾格(William Egger)的定义是:太空交通管理是确保长期在太空运行的有组织的过程;盖伦·皮特森(Ganlen Peterson)的定义是:太空交通管理是在轨避免碰撞的流程,该流程可以识别碰撞的概率等级,并向客户传递太空信息。美国华盛顿大学的露丝·斯蒂尔威尔(Ruth Steelwell)的定义是:太空交通管理是由负责防止运行中的卫星与自然物体或人造物体之间发生碰撞的适当机构对轨道环境的控制。

通过分析发现,相较于现有的道路交通管理、海上交通管理和空中交通管理,上述定义要么缺少太空交通管理的主体,要么没说明管理的对象,要么管理手段不明确,要么管理范围不清楚,因此,参考太空交通管理现有定义、借鉴成熟的陆、海、空交通管理概念,本书定义太空交通管理的概念是:

为有效、有序、无害地利用太空轨道资源,太空轨道交通管理主体综合运用科学技术及手段、法律法规与宣传引导等多种途径,通过监管、监测、规划、协调与处置,稳妥处理太空物体全生命周期内彼此之间的相互关系,保证航天器运行安全、航天器耗能尽可能少、太空碎片环境污染最低与太空轨道交通环境的可持续应用的目的。

由太空轨道交通管理的概念,其内涵解析为有效、有序、无害地利用太空轨道资源是太空轨道交通管理的目的,其中的无害特指太空环境保护的问题;太空轨道交通管理的主体是通过协商有关太空领域机制,并辅以太空轨道安全强制手段形成太空交通管理的机制或机构;法律法规是通过整合国际太空法律法规,并辅以太空物体轨道技术形成太空交通管理的规则、规范与法规,其中的规则还包括规定划分的技术规范;技术手段是通过协调空间态势感知装备及设施而形成太空交通管理的技术装备与设施;太空轨道交通管理主体综合运用科学技术、法律法规与宣传引导等多种途径,其中的科学技术主要包括信息处理、技术规则等;监管、监测、规划、协调与处置,其中的"处置"主要是指空间碎片减缓与太空战法机器人的强制措施;太空物体主要包括进太空、在太空、过太空、出太空与空间碎片;太空轨道交通管理的目标是航天器运行安全、航天器耗能尽可能少、太空碎片环境污染最低与太空轨道交通环境应用的可持续性,其中的"太空碎片环境污染最低"是指尽可能减少太空物体之间的碰撞产生空间碎片污染环境而使之成为太空环境公害,"太空轨道交通环境应用的可持续性"是指太空轨道的合理划分、统筹利用,以及废弃的太空物体及时处置离轨,也就是不再占用轨道资源。

需要说明的是,在已经有了"太空交通管理"这一术语的情况下,本书又提出、定义"太空轨道交通管理"并不是多此一举,采用太空轨道交通管理是一个更加准确定义,也是可实现性极强的定义,这是因为:对于航天器已有的轨道而言,空间态势感知可以精确对准几个区域,不必全空间扫描,使得太空交通管理具备了可行性,否则,以目前的空间目标探测能力现状来说,不具备全覆盖整个太空的条件,失去了这个前提太空交通管理就成为了一句空话。另外,太空轨道交通管理这个概念仅仅涉及太空轨道的管理,不再涉及频率管理等问题,简化了太空交通管理的内涵以及国际合作机构的数量,进而促进了太空交通管理的可行性。

考虑近年来形成的习惯称谓,在本书中"太空轨道交通"与"太空交通""太空轨道交通管理"与"太空交通管理"通用,将太空轨道交通管理与太空交通管理均简称太空交管。

3. 太空轨道交通管理的任务范围

太空轨道交通管理的任务范围,是赋予太空轨道交通管理主体职能的基础。由于对待这一问题的立场不同、视角不同,见解也不同。例如,美国航空航天学会认为太空交通管理的任务包括:减少空间碎片的产生,避免对太空环境造成不必要和持久的碎片污染;改进太空物体分类与跟踪记录水平,避免太空轨道碰撞;提高碰撞预警的可信度等。

根据本书的定义,太空轨道交通管理的任务范围,既包括目标范围,也包括空间范围:

（1）太空物体的监视。太空物体主要包括进空间、过空间、在空间与出空间的物体，既包括各类航天器，也包括空间碎片与太空垃圾等。对所有这些太空物体具有监视的职能，但不具备其中正常运行的航天器管理权，航天器管理权属于所属的国家；对于空间碎片与太空垃圾的处置，将其分为可追溯空间碎片与太空垃圾，以及无主空间碎片与太空垃圾，即历史遗留物体。可追溯的在管理机制支持下是谁的谁来处置，无主的由太空轨道交通管理机制处置。

（2）空间事件的监督与处置。空间事件是指太空物体所有可能发生有害事件的总和，主要包括进出轨事件、在轨机动事件、正常运行交会估计、碰撞预警、事件无害化处置操作、防护评估与异常运行评估等。

（3）太空轨道交通环境监测与太空环境搜索。对太空轨道交通中的轨道带环境进行实时监测，对于非轨道带进行区域性搜索，以发现、监督有害太空活动。

（4）太空轨道交通管理任务的空间范围确定。与 100km 以上空间范围有关的所有空间区域，均为太空轨道交通管理的空间范围。其中，100km 以上、静止轨道以下是管理的重点区域，2000km 以下是管理的核心区域。

4. 太空交通管理的理论体系

太空轨道交通管理的本质是为了保证航天器的安全，因此，其构成要素也必将围绕这一主题来构设。目前，不同的组织、学者对构成要素进行探讨，出现了以下几种主要的声音：

国际宇航学院的八要素是：太空态势感知、载人航天、空间碎片减缓和补救、太空安全标准、太空交通规则、太空资源管理做法、国家太空立法和组织。

卡·韦斯高的四要素是：信息保障、通知系统、交通规则、执行和控制机构。

乔治·尼尔森的三要素是：基于太空监视网的太空物体观测；轨道计算、太空物体编目所需的计算能力；懂航天、懂轨道的专业人员。

清华大学王兆奎的五要素是：发展与建设规划；运行管理体制；应急任务的轨道资源调度和控制方案调整；太空交通事件的危害评估与危险规避；突发事件的应急处置。

人们发现，无论是哪种观点都离不开空间态势感知理论、技术与应用，只不过不同观点对空间态势感知选取的阶段不同而已。例如，卡·韦斯高的四要素说中的"信息保障"，就是从空间态势感知中信息的角度来理解空间态势感知；清华大学王兆奎的五要素说中的"太空交通事件的危害评估与危险规避"，这本来就是空间态势感知的日常业务。换言之，尽管没有使用"太空态势感知"或"空间态势感知"这些名称，但都离不开它们。因此，可以得出这样的结论：空间态势感知监视网是太空交通管理的基础。遵照第 1 章中理论体系的体例，太空交通安全管理的理论体系如图 10-1 所示。

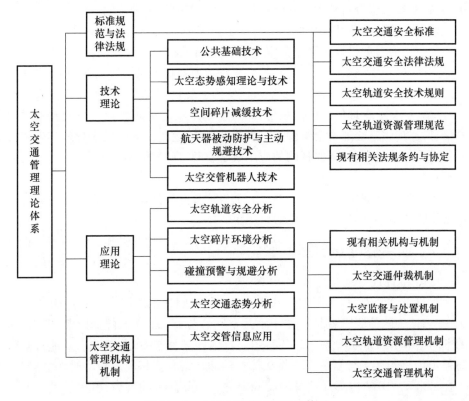

图 10-1 太空交通管理的理论体系

1）标准规范与法律法规

太空交通安全的标准规范是世界各国太空活动的准绳,法律法规则是权利和义务的依据。其主要包括太空交通安全标准、太空轨道安全技术规则、太空交通安全法律法规、太空轨道资源管理规范和现有相关法规条约与协定等。

2）技术理论

技术理论是与空间态势感知相关、对太空交通管理具有支撑和保障作用的理论与技术的综合,揭示太空交通管理技术的整体机制和整体发展规律,研究其技术的构成、运用、发展的原则和方法。其主要包括公共基础技术、太空态势感知理论与技术、空间碎片减缓技术、航天器被动防护与主动规避技术、太空交管机器人技术等。其中,太空态势感知理论与技术是空间态势感知的主要组成部分。

3）应用理论

太空交通管理应用理论主要揭示组织与实施各类管理活动的特殊规律,研究不同应用背景下的太空轨道安全分析、太空碎片环境分析、碰撞预警与规避分析、太空交通态势分析与太空交管信息应用,是部分技术理论的具体应用。

4) 太空交通管理机构机制

太空交通管理机构机制是太空交管机构和机制的总称,目的是确立太空交管的主体、确定太空交管的途径。其主要包括现有相关机构与机制、太空交通仲裁机制、太空监督与处置机制、太空轨道资源管理机制与太空交通管理机构。

由太空交通管理的理论体系可以看出,如果没有空间目标监视网及其送出的信息,实现太空交通安全管理是不可能的事情,这也是太空交通管理产生的重要背景。因此,空间目标监视网的应用成了空间态势感知新形态之一:太空交通管理。

太空交通管理是一个动态的概念,随着地月空间活动的增加,其感知的范围也必将随之增大,感知的目标也必将更多。

10.3.2 地月空间态势感知

1. 产生背景

2022年4月6日,美国太空部队在弗吉尼亚州达尔格伦成立了第19太空防御中队,该中队的职责就是专注于地月空间态势感知(位于科罗拉多斯普林斯的Space Delta 2职责是空间态势感知),具体任务就是发现、跟踪进入地月空间的各类传感器和飞行器。太空作战部长约翰·雷蒙德将军表示,预计太空部队将在未来5~10年内形成地月域感知能力。如此高调的行为,引起了世人的高度关注。

实际上,牵引科技发展、探索宇宙未来、开发空间经济永远是人类生存与发展的主题,因此,地月空间的经济价值和军事价值必然出现地月空间活动,而为了服务于地月空间活动及其这种保障活动安全的需求,就成了地月空间态势感知产生最原始的动力和背景。例如,美国太空部队的顶层文件曾经表示,"今天整个经济和军事太空活动都局限于地球轨道,然而商业投资和新技术在不久的将来会扩大到地月空间","地月经济体量可能达到10万亿美元的经济规模"等。其中,地月空间活动主要是指:一是军事领域,包括保护地球空间、月球空间和地月之间空间的安全,以及在宇航导航、通信、监视等方面具有得天独厚的优势,如地月空间存在的拉格朗日点是指地月空间中的平动点,在附近天体的三体引力作用下,地月平动点上的物体可以保持相对稳定,被视为未来卫星的沃土,我国探月工程已经使用了拉格朗日点作为通信卫星的定位点;二是矿藏开采,主要是合作开发月球、地球空间小行星矿藏,如2017年的国际宇航大会上,美国和俄罗斯就宣布将联手在月球轨道上建立一个称为"深空之门"(Deep Space Gateway)的月球空间站,将作为探索太阳系乃至人类登陆火星的基地;三是在轨制造,主要是开发利用无/低重力轨道环境进行大规模制造,如在轨芯片制造等;四是天基太阳能发电,以及电能向地面传输无线;五是航班化的天地往返运输与长期在轨栖留操作,如亚马逊的贝佐斯意在将货物运送到月球,并把月球作为未来宇宙的"物流中心",波音公司与洛克希德·马丁公司联合组建的联合发射联盟(United Launch Alliance),正在制定围绕月球的交通网络等。由上述经济价值可知,巨大的经济价值刺激着人类的神经去争夺这一空间的主导权、控制权和使用权。需要关注的是,在2022年11月刚刚结束的中国航天大会/文昌国际航空航天论坛上,王巍院士发布了2022年宇航领域科学问题和技术难题,"航班化航天运输系统关键技术"和"远距离大功率无线能量传输技术"位列其中。

2. 面临挑战

相较于空间态势感知,地月空间态势感知客观层面面临一些不同的挑战:

(1)从观测对象的运动特性上看,地月空间飞行器的轨迹不重复。美国Rhea Space Activity(RSA)公司的物理学家Cameo Lance说:"在地月空间中有无数条轨迹""这是在地月空间中确定飞行物未来位置困难的一部分""在地月空间追踪物体是一个非常费力的过程。"与近地空间航天器遵循开普勒运动规律按照相对固定的轨道运动相比,地月空间飞行器的轨迹已经不再是二体问题,而是三体甚至多体的问题,不仅运动轨迹没有周期性、不具有可重复性,而且飞行轨迹设计复杂,所以给现有的探测手段带来了诸多不可预知的困难。这种基于三体的运动轨迹产生的不可重复性,也称为地月空间轨道混乱。

(2)从传感器覆盖范围上看,地月空间需要监视的范围更加广阔。相较于现有地球静止轨道内的空间态势感知能力,需要感知范围的体积扩大了1000倍、需要探测的距离增加到10倍(包括地球静止轨道内的空间范围),也就是说传感器需要覆盖的角度更宽、距离更远。

(3)从目标可探测性来看,地月空间目标的雷达回波信号更弱、光学亮度更低,在同等条件下,光学传感器的亮度弱了100倍,成了暗目标。

(4)上述几种挑战的叠加,如"飞行器轨迹不可重复性"与"地月空间需要监视的范围更加广阔"叠加在一起,对于传感器而言,难度就是几何级数扩大的程度。

挑战就是机遇,挑战面临发展,因此,挑战必然带来诸多的关键技术需要突破,这些关键技术远远不止以上几点。

3. 概念内涵

目前,地月空间的范围存在几种不同的认识,这种不同主要是从地球向外的起始边界的不同。一是包含地球、月球和拉格朗日点在内的所有空间的总和,这就是地月空间,如图10-2所示,其中,L_1、L_2、L_3、L_4、L_5是地月空间的拉格朗日点。二是不包含地球,即地球轨道以外的外层空间(xGEO)都是地月空间,显然,这应该是广义上的地月空间,因为地球静止轨道以外范围广大,可以延伸到无穷。本书将地月空间范围定义为：地球静止轨道以外、包含月球空间和拉格朗日点在内的空间的总和，那么这个意义上的地月空间不包括地球静止轨道以内的空间，也可以称为狭义地月空间。如此定义地月空间的范围，实际上是与前述地月空间飞行器运动轨迹是多体问题等一脉相承的，否则说地月空间运动轨迹不具有周期性就不够严密，当然，这种界定也考虑了地外空间范围的划分问题。

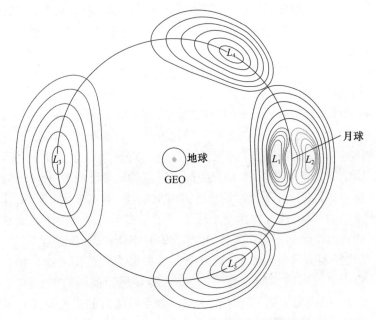

图 10-2 包含拉格朗日在内的地月空间范围示意图

定义了地月空间的范围，接下来定义地月空间态势感知的概念。首先了解一则报道：据网络媒体报道，美国太空司令部司令、陆军上将詹姆斯·H. 迪金森（James H. Dickinson）在接受记者采访时描述了他作为司令对地月空间态势感知（Cislunar Space Domain Awareness）的看法，他认为地月空间态势感知与地月空间情境感知两者是不同的，地月空间情境感知是简单地报告物体在地月空间中的位置，而地月空间态势感知还需要观察者去理解和分配这些物体动机，如为什么在地月空间中出现该物体，以及该物体在哪里、在地月空间存在的意图是什么等。

因此，综合考虑空间态势感知、太空交通管理的概念、地月空间飞行器的运动特性，以及其他国家对地月空间态势感知的理解，地月空间态势感知定义为：地月空间态势感知是对地月空间环境中目标的信息获取、信息处理、目标的认知、态势理解与信息产品的生成及其应用活动，以及地月空间环境监测及其效应分析活动的总和。其中,"地月空间"是指地球静止轨道以外、包含月球空间和拉格朗日点在内的空间的总和。这个定义也兼顾了空间态势监视网的当前能力范围及其潜力,毕竟目前天基空间目标监视卫星能够观测到部分地月空间,尤其是高轨空间目标监视卫星,具有更大的潜力。

人类未来学家托夫勒(Toffler)曾指出:"谁控制了环地球空间,谁就控制了地球;谁控制了月球,谁就控制了环地球空间。"实际上,地月空间的态势感知专用设备研发的活动已经开展起来了。例如,2021年11月30日《防务新闻》报道,美国空军研究实验室授予蓝色峡谷技术公司1400余万美元的合同,用以研制在地月空间进行探测的小卫星,要求该小卫星具有约在地球静止轨道至月球远地点约44万千米的范围内活动能力。在此之前,空军研究实验室于2020年已经宣布设立"地月高速公路巡逻系统"实验计划,该计划的任务之一就是开发地月空间态势感知的算法。同年,NASA与太空军签署了军民合作开展地月空间态势感知能力发展的备忘录,其中规划了多颗探测地月空间的卫星,而且作为太空军深空探测的合作伙伴。

总之,尽管地月空间态势感知的出现存在一定的军事因素,但毕竟造福于人类的成分更大,是值得期待的高价值新领域。

10.3.3　智能空间态势感知

"人工智能"自1956年诞生以来,在寂寞了半个多世纪后,不仅又成为当代时髦的代名词,而且得到了世界各国政府的重视,似乎"智能"时代已经到来。那么,到底什么是人工智能?划分为哪几类?未来发展如何?由于人工智能涉及的学科与技术点多、线长、面广,要在近期达成普遍认可的统一的定义、认识与理解,仍然是一件见仁见智的事情。

人工智能的分类方法很多,但由于人类的智能主要体现在思维、感知与行为三个层面,因此,本书以这三个方面为对象,将人工智能划分为机器思维、计算智能、机器感知、机器学习、机器行为与智能系统6个领域。其中,机器思维主要包括搜索、确定性推理、不确定性推理、知识工程与符号学习等;计算智能包括模糊计算、蚁群计算、免疫计算、神经计算与进化计算等;机器感知分为模式识别、机器视觉与自然语言处理等;机器学习主要包括归纳学习、统计学习、深度学习、知识发现与数据挖掘等;机器行为包括智能控制、智能代理、多智能源集成、单元自主技术、系统自组织技术、人工智能与机器智能的融合技术等;智能系统是指具有智能特征和功能的软硬件系统,典型的例子就是专家系统。

空间态势感知作为信息大系统,人工智能如何应用是大家普遍关心的问题。为此,从空间态势感知信息应用的视角,智能空间态势感知定义为:是指在信息获取、信息处理、信息应用过程中采用人工智能方法,用以实现空间目标特性的智能化获取、空间环境的智能化监测、空间态势的智能化分析、空间态势感知信息产品的智能化生成及其管理应用的活动,目的是通过增强空间态势感知系统的智能,以提高空间态势感知系统的效能。

按照"人机与认知实验室"网络报道的看法,人工智能作为辅助人类智能的工具,智能是不分领域的,但是可以跨领域迁移运用,因此,习惯上的"×××智能"应该称为"智能×××",其中的"×××"代表不同的领域,如农业的智能化,应该称为"智能农业"而不应该是"农业智能",这些不过是智能在不同领域的应用而已,而所有领域应用中的输入端的表达形式、融合处理过程中的推理机制、输出端的决策辅助手段等,诸多基本机理层面是相通的,所以本书称为"智能空间态势感知"。

关于智能空间态势感知中空间态势感知与人工智能的关系,应该说智能空间态势感知首先是空间态势感知+AI,也就是以人工智能为工具,主要解决空间目标数量越来越多、精度要求越来越高、预测预报速度要求越来越快等问题,如卫星编队中某个感兴趣卫星几何信息的快速需求问题,就是以准确、精确、快速为目的的智能算法应用;智能空间态势感知又不是简单的空间态势感知+AI,也就是系统要具有自动、自主、自组织的智能,主要解决空间态势快速理解、空间目标行为快速认知等问题,因为在对抗环境下空间态势的形成,呈现出不同决策者的情感、性格与状态等,这种情况下日常训练出来的算法就会面临人类智慧的反智能挑战,应用人工智能系统不确定性输入比例剧增,导致常规方法的失能。

本书从典型智能应用视角,从智能信息获取、智能信息处理与智能信息应用三个方面阐述智能空间态势感知问题。

1. 智能信息获取

智能信息获取有广义与狭义之分。广义智能信息获取,是指为使现有探测资源发挥最大效益,按照搜索发现、跟踪监视、区分识别的信息获取任务需求,将地基与天基的雷达、光学、红外、无线电等不同传感器资源,采用人工智能技术对这些传感器进行空间上统一分配、时间上统一管理、资源上统一调度、任务上统一规划的空间目标与空间环境信息获取的方式与方法,主要是从空间监视网的角度研究资源系统综合的问题,相关的智能任务规划技术主要包括最优化算法、启发式算法与智能优化算法三类。其中,最优化算法的原理为遍历搜索,择优选取使目标函数达到极大值的方案,这类算法能够在小规模的任务规划中搜索得到全局最优解,但当问题规模增加时,算法的计算量将会呈指数级增长;启发式算法是在任务规划系统中应用最为广泛的算法,大多为基于已知的任务优先级,按一定的方式排序再对其进行任务分配;智能优化算法包括遗传算法、模拟退火算法、禁忌搜索算法等相关理论较为成熟的算法,尤其适用于求解多目标组合优化的任务规划问题。

狭义智能信息获取是指智能化的雷达、光学、红外与无线电等传感器,对空间目标与空间环境的信息获取。显然,狭义智能信息获取是解决单台传感器的智能探测问题,下面以空间目标探测的智能雷达为例进行说明。

空间目标探测的智能雷达,是将人工智能技术与雷达技术结合产生的新体制雷达,其以自主学习为核心,结合雷达本体和外部传感器的信息,实现目标与环境的知识库积累、时间与能量资源控制策略优化、综合探测感知能力提升的雷达系统,具备自主感知、学习、交互、适应、成长的能力。在雷达前端方面,采用波形分集技术,以交互式方式获取空间目标及环境信息,并适应变换的空间目标特性及外部环境,优化雷达检测、跟踪及抗干扰方面的性能;在信号处理方面,采用基于知识的空时自适应处理技术、基于数字地图信息的空时自适应处理、知识辅助的信号处理等,提高信号处理能力;在数据处理方面,根据当前环境分析与雷达知识库的信息,采用智能搜索技术、推理技术等进行任务规划、策略选择、参数计算,实现雷达系统的资源调度,完成雷达的探测、跟踪、成像等;在目标识别方面,主要包括神经网络、支持向量机、模式识别、深度学习技术。其中,雷达知识库主要用于存储、更新雷达工作过程中不同类型的先验知识,知识库的存在是智能雷达区别于加拿大提出的认知雷达的显著特征,智能雷达的所有处理均离不开动态知识库的支撑,知识库包含环境知识、目标知识、对抗知识、策略模型与算法知识等多个层面的内容,并且能够自主更新和升级。以成像雷达为例,其可以利用多种先验知识形成空间某目标和环境的知识库,在不断获取该目标和环境特征信息的基础上,通过机器学习等方法可以提高目标检测、识别能力。目前,人工智能作为一种创新范式,推动空间目标探测传感器智能化的发展,雷达将形成具有知识学习、自主推理决策和自组织网络能力的智能雷达。

与智能雷达相近的概念除了认知雷达,还有基于知识的雷达(KB – Radar)、知识辅助雷达(KA – Radar)、自治智能雷达系统(AIRS)等,以及本书作者提出的雷达光学共孔径智能光电探测系统等。这些相近概念的雷达同样既需要雷达+AI,也同样会成为具有自主学习、自主行动特征的AI系统。当然,将人工智能技术以嵌入的方式应用于空间目标探测,在现阶段不失为一种有效的人工智能技术应用途径。

2. 智能信息处理

信息处理作为对上承接信息获取、对下服务信息应用的环节,是空间态势感知的基本功能,也是各类空间态势感知信息处理中心的核心业务。从空间目标监视常规业务的角度来说,主要包括空间目标编目、空间事件检测(包含碰撞事件预警)、空间目标意图分析、空间系统能力评估、空间目标识别、空间环境预报等。其中,最核心的业务是空间目标编目,最基础的业务是信息融合处理。

空间目标编目作为空间态势感知的基本功能,不仅是空间态势感知存在的价值所在,而且是信息应用的基础,甚至是航天领域的基础。由第3章所述空间目标编目原理与流程可知,虽然现有部分信息获取系统已经具有一定的编目能力,但随着空间目标绝对数量的增加、信息获取装备信息种类的增多及其"可见"目标提高与空间目标观测信息维度增大和观测数据的海量化,空间目标编目面临着大量航天发射目标入轨与在轨目标离轨的编目问题、大量在轨目标的数据关联与数据更新问题、多样化目标的身份属性识别问题、空间碰撞事件所产生的海量空间碎片轨道预报及其演化规律问题等,都需要具有巨大的信息处理能力。因此,现有的编目能力将难以适应上述情况的变化,这就需要引入能力更强的人工智能技术,实现高度自主编目能力。例如,利用知识图谱的搜索功能,能够显著提高数据关联的效率与能力。

空间目标特性的信息融合涉及多种信息源。由于单源目标信息来源于不同类型、不同属性的传感器,所以在信息融合时往往会出现冲突,即多源情报之间对同一目标的描述结果不一致,因此,需要进行多源目标关联和融合判证。目标关联实际是一个目标匹配的过程,确定各传感器获取的目标信息对应多个目标中的同一个;目标融合判证是利用多源情报在目标位置和目标特征上的互补性,综合利用目标位置和特征信息,以获得更为准确的信息融合结果。其中,在空间态势感知多源信息融合中最具应用潜力的是多模态人工智能处理技术。

模态(Modality)是由德国理学家赫尔姆霍茨(Helmholtz)提出的生物学概念,即生物凭借感知器官与经验来接收信息的通道,如人类的视觉、听觉、触觉、味觉和嗅觉等,每一种感官获取的信息称为一种模态。如果将某一事物采用单一描述形式称为单模态,于是某一事物的多种描述形式就是多模态。这里的多模态,是指将人类多种感官获得的信息进行融合,多模态交互则是指人类通过声音、肢体语言、信息载体(文字、图片、音频、视频)、环境等多个通道与计算机进行交流,充分模拟人与人之间的交互方式。对于空间目标而言,其多模态包括该目标的轨道特征、几何特征、电磁特征、光学特征等若干种描述方式的组合,非常适合多模态人工智能方法发挥作用。例如,以多模态人工智能的多任务统一模型(MUM)为工具,能够将根据简单的文本输入转变为逼真的图像,从而实现不同模态的转换,这就为多源信息融合提供了强大的工具。

3. 智能信息应用

智能信息应用是空间态势感知信息产品生成、分发与利用的总称,既渗透在空间态势感知的各个环节,又是信息获取、信息处理流程的延伸和目的,是空间态势感知功能实现的标志。

以在轨空间目标行为识别和意图分析为例。在轨空间目标的行为是多种多样的,而意图与行为既存在着某种对应关系,又没有明确的对应关系,所以传统的精确建模方法显然无能为力。但是,人工智能中的深度学习等这种具有非线性表达能力、多层特征学习能力以及自主特征抽取能力的算法,却恰恰能够满足这种信息不完全、不确定等场景的建模,可以通过长时间的学习与训练,能够直接应用于基于感兴趣空间目标行为的意图分析。

以上事例中,无论是空间目标意图分析,还是深入的态势理解,在大数据背景下现有人工智能算法都比较容易解决问题。但是,并不能保证在任何时间对任何目标都能够获得足够的数据,即出现小数据情况下人工智能如何处理的问题。这就是目前空间态势感知领域运用人工智能急需解决的小数据方法问题。

小数据方法是一种只需少量数据集就能进行训练的人工智能方法。它适用于数据量少或没有标记数据可用的情况,减少对大量现实数据集的依赖。小数据方法大致可分为迁移学习(Transfer Learning)、数据标记(Data Labeling)、人工数据生成(Artifical Data Generation)、贝叶斯方法(Bayesian Method)和强化学习(Reinforcement Learning)5种。迁移学习的工作原理,是先在数据丰富的环境中执行任务,然后将学到的知识"迁移"到可用数据匮乏的任务中;数据标记,适用于有限标记数据和大量未标记数据的情况,使用自动生成标签(自动标记)或识别标签特别用途的数据点(主动学习)来处理未标记的数据;人工数据生成是通过创建新的数据点或其他相关技术,最大限度地从少量数据中提取更多信息;贝叶斯方法是通过统计学和机器学习,将有关问题的架构信息("先验"信息)纳入解决问题的方法中,它与大多数机器学习方法产生了鲜明对比,倾向于对问题做出最小假设,更适用于数据有限的情况,但可以通过有效的数学形式写出关于问题的信息,贝叶斯方法则侧重对其预测的不确定性产生良好的校准估计;强化学习是一个广义的术语,指的是机器学习方法,其中智能体通过反复试验来学习与环境交互。目前,世界各国在小数据领域投入都很大,取得的成果各有侧重。我国在小数据的迁移学习中处于先进的水平,为小数据应用带来了新希望。

概言之,人工智能不等于大数据,小数据给空间态势感知信息应用领域带来了诸如减少数据采集量、增强数据量不足情况下的态势认知能力、避免治理过量的无效数据等方面,都将具有十分重要的意义。

此外,2022年11月30日在人工智能领域发生了一件具有里程碑意义的事件:ChatGPT(Chat Generative Pre-trained Transformer)的发布。该聊天软件自发布仅两个月时间,活跃用户已经达到亿级,成为历史上增长最快的消费类应用程序。ChatGPT是美国OpenAI公司研发的一款基于GPT-3大型自然语言模型的聊天机器人程序。相较于决策式人工智能技术,ChatGPT这种生成式人工智能技术具有三大特点:一是基于Transformer架构的大型语言模型;二是大数据、大算力、大参数量;三是基于"人类反馈强化学习"的训练方法。生成式人工智能技术将颠覆性地改变人类与AI的关系,乃至有人称为第四次"工业革命"。因此,借鉴和参考Chat GPT大型自然语言模型,开发空间态势感知领域的生成式

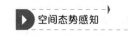

人工智能信息处理工具,必将在空间目标信息获取、空间碎片统计、太空交通安全管理等方面发挥不可估量的作用,乃至成为空间态势感知领域研究的热点也未可知。

10.3.4 深度空间态势感知

2013年6月,美国空军司令部正式任命Mica R. Endsley这位以人机交互认知工程为研究方向的女科学家为新一任美国空军首席科学家,而在2010年9月前,美国空军首席科学家主要是具有航空航天电工程专业背景的人士担任。无论从官方还是个人角度,都改变了对这一职位的认识,这一职位认识的改变,则代表了对专业领域认识重视程度的改变。其中,MicaR. Endsley于1988年国际人因工程年会上提出了态势感知的一个共识概念:在一定的时间和空间内对环境中的各组成成分的感知、理解,进而预知这些成分的随后变化状况。由此可见,人机智能在态势感知领域日益受到人们的重视。

1. 产生背景

深度空间态势感知概念的诞生,并不是简单的概念炒作,而是有其现实背景。

人们知道,客观层面上目前的空间态势感知已经解决了空间的"态"的描述问题,现有技术手段包括人工智能,也已经解决了空间的"势"的预测问题,由"态"转"势"也顺理成章地实现了。也就是说,按照空间态势感知的定义与赋予其的功能,空间态势感知中的客观问题已经解决了。其中,这里所说的客观问题是指诸如空间碎片状态描述、空间碎片演化的趋势等没有人为干预下的空间态势感知活动。可是,当空间活动出现人为干预、欺骗与反欺骗等主观问题时,现有包括人工智能在内的手段还没有明确、有效的措施,即空间态势感知中的主观问题没有完全解决。因此,出现了深度空间态势感知的概念。

2. 概念内涵

深度空间态势感知是在其"空间态势感知的感知"概念的基础上而提出的概念。本书将其定义为:深度空间态势感知是"感知空间态势感知",是以机器智能与人类智慧相融合为基础,对空间环境及其中目标的"态"的感知、描述、理解与对主观的"势"的预测、解译、对抗认知的活动,以及由客观的"态"转为主观的"势"、主观的"势"形成新的"态"后果解译活动的总和。在这个过程中,人工智能简化并辅助人类感知、理解、描述空间的"态",而人类智慧又实时修正、训练、提高机器智能,通过不断反复迭代实现人机深度融合预测未来的"势",再考虑空间的"态"与"势"形成的环境因素,去进一步解译"势"在未来形成的新的"态"的后果,以及达成这种后果的弦外之音。在感知的感知这一迭代过程中,既包括自组织、自适应,也包括他组织、互适应,是一种自动、自主、自组织的理

解 – 选择 – 预测 – 博弈 – 反馈环。这里主观的"势"是一种博弈与反博弈的智能对抗,是客观"势"的高级阶段,也是人工智能的高级阶段。

实际上在空间事件中,不仅涉及事件的"获取态势要素、形成当前状态、预测当前状态的未来趋势"等态势感知的问题,还存在当前事件引发的连锁反应或次生影响问题,即态势理解、认知与智能对抗问题,这是人机智能技术应用于空间态势感知领域带来的新变化。空间态势感知与空间态势理解及认知之间的区别在于:空间态势感知是知道发生了的事件及其当前状态与发展趋势是什么,态势理解作为态势认知的过程,目的是认知这种空间态势下所发生事件的后果是什么。在空间事件的行为分析与意图分析等方面,深度空间态势感知重点是对当前态势的再感知,即能够表达出只可意会、不可言传的弦外之音。概言之,如果说空间态势感知解决的是客观问题,那么深度空间态势感知则是解决空间态势感知中的客观+主观的问题。

尽管"深度空间态势感知"仍然以人工智能为基础,但其研究对象的重点与传统的态势感知明显不同,其采用的方法已经是人工智能高级阶段的方法,并且首次将"客观态势"与"主观态势"区分开来。因此,就像"自感知空间态势感知"不同于"空间态势感知"一样,感知空间态势感知的"深度空间态势感知"也不同于"空间态势感知",它只能是空间态势感知的一种新形态。其中,自感知空间态势感知(SASSA)是出现在 2010 年左右在轨卫星威胁告警系统的技术路线之一。

概言之,太空交通管理、地月空间态势感知、智能空间态势感知与深度空间态势感知等新形态,从"点""线""面"等多个视角展现了空间态势感知的基础地位和发展趋势,限于本书的定位和篇幅,尽管没有给出这些新形态较为详细的算法,但本书关注的重点是它们的启发意义。同时,还有"地外空间态势感知""空间态势认知"等形态,也同样是值得进一步探索的问题。此外,数字孪生在空间态势感知中也将是大有作为的技术,从空间目标观测设备、空间目标监视中心的某一独立的功能模块,都可以建立各自的数字装备或数字孪生体。另外,从观测对象的角度来说,己方状态良好的空间目标可以建立航天器数字孪生体,己方失能的航天器和非合作航天器可以构建空间目标平行体等,通过数字空间与物理空间的交互能够更好地理解其空间状态、认知空间状态的变化趋势。可以说,不仅数字孪生技术本身将在空间态势感知中发挥出更大的作用,而且也将使"大数据+人工智能"找到真正的用武之地。

参考文献

[1] 耿文东,杜小平,李智,等. 空间态势感知导论[M]. 北京:国防工业出版社,2015.
[2] 耿文东,耿歌. 美军空间态势感知条令发展研究[J]. 卫星应用,2015(5):42-45.
[3] 杜小平,耿文东,赵继广,等. 空间态势感知基础[M]. 北京:国防工业出版社,2017.
[4] 刘伟,胡以华,骆盛. 空间监视的现状及发展趋势[J]. 电子对抗,2008(2):5-7,11.
[5] 刁华飞. 天基光学空间目标监视关键技术研究[D]. 北京:装备指挥技术学院,2012.
[6] 常显奇,李云芝,罗小明,等. 军事航天学[M]. 北京:国防工业出版社,2005.
[7] 黄培康,等. 雷达目标特征信号[M]. 北京:中国宇航出版社,2005.
[8] 柳仲贵. 空间目标监视系统设计[D]. 南京:南京大学,2001.
[9] 超绍颖,杨文军. 用于空间目标监视的相控阵雷达需求分析[J]. 现代雷达,2006(1):16-19.
[10] 耿文东,王元钦,董正宏. 群目标跟踪[M]. 北京:国防工业出版社,2014.
[11] 总装备部电子信息基础部. 太阳风暴揭秘[M]. 北京:国防工业出版社,2011.
[12] 李元新,吴斌. 空间目标编目维持中的观测需求确定方法研究[J]. 飞行器测控学报,2005(1):26-33.
[13] 王家龙,苗娟,刘四清,等. 第24太阳周太阳黑子数平滑月均值预报[J]. 中国科学(物理学 力学 天文学),2008,38(8):1097-1105.
[14] 戴幻尧,王雪松,谢虹,等. 雷达天线的空域极化特性及其应用[M]. 北京:国防工业出版社,2015.
[15] 王德纯. 宽带相控阵雷达[M]. 北京:国防工业出版社,2010.
[16] 张明选. 航天器碰撞概率的计算方法研究[M]. 哈尔滨:哈尔滨工业大学,2010.
[17] VAUGHAN W W, OWENS J K, NIEHUSS K O, et al. The NASA marshall solar activity model for use in predicting satellite lifetime[J]. Advances in Space Research,1999,23(4):715-719.
[18] 白显宗,陈磊. 空间目标碰撞概率的显式表达式及影响因素分析[J]. 空间科学学报,2009,29(4):422-431.
[19] 张厚,刘刚,鞠智芹,等. 电磁场与电磁波及其应用[M]. 西安:西安电子科技大学出版社,2012.
[20] 封吉平,曾瑞,梁玉英. 微波工程基础[M]. 北京:电子工业出版社,2002.
[21] 苏新彦,徐美芳,李新娥,等. 电磁场与电磁波[M]. 北京:国防工业出版社,2010.
[22] 陈磊,白显宗,梁彦刚. 空间目标轨道数据应用:碰撞预警与态势分析[M]. 北京:国防工业出版社,2015.
[23] JACCHIA L G. Thermospheric temperature, density, and composition - new models:SAO Report No. 375[R]. Cambridge,Massachusetts:Smithsonian Institution Astrophysical Observatory

(SAO),1977.

[24] 刘卫,王荣兰,刘思清,等. 空间环境与空间目标编目[J]. 空间碎片研究与应用,2016(4):1-9.

[25] 王小谟,匡永胜,陈忠先,等. 监视雷达技术[M]. 北京:电子工业出版社,2008.

[26] 魏晨曦. 俄罗斯的空间目标监视、识别、探测与跟踪系统[J]. 中国航天,2006(8):39-41.

[27] 江海,刘静. 空间碎片与空间交通管理[J]. 空间碎片研究,2019,19(1):39-44.

[28] 顾基发. 系统工程新发展:体系[J]. 科技导报,2018,36(20):10-19.

[29] 于大腾. 空间飞行器安全防护规避机动方法研究[D]. 长沙:国防科技大学,2017.

[30] 李大光. 卫星相撞警示加强空间管理[J]. 国防科技工业,2009(2):59-60.

[31] 王华,唐国金. 非线性相对运动的飞行器碰撞概率研究[J]. 宇航学报,2006,27(增刊):160-165.

[32] 白显宗. 空间目标碰撞预警中的碰撞概率问题研究[D]. 长沙:国防科技大学,2008.

[33] 刘静,王荣兰,张宏博,等. 空间碎片碰撞预警研究[J]. 空间科学学报,2004,24(6):462-469.

[34] 郑勤余,吴连大. 卫星与空间碎片碰撞预警的快速算法[J]. 天文学报,2004,45(4):422-427.

[35] CHAN K. Collision probability analyses for earth-orbiting satellites[J]. Advances in the Astronautical Sciences,1997,96:1033-1048.

[36] 陆剑峰,张浩,赵荣泳. 数字孪生技术与工程实践:模型+数据驱动的智能系统[M]. 北京:机械工业出版社,2022.

[37] 王小谟,张光义. 雷达与探测:信息化战争的火眼金睛[M]. 2版. 北京:国防工业出版社,2008.

[38] 宋一铄. 调频连续波激光雷达关键技术研究[D]. 北京:装备指挥技术学院,2010.

[39] 尤光茹. FM/cw激光雷达关键技术研究[D]. 哈尔滨:哈尔滨工业大学,2011.

[40] 施战备,秦成,张锦存,等. 数物融合:工业互联网重构数字企业[M]. 北京:人民邮电出版社,2020.

[41] LECHNER M,HASANI R,AMINI A,et al. Neural circuit policies enabling auditable autonomy[J]. Nature Machine Intelligence,2020,2(10):642-652.

[42] GOODFELLOW I,POUGET-ABADIE J,MIRZA M,et al. Generative adversarial nets[C]// Proceedings of the 27th Inter-national Conference on NIPS,2014,2:2672-2680.

[43] 刘伟. 追问人工智能:从剑桥到北京[M]. 北京:科学出版社,2019.

[44] 张雪. 从"星链"计划浅谈外空治理[J]. 中国航天,2020(9):49-52.

[45] 李明柱. 目标对复杂背景光谱辐射的反射和散射特性研究[D]. 西安:西安电子科技大学,1999.

[46] 李芳菲,张珂殊,龚强. 无扫描三维成像激光雷达原理分析与成像仿真[J]. 科技导报,2009,27(8):19-22.

[47] 张秀达,严惠民,羊华军,等. 半正弦波相关型三维激光雷达[J]. 光子学报,2009,38

(2):255-257.

[48] 胡卫东,郁文贤,卢建斌,等. 相控阵雷达资源管理的理论与方法[M]. 北京:国防工业出版社,2010.

[49] 聂在平. 目标与环境电磁散射特性建模:理论、方法与实现[M]. 北京:国防工业出版社,2009.

[50] MCCULLOCH W S,PITTS W. A logical calculus of the ideas immanent in nervous activity[J]. The Bulletin of Mathematical Biophysics,1943,5(4):115-133.

[51] SNYDER S H. Adenosine as a neuromodulator[J]. Annual Review of Neuroscience,1985,8(1):103-124.

[52] 杨春平. 天空背景光谱特性建模及仿真[D]. 成都:电子科技大学,2009.

[53] BARGMANN C I. Beyond the connectome:How neuromodulators shape neural circuits[J]. BioEssays,2012,34(6):458-465.

[54] 赵永强,潘泉,程咏梅. 成像偏振光谱遥感及应用[M]. 北京:国防工业出版社,2011.

[55] 刘媛. 商业航天企业商业模式创新研究:以G公司为例[D]. 成都:电子科技大学,2020.

[56] HAYS P L. 太空与安全[M]. 冯书兴,秦大国,邴启军,译. 北京:中国宇航出版社,2018.

[57] 许红英,陈菲. 美日签署太空态势感知合作框架[Z]. 新华网,2013-3-14.

[58] 李智,张占月,等. 美军太空作战条令汇编[M]. 北京:国防工业出版社,2009.

[59] 陈弈,郭颖,杨俊,等. 脉冲式高精度激光测距技术研究[J]. 红外,2010,31(6):1-4,39.

[60] 陈根. 数字孪生[M]. 北京:电子工业出版社,2020.

[61] 姚文多. 太空交通管理体系与机制研究[D]. 北京:航天工程大学,2021.

[62] 张伟清. 卫星红外辐射特性研究[D]. 南京:南京理工大学,2006.

[63] 戴剑伟,吴照林,朱明东,等. 数据工程理论与技术[M]. 北京:国防工业出版社,2010.

[64] 王博,安玮,谢恺,等. 基于多模型的低轨星座多目标跟踪传感器资源调度[J]. 航空学报,2010,31(5):946-957.

[65] 赵志斌. 美国太空态势感知装备体系研究[J]. 飞航导弹,2020(7):77-80,84.

[66] 李婷婷,刁联旺,王晓璇. 智能态势认知面临的挑战及对策[J]. 指挥信息系统与技术,2018,9(5):31-36.

[67] SKOLNIK M I. 雷达手册:2版[M]. 王军,林强,米慈中,等译. 北京:电子工业出版社,2007.

[68] 牛威,杜凯,李少敏. 空间目标RCS动态测量及特性分析[J]. 飞行器测控学报,2005,24(5):44-48.

[69] 李晓良,胡程,曾涛. 多极化前向散射RCS分析及其对目标分类识别的影响[J]. 电子与信息学报,2010,32(9):2191-2196.

[70] DENNIS J P. 相控阵的奇迹[J]. 雷达与探测技术动态,2011(7):1-5.

[71] 符建明,刘鹏宇. FEKO在卫星天线集合EMC设计中的应用[J]. 中国制造业信息化,2008(12):50-51.

[72] 胡权. 数字孪生体:第四次工业革命的通用目的技术[M]. 北京:人民邮电出版社,2021.

[73] 张森,邓维波,杨松岩. 电大尺寸卫星目标 RCS 的 PO 法计算与分析[J]. 微计算机信息,2000,25(4):194-196.

[74] 岳梦云,王伟,张曦格. 人工智能在中国航天的应用与展望[J]. 计算机测量与控制,2019,27(6):1-4,12.

[75] 陈浩,鞠智芹,童创明,等. 电大尺寸组合目标 RCS 的 MOM-PO 混合算法分析[J]. 火力与指挥控制,2011,36(11):80-82.

[76] 贾建科. 标准目标电磁散射特性研究[J]. 国外电子测量技术,2011(2):17-19,27.

[77] 肖顺平,王雪松,代大海,等. 极化雷达成像处理及应用[M]. 北京:科学出版社,2013.

[78] 刘林. 航天器轨道理论[M]. 北京:国防工业出版社,2000.

[79] 李济生. 人造卫星精密轨道确定[M]. 北京:解放军出版社,1995.

[80] 薛晓春,李宗瑞,朱自强,等. 电磁散射场合雷达反射截面积的计算[J]. 北京:航空航天大学学报,1998,24(2):193-196.

[81] 王国强,陈涛,王建立. 地基空间目标探测与识别技术[J]. 长春理工大学学报(自然科学版),2009(2):197-199.

[82] 马君国. 空间雷达目标特征提取与识别方法研究[D]. 长沙:国防科学技术大学,2006.

[83] 丁鹭飞,耿富录. 雷达原理[M]. 西安:西安电子科技大学出版社,1984.

[84] 马林. 空间目标雷达探测技术[M]. 北京:电子工业出版社,2013.

[85] D. K. 巴顿. 雷达系统分析[M]. 陈方林,译. 北京:国防工业出版社,1985.

[86] 周宏仁,敬忠良,王培德. 机动目标跟踪[M]. 北京:国防工业出版社,1991.

[87] 张光义,赵玉洁. 相控阵雷达技术[M]. 北京:电子工业出版社,2006.

[88] 何国瑜,卢才成,洪家才,等. 电磁散射的计算和测量[M]. 北京:北京航空航天大学出版社,2006.

[89] 韩蕾. 低轨空间监视的天地协同轨道确定与误差分析[D]. 长沙:国防科学技术大学,2008.

[90] 耿文东. 基于相控阵雷达的群目标准自适应调度策略研究[J]. 雷达科学与技术,2013(2):125-129.

[91] 杨朋翠,施浒立,李圣明. 空间碎片地基雷达探测综述[J]. 天文研究与技术,2007(4):320-326.

[92] 张志勇,曹治国,张天序,等. X 波段伪码调相连续波雷达地杂波分布特性仿真与分析[J]. 电子学报,1999(3):70-73.

[93] 吴顺君,梅晓春,等. 雷达信号处理和数据处理技术[M]. 北京:电子工业出版社,2008.

[94] 付爱启,李建勋,万明,等. 基于后向散射系数模型的杂波仿真[J]. 中国雷达,2010(2):34-39.

[95] 罗倩,闫鸿慧. 相关地杂波建模和仿真[J]. 舰船电子工程,2008(10):129-131.

[96] 江海,刘静,张耀,等. 美国 Space Fence 系统性能分析[J]. 空间碎片研究与应用,2012(1):1-5.

[97] 张雪松. 增强空间能力的美军新"太空篱笆"[J]. 舰船知识,2018(10):56-60.

[98] 王克,陆涛,黄波,等. 国外空间监视电子篱笆综述[J]. 卫星动态,2009(6):1-11.

[99] 华一新,王飞,等. 通用作战图原理与技术[M]. 北京:解放军出版社,2007.

[100] 黄培康. 试论空间目标信息获取[J]. 航天电子对抗,2005(2):17-20.

[101] 夏禹. 国外空间态势感知系统的发展(上)[J]. 空间碎片研究与应用,2010(3):1-9.

[102] 夏禹. 国外空间态势感知系统的发展(下)[J]. 空间碎片研究与应用,2011(1):1-8.

[103] 杜娟,赵治,刘东华,等. 空间态势感知理论与信息应用[M]. 北京:国防工业出版社,2018.

[104] 张树森. 空间态势显示研究[D]. 北京:装备指挥技术学院,2006.

[105] 王飞,付宪国,习华斌. 战场态势信息综合及其关键技术[J]. 军事测绘,2006(5):10-13.

[106] 龚建村,马志昊,周伯昭. 空间态势信息保障系统功能分析与结构设计[J]. 计算技术与自动化,2007(1):49-52.

[107] 王飞,赵远,张勇,等. 多脉冲增益调制三维实时成像系统[J]. 中国激光,2010,37(8):1961-1966.

[108] LLINAS J,WALTZ E. Multisensor data fusion[M]. Norwood,MA:Artech House,1990.

[109] HALL D L. Mathematical techniques in multisensor data fusion[M]. Norwood MA:Artech House,1992.

[110] BAR-SHALOM Y. Multitarget-multisens or tracking:advanced aplication[M]. Norwood,MA:Artech House,1990.

[111] 吴连大. 人造卫星与空间碎片的轨道和探测[M]. 北京:中国科学技术出版社,2011.

[112] 冯昊,刘静,张耀,等. 地基设备布站对空间碎片观测能力的影响分析[J]. 空间科学学报,2007,27(6):498-504.

[113] 张树森. 空间态势显示研究[D]. 北京:装备指挥技术学院,2006.

[114] 肖秦琨,高嵩,高晓光. 动态贝叶斯网络推理学习理论及应用[M]. 北京:国防工业出版社,2007.

[115] 王彦,基于图像的空间目标识别关键技术研究[D]. 西安:西安电子科技大学,2009.

[116] FUKANAGE K. Introduction to statistical pattern recognition[M]. San Diego,CA:Academic Press,1990.

[117] 黎湘,程永强,王宏强,等. 雷达信号处理的信息几何方法[M]. 北京:科学出版社,2014.

[118] 王杰娟,于小红. 美国空间目标跟踪编目发展综述[J]. 装备指挥技术学院学报,2009,20(2):54-58.

[119] 高扬,赵金宇,刘俊池,等. 中高轨道目标的地基光电监视[J]. 光学精密工程,2017,25(10):2584-2590.

[120] ABIDI M A,GONZALEZ R C. Data fusion in robotics and machine intelligence[M]. San Diego,CA:Academic Press,1992.

[121] 张广军. 星图识别[M]. 北京:国防工业出版社,2011.

[122] 张昌芳,毕兴. 人工智能技术在空间态势感知领域应用需求和建议[J]. 空间碎片研究,2021,21(2):52-57.

[123] SHAFER G. A mathematical theory of evidence[M]. Princeton:Princeton University Press,1976.

[124] 刘忠耿. 基于核相关滤波器的目标追踪算法研究[D]. 南京:南京理工大学,2018.

[125] 耿歌,等. 外层空间武器化博弈[M]. 北京:蓝天出版社,2013.

[126] 耿歌. 由微小卫星引发的太空交通安全机制探讨[J]. 卫星应用,2015(5):46-48.

[127] 陈雯柏. 人工神经网络原理与实践[M]. 西安:西安电子科技大学出版社,2016.

[128] 李德毅. 人工智能导论[M]. 北京:中国科学技术出版社,2018.

[129] 刘恒利. 基于多物理域信息多模式融合与深度学习的智能加工机器自主感知方法研究[D]. 深圳:深圳大学,2017.

[130] 张育林,张斌斌,胡敏,等. 空间碎片环境与空间交通安全[M]. 北京:科学出版社,2022.

[131] VARSHNEY P K. Distributed detection and data fusion[M]. NewYork:Springer-Verlag,1996.

[132] 李骏. 空间目标天基光学监视跟踪关键技术研究[D]. 长沙:国防科学技术大学,2009.

[133] 刘磊. 基于天基监视的空间目标测向初轨确定研究[D]. 长沙:国防科学技术大学,2010.

[134] 代科学,冯占林,万歆睿. 俄罗斯空间态势感知体系发展综述[J]. 中国电子科学研究院学报,2016,11(3):233-238.

[135] 刘伟,库兴国,王飞. 关于人机融合智能中深度态势感知问题的思考[J]. 山东科技大学学报(社会科学版),2017(6):10-17.

[136] 刘伟,袁修干. 人机交互设计与评价[M]. 北京:科学出版社,2008.

[137] 张欣. 美国空间监视系统发展综述[J]. 电信技术研究,2011(1):53-61.

[138] 何友,修建娟,刘瑜,等. 雷达数据处理及应用[M]. 4版. 北京:电子工业出版社,2022.

[139] 何友,关键,彭应宁,等. 雷达自动检测与恒虚警处理[M]. 北京:清华大学出版社,1999.

[140] 刘同明,夏祖勋,解洪成. 数据融合技术及其应用[M]. 北京:国防工业出版社,2000.

[141] 康耀红. 数据融合理论与应用[M]. 西安:西安电子科技大学出版社,1997.

[142] 孙仲康,周一宇,何黎星. 单多基地有源无源定位技术[M]. 北京:国防工业出版社,1996.

[143] A. 费利那,F. A. 斯塔德. 雷达数据处理:第二卷[M]. 孙龙祥,张祖稷,等译. 北京:国防工业出版社1992.

[144] 杨靖宇,邬永革,刘雪健,等. 战场数据融合技术[M]. 北京:兵器工业出版社,1994.

[145] 敬忠良. 神经网络跟踪理论及应用[M]. 北京:国防工业出版社,1995.

[146] 黄宗福,汪金真,陈曾平. 光电探测中空间目标和恒星目标运动特性分析[J]. 光电工程,2012,39(4):67-72.

[147] 段新生. 证据理论、决策与人工智能[M]. 北京:中国人民大学出版社,1993.

[148] 肖人彬,王雷. 相关证据合成方法的研究[J]. 模式识别与人工智能,1993(3):227-234.

[149] 郭桂蓉,庄钊文,陈曾平. 电磁特征抽取与目标识别[M]. 长沙:国防科技大学出版社,1996.

[150] 司马贺. 人工科学:复杂性面面观[M]. 武夷山,译. 上海:上海科技教育出版社,2004.